城市绿色发展科技战略研究
北京市重点实验室系列成果

中国环境污染的经济追因与综合治理

Economic Explanation and Comprehensive Measure for China Environmental Pollution

林永生　著

北京师范大学出版集团
BEIJING NORMAL UNIVERSITY PUBLISHING GROUP
北京师范大学出版社

图书在版编目(CIP)数据

中国环境污染的经济追因与综合治理 / 林永生著. —北京:北京师范大学出版社,2016.1
ISBN 978-7-303-19174-1

Ⅰ. ①中… Ⅱ. ①林… Ⅲ. ①环境污染—污染防治—研究—中国 Ⅳ. ①X508.2

中国版本图书馆 CIP 数据核字(2015)第 149610 号

营 销 中 心 电 话 010-58805072 58807651
北师大出版社学术著作与大众读物分社 http://xueda.bnup.com

ZHONGGUO HUANJING WURAN DE JINGJI ZHUIYIN YU ZONGHE ZHILI

出版发行:北京师范大学出版社 www.bnup.com
      北京市海淀区新街口外大街 19 号
      邮政编码:100875
印   刷:三河兴达印务有限公司
经   销:全国新华书店
开   本:890 mm×1240 mm 1/16
印   张:15.5
字   数:330 千字
版   次:2016 年 1 月第 1 版
印   次:2016 年 1 月第 1 次印刷
定   价:98.00 元

策划编辑:胡廷兰 马洪立   责任编辑:薛 萌 肖维玲
美术编辑:袁 麟   装帧设计:袁 麟
责任校对:陈 民   责任印制:马 洁

序 言

推动经济绿色转型，实现绿色发展，是建设生态文明与美丽中国的必由之路。自 2010 年开始，我和潘建成博士组织研究团队，以北京师范大学科学发展观与经济可持续发展研究基地、西南财经大学绿色经济与经济可持续发展研究基地、国家统计局中国经济景气监测中心三家单位名义，连续每年动态跟踪监测中国省际和重点城市的绿色发展水平，迄今共出版五本《中国绿色发展指数年度报告》，引起国内外广泛关注。

林永生副教授是我 2005 级的硕博连读生，也是城市绿色发展科技战略研究北京市重点实验室雾霾问题研究小组组长。近年来，他围绕大气污染、水污染、固体废弃物特别是土壤污染等问题公开发表论文十多篇，其中有很多关于大气污染治理的观点被新华社、人民日报《内部参阅》等采用发表，呈现在读者面前的这本《中国环境污染的经济追因与综合治理》，就是林永生博士对中国环境污染问题研究与思考的成果之一。

本书是从经济学角度而非理工科技术领域剖析中国的环境污染问题，也就说重点是从人类的经济活动与行为入手研究环境问题。本书主要内容包括：21 世纪是一个可持续发展成为最重大议题的时代，烟雾不再象征繁荣；我国大气、水和固体废弃物污染仍然严重，比如雾霾、地下水污染、城市垃圾等问题。究其根源，产业结构、能源结构、政府行为、企业决策、居民选择都是造成环境污染的重要因素；实现经济增长与污染治理的共赢，就需要从产业引擎、能源支撑、消费革命、发展理念、治污思路、减排途径等角度综合权衡。

希望并相信作者会坚持从经济学角度研究环境问题并取得进一步的成果，也祝愿读者能够从本书的论述中受益。

前　言

中国进入环境决定经济的新时代[①]

　　十八大之后的中国政府和新一届领导人面临一系列严峻挑战，比如：要以扩大内需和新型城镇化建设促进经济再平衡，要以官员财产公开试点和减少公务宴请等促进反腐廉政，要以资源节约型和环境友好型为主要特征的两型社会建设促进绿色发展，建设美丽中国与生态文明，等等，其中，尤以反腐和污染治理为最。但在实践中，环境保护对政府而言，只不过是和平年代、繁荣时期的"边际活动"，在萧条或战争年代则会首先被终止。2008 年年底国际金融危机冲击下的 4 万亿财政刺激政策，实现了"稳增长"但失去了一次"调结构"的契机。近年来，一些地方政府为了拉动经济增长，增加地方财政收入，变相放松地产调控，上马很多诸如钢铁、化工等高能耗、高污染的产业，引致了大量的群体性环境事件，从大连、厦门到什邡、启东和宁波，严重危及社会稳定，加强污染治理已经刻不容缓。但从整体上看，政府对环境保护重要性的认识仍然不够，绿色发展的理念大多停留在口号和形势上，缺乏严格贯彻落实的勇气，部分原因在于有些政府官员对当今时代背景和形势的误判，认为眼下中国仍然以经济为先，环境保护与经济增长难以双赢。实际上，中国已进入环境决定经济的时代，深刻认识这种趋势及其背后的原因，有利于消除政府对绿色发展的顾虑，坚定绿色发展的信心。

　　首先，优越的环境质量有利于维护公众健康，改善劳动力质量。维护公众健康、改善劳动力质量既是经济增长的重要源泉，也是经济增长的最终目的。而优越的环境质量显然有利于促成这样的目的。"环境"是个内涵丰富的概念，水、土，尤其是空气污染程度通常是人们用来判定一个国家或区域环境质量的重要标准。为了深入剖析空气中烟雾的成因及其危害，进而呼吁政府当局加强对空气污染的治理，20 世纪 70 年代中后期，哈佛大学几位教授在 6 个城市中选择了 1200～1500 人，把现代实验室技术和工具带到人们家中，用来获取空气样本并测量人们的健康效应，对他们

[①]　本部分引自林永生. 中国进入环境优先时代. 中国改革，2013(2)：84－85.

的健康和生存状况，以及六城市污染物的浓度进行了14～16年的观测，即著名的"哈佛六城市研究"。研究表明，空气污染和死亡率之间呈正相关，肺癌、肺部疾病、心脏病的死亡人数在污染最严重的城市比最干净的城市要高出26%。2012年12月，《流行病学杂志》(Epidemiology)网站发表了美国的一项全国性研究成果，结果显示，人均预期寿命的延长跟空气污染持续减少有关。来自全美545个县的城市及乡村的数据表明，在过去八年里，每立方米内的颗粒污染物平均减少了1.56微克。同时，预期寿命平均增加了0.84年。当然，除了干净空气外，许多其他因素对延长寿命有所贡献。在排除了吸烟率、收入及其他健康和经济因素后，研究者判断，人均期望寿命延长约18%可归因于空气污染的减少。在北京、上海、广州等这样的大城市中，居民私家车拥有量迅速增加，空气质量持续恶化，儿童医院或幼儿园里咳嗽以及染上肺炎的儿童人数较往年明显增多，这反映了一个现实，即便在国内较为发达的城市中，环境污染治理仍任重道远。

其次，环境优质区域的产品和产业会更有市场。时代在变，随着中国经济持续高速增长，不断扩大的中产阶级力量受够了既不能保障空气清洁、又不能保证食品质量安全的城市和政府，近年发生的情况证明了这点。2012年7月，四川什邡、江苏启东相继出现大规模群众环保抗议维权活动，政府被迫取消争议项目什邡钼铜矿厂、启东工业废弃物管道，这在某种程度上反映出国内居民的环境意识已经开始觉醒，他们在日常的生活消费中越来越偏好节能环保型的产品，倡导并践行绿色消费。尽管中国国土面积很大，一个中国类似两个世界：内陆，尤其是广袤的农村，像非洲，数亿人口生活在贫困之中；沿海地区如欧美，宽广的马路和鳞次栉比的高楼商厦处处洋溢着繁荣的气息。但无论沿海还是内陆，城市之间差别并不是很大，这就意味着占中国人口总数51.27%的6.9亿城市人口越来越注重绿色消费和生活品质，并不仅仅需要8%的GDP增长率和仅能糊口的商品，还迫切要求食品的安全、干净的水。日益关注环境、更为挑剔的消费者会购买那些在环境质量较好的地区和空间生产的产品，或者"投票"给节能环保产业中的近似替代品，从而推动环境质量较好的地区经济增长，或者驱逐环境质量较差地区中的非节能环保产业，殊途同归，最终的结果都是，好的环境引致了好的经济增长。

最后，环境优质的区域会集聚人才、资金和技术。绿色消费更多表示消费者偏好节能环保型的产品，此外，随着中国居民财产和收入的迅速增加，人们对于优越环境以及环境产品和服务的需求也越来越强烈，比如蓝天、白云、青草地、清新的空气以及雨露花香。在经济学理论中，依据收入需求弹性，可将产品分为正常商品 (Normal Goods)和低等商品(Inferior Goods)，正常商品又可进一步分为必需品(Necessity)和奢侈品(Luxury Goods)，环境产品和服务，尽管在国内尚无成熟的交易市场，但仅就产品本身而言，它是一种奢侈品，其收入需求弹性大于1，人们对其需求的增幅远大于收入增幅。因此，一个区域若具备良好的生态和生活环境，就会集聚人才、资金和技术，有很大的发展潜力。当然，环境优质，并非要停止发展，要有必需的基础设施建设，可以保障企业和居民的生产、生活便利。据胡润2011年对中国18个城市的千万富豪调查，有14%富豪目前已经移民或者正在申请中，还有46%富豪正在考虑移民。弥漫在城市上空的烟雾和环境污染是促使他们逃离的重要因素。无论是逃离中国，还是逃离北上广，如果这种部分精英逃离的现象演变成趋势，势必会造成逃离地的人才、技术和资金外流，严重损伤该地经济发展。过去，区域竞争力在于教育科技发展水平或土地、劳动力等资源要素的丰裕程度；当前及未来，人才和大批绿色企业会向环境优质的区域集中，地区竞争力的大小则更多依赖于该地生态环境的优劣。昔日，浓烟滚滚说明城市工业兴盛；如今，烟雾不再象征繁荣，而是代表着一种落后的生产方式，意味着污染，意味着衰落。

中国正在变富，但不能毒害自己，让人们在享受到辛苦得来的成果之前陷入衰老。总之，在环境决定经济的新时代，无论在中央还是地方层面，政府都应该放弃先污染、后治理的传统思维，把环境保护置于更优先的地位，切实改善国家与地区的环境质量。这样做，不仅不会损伤经济增长潜力，反而能够从改善劳动力质量、扩大相关产品和产业的市场需求、集聚资金技术和人才三个方面促进经济增长。

目 录

表　目

图　目

专　栏

总论篇

新时代下的环境污染防治

在一个新的时代背景下，各级政府和领导都要凝聚绿色发展、环境决定经济的共识，树立信心，坚定道路，推动绿色发展。从工业革命早期至 20 世纪中后期，烟雾往往象征着繁荣，一个个高耸入云的烟囱意味着一家家林立的工厂，意味着就业、收入和繁荣。自 20 世纪 50 年代开始，西方世界发起了"绿色运动"，从《寂静的春天》到《增长的极限》，再到《生存的蓝图》，一部部发人深省的著作直接或间接地推动了各国政府、甚至国际机构开始高度关注并切实加强环境保护。2013 年年初中国发生了持续长时间、大面积的雾霾，十面"霾"伏敲响了中国环境治理的警钟，21 世纪已经进入了环境决定经济的新时代，走绿色发展之路已经刻不容缓。烟雾不再象征繁荣，"绿色"也并不意味着成本，绿色发展不仅不会损伤经济增长潜力，反而能够从改善劳动力质量、集聚资金技术和人才、扩大相关产品和产业的市场需求三个方面促进经济增长。

正在复兴的中国有足够的理由让我们感到骄傲与自豪：航天科技、信息网络、铁路交通、光伏能源等诸多领域的技术创新已经饮誉全球，城乡居民收入和财产持续增加、平均预期寿命和受教育年限也稳中有升，综合国力快速提升，双边与多边外交与合作持续推进，国际舞台上的话语权逐渐增加，廉政反腐运动（上打老虎、下拍苍蝇、海外猎狐）也赢得了海内外的巨大声誉……但与此同时，也有很多值得我们担心、甚至担忧的地方：一方面是发展的不平衡性有恶化的趋势，如城乡、地区、行业间的差距不断扩大，国内消费、投资和进出口之间这种需求结构的不平衡性，钢铁、水泥、玻璃、化工、房地产等产业在国民经济中的"戏份"过重而真正的绿色产业却只扮演个"小角色"，等等；另一方面是发展的资源与环境代价过高，可能会影响经济增长的可持续性，尤以环境问题突出，如近年来凸显为雾霾形式的空气污染，地表水和地下水水污染，固体废弃物污染和垃圾围城问题，等等。从这个意义上看，中国自改革开放以来的 36 年，可能就是"坚持"走上了一条"先污染、后治理"的老路。

>>一、环境保护亟需高度重视并积极推进<<

环境污染必须引起足够的重视，不能仅仅停留在口号和形式上，更不能等待突发事件来倒逼我们采取临时性、运动式的紧急措施，要把防治环境污染上升到战略规划的角度，主动自觉地推进，从"要我做"向"我要做"转变。

首先，环境保护是人类社会发展的内在要求。人类社会发展最终目的之一就是要使人类过上幸福的生活，通过防治污染、保护环境实现的优越环境质量是确保人类身心健康的必要条件。尽管现代医疗技术越来越先进，但身边越来越多的亲人、朋友或朋友的朋友因得了癌症或疑难杂症而英年早逝，国内媒体近期披露的"癌症村地图"引发社会高度关注[①]。固然很难精确追溯这些导致癌症或疑难病种的所有原因[②]，但粗放式经济发展所带来的环境污染一定难辞其咎。

其次，环境保护是中国积极参与应对和减缓全球气候变化的重要手段。以变暖为主要特征的全球气候变化是当前及未来很长一段时期内的世界性课题，引起各国高度重视。中国，作为世界上最大的发展中国家，同时也作为一个负责任的大国，一直积极参与其中：中国成立了国家气候变化对策协调机构，并根据国家可持续发展战略的要求，采取了一系列与应对气候变化相关的政策和措施。作为履行《气候公约》的一项重要义务，中国政府特制订《中国应对气候变化国家方案》，明确到 2010 年中国应对气候变化的具体目标、基本原则、重点领域及其政策措施，此后每年发布《中国应对气候变化的政策与行动》白皮书介绍中国在相关领域所做的工作及其进展，《中国应对气候变化的政策与行动 2014 年度报告》已经于 2014 年 11 月底正式发布。2014 年 11 月 12 日，中美双方在北京签署发布了《中美气候变化联合声明》，作为全球最大的发展中国家和发达国家，美国提出到 2025 年温室气体排放较 2005 年整体下降 26%～28%，意味着其排放相对于 1990 年要下降 14%～16%，其 2020 年后的降速相比之前的京都目标和早前宣布的 2020 年目标都提升了一倍。而中方则首次正式提出 2030 年左右碳排放有望达到峰值，并将于 2030 年将非化石能源在一次能源中的比重提升到 20%。中美两国的排放之和超过全球 40%，这种创世纪的共识，具有深远意义。这就意味着，即便从全球气候变化的世界性议题来看，中国也丝毫不会放松节能减排工作，并会坚持努力建设资源节约型、环境友好型社会，提高减缓与适应气候变化的能力，为保护全球气候继续做出贡献。

---

① "中国癌症地图"陕西高发三种癌. 2014 年 12 月 17 日. 环球网，[DB/OL] http://china. huanqiu. com/article/2014－12/5251565. html，最后访问时间：2014 年 12 月 28 日。

② 关于环境污染的损失评价、健康影响，社会各界仍远未达成共识，这也就是为何在核算领域，国际范围的环境经济综合核算评价体系（SEEA）和国内讨论多年的绿色 GDP 核算都难以获得有效或说实质性推进的根本原因之一，所以，本书中暂未加上"中国环境污染的危害"这一个篇章。但需要强调的是，共识性的量化研究与成果诚然重要，但环境污染的危害应该有目共睹，加强环境污染治理应该刻不容缓，相信不会有人否认这一点。

最后，环境保护是中国破解自身资源与环境瓶颈、增强经济社会发展可持续性的必然选择。积极推进污染治理，加强环境保护，并非仅仅源自国际社会压力，更是实现国内经济社会可持续发展的必然选择。尽管人们仍然很难准确界定可持续发展，但大致有个基本共识，即可持续发展至少要求当代发展绝不能以牺牲下一代人利益为代价。传统粗放的经济增长模式耗费了大量的能源资源，不可再生能源的对外依存度迅速攀升，依据我们近期完成的一项研究成果，2020年，中国石油对外依存度将达到69.5%、天然气对外依存度将达到31.3%[①]，BP2014统计年鉴显示，中国煤炭、石油、天然气三种主要化石能源的储采比是31年、11.9年、28年，对应的世界平均水平分别是113年、53.3年、55.1年。基于中国"富煤、贫油、少气"的自身特点，煤炭仍将在未来相当长的时期内占据统治地位。化石能源、尤其是煤炭消耗会排放出大量二氧化碳以及其他污染物，近年来国内大面积频发的雾霾天气已被证实与燃煤直接相关。此外，粗放增长模式下的高能耗、高污染、资源密集型产业高速发展，比如钢铁、水泥、化工、制药、造纸、玻璃等，创造工业增加值、GDP和财政收入的同时，也带来了严重的环境污染，如雾霾锁国、垃圾围城、地表和地下水污染，危害居民身心健康，恶化本地生产投资、商业经营和居民生活环境，各种环境群体性事件层出不穷，如近年来先后在大连、宁波、厦门、什邡、南通等地发生的环保维权事件。总之，中国必须破解这种资源与环境瓶颈：一方面，中国经济社会发展必须要资源、特别是不可再生的化石能源；另一方面，化石能源消耗会排放大量污染物，国内的污染形势已经非常严峻。因此，开发推广煤炭的清洁利用并大力发展可再生能源，加强污染治理和环境保护，是增强中国经济社会发展持续性的必然选择。

>>二、环境治理初见成效但形势依然严峻<<

总体来看，中国环境治理初见成效，主要污染物排放总量、单位GDP主要污染物排放强度均有所下降。但由于中国仍然处于工业化与城镇化加速推进阶段，仍需维持一定速度的经济增长创造出足够多的就业岗位，吸收劳动力市场上每年都会持续增加的新军，因此，能源消耗与污染物排放仍会不同程度地增长，再加上如移动排放源（机动车）、电子垃圾等新型或未知污染物和历史累计排放量等因素的影响，中国环境污染形势依然较为严峻。

在空气污染方面，中国主要空气污染物排放量逐年递减，主要空气污染物的环境库兹涅茨曲线拐点已初现，但空气污染的实际情况可能要严重得多，表现为全国城市空气质量不容乐观，酸雨污染总体稳定，但程度依然较重：2013年全国平均霾日数为35.9天，为自1961年以来最多；中国京津冀、长三角、珠三角等重点区域及直辖市、省会城市和计划单列市共74个城市按照新的《环境空气质量标准》(GB 3095-2012)(以下简称"新标准")开展监测，数据显示，在这74

---

① 林永生，张生玲. 中国能源贸易进展与思考. 国际贸易，2013(9).

个监测城市中超标城市比例为 95.9%；空气质量每年平均达标天数比例为 60.5%；三大重点区域的城市中仅长三角的舟山市 SO_2、NO_2、PM10、CO、O_3、PM2.5 六项污染物排放全部达标；京津冀区域所有城市 PM2.5 和 PM10 均超标。从区域上看，山东、内蒙古、河北、山西、河南五省主要空气污染物排放总量较高。中国空气污染物主要源自工业废气，从产业上看，中国工业废气主要源自火电、钢铁、水泥等产业。这就意味着，中国的空气污染治理仍任重道远。

在水污染方面，中国的水污染状况与经济增长呈现出较强的正相关性，也就是说没有实现经济增长与水污染的"脱钩"，而是直接"挂钩"。全国地表水总体为轻度污染，部分城市河段污染较重。近 60% 的地下水水质较差或极差，总体更加恶化。海域海水环境状况总体较好，近岸海域水质一般。全国废水排放持续增加，废水中的主要污染物，如化学需氧量（COD）的排放稳中有降。从区域分布来看，东部地区的废水及 COD 排放显著高于西部地区。从产业上看，工业废水主要源自造纸、化工、纺织等产业。此外，近年来，国内水环境事件频发，死猪死鸭漂浮江河，存在企业深层排污与红色地下水现象，水污染状况已经自上而下开始蔓延。

在固体废弃物污染方面，中国工业固体废弃物产生量迅速增长，但随着综合利用率逐渐提高，工业固废排放量明显降低。城市生活垃圾清运量和无害化处理率也持续增加，这从侧面反映出随着中国经济的发展，城市生活垃圾的产生和处理问题会越来越突出。从区域上看，河北、山西、辽宁、内蒙古四省的工业固废产生量最多，从产业上看，煤炭、黑色及有色金属的开采与加工，发电等产业是工业固废的"罪魁祸首"。针对固体废弃物污染，可以肯定的是，国家逐渐加大了废物综合利用和污染治理投资的力度，表现为项目投资完成额持续增加、工业固体废弃物综合利用率和城市生活垃圾无害化处理率逐渐提高。但总体来看，固体废弃物的污染状况较之于空气污染和水污染，或更为严重，中国超三分之一城市遭垃圾围城，侵占土地 75 万亩。高速发展中的中国城市，正在遭遇"垃圾围城"之痛。

>>三、环境污染的经济追因与综合治理<<

环境污染会由天灾（如山洪、地震、火山喷发等）造成，但主要为人祸，人类行为与经济活动是引致环境污染的重要因素，中国亦不例外。如果对中国当前的环境污染进行经济追因，那么，产业因素、能源因素以及政府、企业、居民三类经济主体都难辞其咎，也就是说，引致环境污染的经济因素至少包括以下六个方面。

一是现代农业过度依赖化肥农药。从人多地少的实际出发，中国选择了一条"大量使用化肥农药并提高机械化程度"的集约型现代农业之路，这让中国农业受益匪浅，粮食产量"十连增"，但过量和低效使用化肥农药，进而对其形成依赖，则会造成严重的农村面源环境污染。实际上，中国农业出现了过度依赖化肥农药的现象，农业资源长期超强度、超负荷使用，带来土壤污染加重、水资源枯竭等问题，在中国华北、东北等水资源贫乏地区和南方的重金属污染区尤为明显。

二是产业结构调整步履维艰。很多发达国家之所以能够较好地解决了发展与保护的关系，真正实现绿色发展，一个很重要的原因就是它们实现了产业结构的调整与优化升级，已经完成了工业化过程，以生产性服务业为代表的第三产业成为国民经济的主导产业，进入后工业化时期。但在中国，产业结构调整步履维艰，第二产业仍为国民经济主体行业，部分行业产能过剩依然严重，有些污染类产业开始向中西部地区梯度转移。

三是能源革命与转型进展迟缓。"能源革命"，大致可分为生产革命与消费革命，旨在提高能源的开采与利用效率，优化能源结构。中国能源结构仍以煤炭为主（1978 年，煤炭在中国能源消费总量中的占比为 70.7%，2012 年，煤炭占比仍然高达 66.6%）、消费总量持续增加（中国的能源消费总量从 1978 年的 5.71 亿吨标准煤增加到 2012 年的 36.17 亿吨标准煤，平均每年能源量增长 7.9%，35 年间，能源消费总量增长了 5.3 倍），能源利用效率偏低（2012 年，中国 GDP 为 8.23 万亿美元，全球 GDP 总量为 71.7 万亿美元。同年，中国一次能源消费量为 39 亿吨标准煤，占世界份额为 21.9%。这就意味着，占世界 21.9% 的能源消耗创造了全球 11.5% 的 GDP，能源利用效率明显偏低），并且在可预见的将来，传统化石能源仍将在中国乃至全球的用能结构中占据统治地位，与此同时，多种环境污染物主要源自化石能源消耗，尤其是煤炭。中国能源结构以"富煤、贫油、少气"为主要特征，在一个能源消费持续高速增长且主要依赖煤炭的中国，要想通过能源革命打赢环境保卫战，难度可想而知。

四是"地方政府公司主义"喜忧参半。"地方政府公司主义"，是对地方政府过度追求经济增长行为的通俗概括，有时也称为"地方政府公司化"或"地方政府唯 GDP 主义"。地方政府公司主义对中国而言，喜忧参半：一方面促进了经济持续高速增长，让中国变得越来越"胖"，在很多学者笔下，中国的地方政府公司主义，是一个值得肯定、具有正能量的特色，也是中国经济快速发展的最重要因素之一，中国经济神话很大程度上得益于此；另一方面，也使得中国付出了巨大的资源与环境代价，让中国上空的烟雾变得越来越浓。总之，如果地方政府重点放在招商引资，提升地区 GDP 以求政治晋升，通常就难免会漠视资源与环境：一方面，地方政府会直接干预，促使环保部门对那些违法排污的企业减轻甚至取消处罚，造成环保执法难；另一方面，有些环保部门也会睁一只眼闭一只眼，甚至收受排污企业的贿赂，形成环保系统的窝案。区别在于"环保执法难"说明环保系统是清白而无奈的，"环保系统窝案"则是反映环保系统自甘堕落。共性在于，都是因政府重 GDP 轻环境而纵容企业排污，破坏地方环境。

五是企业违规排污屡禁不止。企业是现代市场经济的细胞，是重要的微观经济主体。企业在创造社会财富的同时，也向外界环境排放了大量污染物。在中国当前的主要污染物排放中，废气与固体废弃物主要来自于工业企业。绿色浪潮席卷全球的背景下，中国也已经涌现出了一批又一批"绿公司"，但是仍然有不少企业违规排污，有的情形甚至十分严重，屡禁不止的企业违规排污现象是造成当前中国环境污染的又一重要因素。

六是居民行为有悖节能环保。环境污染，并非仅仅源于政府漠视和企业违规，作为产品与服务消费终端的居民可能也难辞其咎，比如时常可以发现这种场景：一个人开着空荡荡的越野车在城市拥堵的街道上趔趄前行，同时还在抱怨雾霾太重了。总之，一定程度上，中国居民消费领域的很多行为有悖于节能环保，主要表现在三个方面：第一个方面是居民环保意识有所提高但仍处于薄弱阶段；第二个方面是居民生活中的铺张浪费现象严重；第三个方面是绿色产品的社会需求相对不足。第一个方面说明居民环保意识仍有待深化与提高，后两个方面说明即便居民具有较高的环保意识但在实际选择过程中仍然是铺张浪费、购买大量污染性产品，就会出现环保意识与环保行为的不统一。市场经济中，不环保的消费需求不要奢望会出现太多环保的生产企业，绿色消费任重道远。

沿用一句老话"过去的就让它过去吧"，还是需要展望未来向前看，给自己设定一个美好的梦想作为前进的动力。如果把"美国梦"解读为"奋斗梦"，则"中国梦"大致可归纳为"复兴梦"——弘扬光复源远流长的中华文明，在这个文明中至少有这样的画面：人与自然能够和谐发展，蓝天白云，绿水青山。实现这个梦想，说难不难，但说易也肯定不易。首先，要从思想上凝聚绿色发展的共识，坚持绿色发展的理念；其次，要从行动上积极并切实加强环境环保，确保经济社会发展过程中能够做到环境优先；最后，要从做法上对当前以及今后仍会持续一段时间的国内环境污染追本溯源，主要从经济主体（政府、企业、居民）的选择决策出发剖析原因，并据此开展综合治理。

本书第三篇从产业、能源和经济主体的角度对中国环境污染问题进行了经济追因，据此可以对一些相对流行的、关于环境污染问题的错误认识进行纠偏，比如"主要是政府只看重经济增长、不重视环境保护"、"黑心企业太多、丧失道德和环境伦理底线"、"以煤为主的能源结构"，等等。所以，中国的环境污染治理是个系统性、综合性的问题，要避免单一化、片面化的治污思路：既需要从行为主体的角度寻求包括政府、企业、NGO和居民在内的全社会公众参与，又需要从经济结构的层面推动产业升级与能源结构转型；既需要强调节能环保技术的关键作用，又需要重视基于市场的环境经济政策。

若要实现环境保护与经济增长的共赢，推动绿色发展，以下六个方面工作值得重视。第一，在产业方面，推进中国产业结构优化升级为主要特征的经济结构调整是加强污染治理与环境保护的重要抓手。产业结构优化升级既要对传统的高能耗、高污染产业的绿化改造，比如化工、钢铁、水泥、造纸、玻璃制造等，又要大力发展节能环保产业。第二，在能源方面，必须对国内能源的开发利用进行"革命"，调整用能结构，从过度依赖煤炭转向大幅增加对天然气和可再生能源的开发利用。第三，在居民消费方面，需要开启一场大的"消费革命"，即动用各方力量、各种手段，撬动一个拥有超过13亿潜在客户的绿色食品市场和现代服务市场。第四，在政府发展理念方面，摒弃地方政府公司主义，坚定环境优先共识，大力发展绿色经济，推动绿色发展。第五，在治污思路方面，命令控制手段和基于市场的经济激励工具是被世界多国重视并采用的环境政策，前者通常表现为设置统一的能效与环境标准，更直接地限制产量、控制价格或行政处罚等措施，体现的是计划思维。后者主要包括征收环境税（费）、发放节能环保补贴、推行排放权交易等措施，反映的是市场决定资源配置的理念。不同时期或不同条件下，一国政府治理环境污染的手段及效力不尽相同，但总体趋势是由命令控制手段向主要基于市场的环境经济政策过渡。第六，在减排途径方面，削减工业污染物排放，通常有三种途径。一是放缓工业增速、减少经济规模与体量；二是在不减少经济规模的情况下通过工业结构的内部调整，比如增加更节能环保型的第一产业、第三产业比重，降低第二产业、特别是工业份额；三是既不减少经济规模，又不调整工业结构，但是大力推广和应用节能环保型的技术装备，发挥技术在减少污染物排放、优化环境治理中的效应。

第一篇

中国环境污染的现状

清新的空气、干净的水、没有被污染的土壤以及安全的粮食和食品，这是人类社会对自然环境的基本要求。基于此，本篇结合官方发布的统计数据以及国内相关的环境事件，试图从大气、水、固体废弃物特别是土壤污染三个领域，客观数据与主观感受两个维度，对中国环境污染的现状进行描述和分析。

人法地，地法天，天法道，道法自然。

——老子

第一章

大气污染

　　人类活动向空气中排放的物质对环境和发展而言，都是一个挑战。经过多年治理，中国大气环境逐渐改善，主要大气污染物排放持续降低，空气质量有所好转，但形势依然严峻，不容乐观，尤其自2013年开始，持续、大范围的雾霾天气敲响了中国环境治理的警钟。

>>一、数据点评<<

　　2014年6月，国家环境保护部发布《中国环境状况公报2013》，关于大气环境领域的数据显示两个基本特征：一是全国城市空气质量不容乐观；二是全国酸雨污染总体稳定，但程度依然较重。从历年《中国统计年鉴》《中国环境统计年鉴》《中国环境统计年报》等揭示的动态数据来看，主要空气污染物排放量大致呈逐年递减态势。

　　1. 95.9％的新标准监测城市空气质量不达标

　　2013年，中国京津冀、长三角、珠三角等重点区域及直辖市、省会城市和计划单列市共74个城市按照新的《环境空气质量标准》（GB 3095－2012）（以下简称"新标准"）开展监测，数据显示，在这74个监测城市中仅海口、舟山和拉萨3个城市空气质量达标，占4.1％；超标城市比例为95.9％。空气质量相对较好的前10位城市是海口、舟山、拉萨、福州、惠州、珠海、深圳、厦门、丽水和贵阳，空气质量相对较差的前10位城市是邢台、石家庄、邯郸、唐山、保定、济南、衡水、西安、廊坊和郑州，有7个在河北。

　　74个城市平均达标天数比例为60.5％，平均超标天数比例为39.5％，10个城市达标天数比例介于80％～100％，47个城市达标天数比例介于50％～80％，17个城市达标天数比例低于50％，见图1-1。

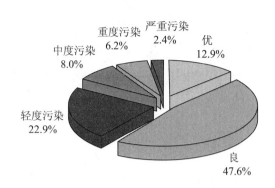

图 1-1　2013 年新标准第一阶段监测实施城市不同空气质量级别天数比例

资料来源:《中国环境状况公报 2013》。

2. 三大重点区域的城市中只有舟山六项污染物排放全达标

2013 年,三大重点区域的城市中仅长三角的舟山市 SO_2、NO_2、PM10、CO、O_3、PM2.5 六项污染物排放全部达标。

表 1-1　2013 年重点区域各项污染物达标城市数量

区域	城市总数	SO_2	NO_2	PM10	CO	O_3	PM2.5	综合达标
京津冀	13	7	3	0	6	8	0	0
长三角	25	25	10	2	25	21	1	1
珠三角	9	9	5	5	9	4	0	0

资料来源:《中国环境状况公报 2013》。

3. 京津冀区域所有城市 PM2.5 和 PM10 均超标

2013 年,京津冀区域 13 个地级及以上城市达标天数比例范围为 10.4%～79.2%,平均为 37.5%;超标天数中,重度及以上污染天数比例为 20.7%。有 10 个城市达标天数比例低于 50%。京津冀地区超标天数中以 PM2.5 为首要污染物的天数最多,占 66.6%;其次是 PM10 和 O_3,分别占 25.2% 和 7.6%。京津冀区域 PM2.5 平均浓度为 106 微克/立方米,PM10 平均浓度为 181 微克/立方米,所有城市 PM2.5 和 PM10 均超标;SO_2 平均浓度为 69 微克/立方米,6 个城市超标;NO_2 平均浓度为 51 微克/立方米,10 个城市超标;CO 按日均标准值评价有 7 个城市超标;O_3 按日最大 8 小时标准评价有 5 个城市超标。

4. 北京市空气质量达标天数比例仅为 48%

北京市达标天数比例为 48.0%,重度及以上污染天数比例为 16.2%。主要污染物为 PM2.5、PM10 和 NO_2。PM2.5 年均浓度为 89 微克/立方米,超标 1.56 倍;PM10 年均浓度为 108 微克/立方米,超标 0.54 倍;NO_2 年均浓度为 56 微克/立方米,超标 0.40 倍;O_3 日最大 8 小时浓度超标 0.18 倍;SO_2 和 CO 均达标。

5. 长三角区域的城市空气质量明显优于京津冀

2013 年,长三角区域 25 个地级及以上城市达标天数比例范围为 52.7%～89.6%,平均为

64.2%，明显高于京津冀区域的37.5%。超标天数中，重度及以上污染天数比例为5.9%。舟山和丽水两个城市空气质量达标天数比例介于80%~100%，其他23个城市达标天数比例介于50%~80%。长三角地区超标天数中以PM2.5为首要污染物的天数最多，占80.0%；其次是O_3和PM10，分别占13.9%和5.8%。长三角区域PM2.5平均浓度为67微克/立方米，仅舟山达标，其他24个城市超标；PM10平均浓度为103微克/立方米，23个城市超标；NO_2平均浓度为42微克/立方米，15个城市超标；SO_2平均浓度为30微克/立方米，所有城市均达标；O_3按日最大8小时标准评价有4个城市超标；CO按日均标准值评价，所有城市均达标。

6.上海市空气质量达标天数比例为67.4%

2013年，上海市达标天数比例为67.4%，重度及以上污染天数比例为6.3%。主要污染物为PM2.5、PM10和NO_2。PM2.5年均浓度为62微克/立方米，超标0.77倍；PM10年均浓度为84微克/立方米，超标0.20倍；NO_2年均浓度为48微克/立方米，超标0.20倍；SO_2、CO和O_3均达标。

7.珠三角城市空气质量在全国三大重点区域中最优

2013年，珠三角区域9个地级及以上城市空气质量达标天数比例范围为67.7%~94.0%，平均为76.3%（高于长三角的64.2%及京津冀的37.5%）。超标天数中，重度污染天数比例为0.3%。深圳、珠海和惠州的达标天数比例在80%以上，其他城市达标天数比例介于50%~80%。珠三角地区超标天数中以PM2.5为首要污染物的天数最多，占63.2%；其次是O_3和NO_2，分别占31.9%和4.8%。珠三角区域PM2.5平均浓度为47微克/立方米，所有城市均超标；PM10平均浓度为70微克/立方米，4个城市超标；NO_2平均浓度为41微克/立方米，4个城市超标；SO_2平均浓度为21微克/立方米，所有城市均达标；O_3按日最大8小时标准评价5个城市超标；CO按日均标准值评价，所有城市均达标。

8.广州市空气质量达标比例为71%，全年无重度及以上污染

2013年，广州市达标天数比例为71.0%，全年无重度及以上污染，PM2.5年均浓度为53微克/立方米，超标0.51倍；PM10年均浓度为72微克/立方米，超标0.03倍；NO_2年均浓度为52微克/立方米，超标0.30倍；SO_2、CO和O_3均达标。

9.2013年全国平均霾日数为35.9天，为1961年以来最多

中国气象局基于能见度的观测结果表明，2013年全国平均霾日数为35.9天，为自1961年以来最多。中东部地区雾和霾天气多发，华北中南部至江南北部的大部分地区雾和霾日数范围为50~100天，部分地区超过100天。环境保护部基于空气质量的监测结果表明，2013年1月和12月，中国中东部地区发生了两次较大范围区域性灰霾污染。两次灰霾污染过程均呈现出污染范围广、持续时间长、污染程度严重、污染物浓度累积迅速等特点，且污染过程中首要污染物均以PM2.5为主。污染较重的区域主要为京津冀及周边地区，特别是河北南部地区，石家庄、邢台等为污染最重城市。12月1日至9日，中东部地区集中发生了严重的灰霾污染过程，

造成 74 个城市发生 271 天次的重度及以上污染天气，其中重度污染 160 天次，严重污染 111 天次。污染较重的区域主要为长三角区域、京津冀及周边地区和东北部分地区，长三角区域为污染最重地区。

专栏一　英美雾霾那些事

19 世纪 20 年代，英国牛顿委员会为防治大气污染而起草的一份报告中描绘了那时人们对于环境保护的漠视，报告指出，环境保护措施和研究开发只不过是和平年代、繁荣时期的"边际活动"，而在萧条或战争年代则会首先被终止。

雾都劫难

去伦敦的游客大多会留恋这座洁净清新而现代化的都市，时光倒流 60 年，这个城市却让人心有余悸，就在这里发生了世界上最为严重的"烟雾"事件：那时候，伦敦有燃煤发电厂，离市中心不远处有许多工厂。大多数住家用烧煤来取暖。以煤为动力的蒸汽机车拉着一节节列车开进首都。对小汽车和卡车产生的废气几乎没有控制措施。1952 年 12 月 3 日清晨，伦敦气象台报告说，一个气峰在夜间通过，中午气温可达到 5.6℃，相对湿度约为 70%。对于当地来说，这是个难得的好日子。

这一天，从北海吹来一股风，吹遍了整个英格兰，将英国中部的工厂和城市居民住户中烟囱内冒出来的团团浓雾吹到了九霄云外，因而空气变得十分清新怡人。然而，谁也不会想到灾难正悄悄地来临。傍晚时分，伦敦正处于一股巨大的高气压气旋的东南边缘，较强劲的北风围绕着这个反气旋顺时针吹着。第二天，这个气旋中心已到了伦敦以西几百公里处，沿着通常的路径向东南方向移动。上午风速变小，云层几乎遮蔽了整个天空。时至中午，乌云把太阳全部遮住，伦敦上空阴霾弥漫，气象台温度表的读数为 3.3℃，相对湿度上升为 82%，12 月 5 日，一个异常的情况出现了。伦敦气象台的风速表测出了一个非常奇怪的量度——风速读数完全是静止的。据当时专家的估计，此时风速不超过每小时 3 公里。伦敦处于死风状态，大雾弥漫于伦敦上空，久久不散，风太弱又无法带走林立的工厂烟囱与家庭排出的各种有害的烟尘。于是，大量的煤烟从空中纷纷飘落，美丽的泰晤士河谷被烟雾笼罩，整个城市为浓雾所笼罩，陷入一片灰暗之中。伦敦的交通几乎瘫痪，在烟雾弥漫的第四天，一辆双层巴士只能借助于雾灯缓慢地在市区行驶。伦敦的警察使用燃烧着的火炬，以便在烟雾中能看清别人，并能被人看到。

烟雾在城市上空悬浮一周，慢慢变脏、变毒，市中心空气中的烟雾量几乎增加了 10 倍。一位在船上干活的小徒工，烟雾的入侵使他泪如泉涌；烟雾穿门入室，钻进了格林威治区的居民家中，使人们痛苦难忍。这场烟雾使数千名受害者患了支气管炎、气喘和其他影响肺部的疾病。烟雾持续到 12 月 10 日才逐渐散去，据统计，有 4700 多人因呼吸道疾病而死亡，雾散以后又有8000多人死于非命，其中多数是年长者，这就是震惊世界的"雾都劫难"。

洛杉矶烟雾

20世纪四五十年代的洛杉矶比伦敦好不到哪里去，每年从夏季至早秋，只要是晴朗的日子，洛杉矶上空就会出现一种弥漫天空的浅蓝色烟雾，使整座城市上空变得浑浊不清。美国人对此迷惑了很长时间。一开始，他们认为是空气中的二氧化硫导致居民患病，但在减少各工业部门的二氧化硫排放量后，并未收到预期的效果。后来研究人员发现，石油挥发物（碳氢化合物）同二氧化氮或空气中的其他成分一起，在阳光的作用下，会产生一种有刺激性的有机化合物，这就是著名的"洛杉矶烟雾"。但是，由于没有弄清大气中碳氢化合物究竟从何而来，尽管当地烟雾控制部门立即采取措施，防止石油提炼厂储油罐石油挥发物的挥发，然而仍未获得预期效果。最后，经进一步研究，科学家才认识到，当时奔驰在洛杉矶的250万辆各种型号的汽车，每天消耗1600万升汽油，由于汽车汽化器的汽化率低，使得每天有1000多吨碳氢化合物进入大气。

这种烟雾使人眼睛发红，咽喉疼痛，呼吸憋闷，头昏，头痛。1943年以后，烟雾更加肆虐，以致距城市100公里以外的海拔2000米高山上的大片松林也因此枯死，柑橘减产。仅1950～1951年，美国因大气污染造成的损失就达15亿美元。1955年，因呼吸系统衰竭死亡的65岁以上的老人达400多人；1970年，约有75%以上的市民患上了红眼病。

"哈佛六城市研究"唤醒政府治理空气污染

"环境"是个内涵丰富的概念，水、土，尤其是空气污染程度通常是人们用来判定一个国家或区域环境质量的重要标准。为了深入剖析空气中烟雾的成因及其危害，进而呼吁政府当局加强对空气污染的治理，1973年年底，哈佛大学生理系主任詹姆斯·威坦伯格(James Whittenberger)将一份几经修改的计划书送往华盛顿，这份计划书即著名的"哈佛六城市研究"，由哈佛大学公共卫生学院的环境科学教授弗兰克·斯佩泽(Frank Speizer)和本杰明·费里斯(Benjamin Ferris)撰写。这几位教授在华盛顿、哈里曼、圣路易斯、斯托本、波蒂奇和托皮卡这6个城市中选择了1200～1500人，把现代实验室技术和工具带到人们家中，用来获取空气样本并测量人们的健康效应，对他们的健康和生存状况，以及六城市污染物的浓度进行了14～16年的观测。

研究持续了16年，结果和人们预期的不同。首先，研究表明室内空气质量对健康的影响比室外空气质量更重要，这是因为大多数人在室内待的时间更长，而且家庭和工作场所的污染物常常更加集中；其次，研究还强烈表明，空气污染和死亡率之间的水平呈正相关，肺癌、肺部疾病、心脏病的死亡人数在污染最严重的斯托本比最干净的城市波蒂奇要高出 26%；再次，研究还直接将注意力放在了所谓的"颗粒物"上，也就是如今人们讨论沸沸扬扬的 PM10 以及 PM2.5。经过对吸烟和其他因素的修正，死亡率似乎与这些颗粒物的浓度呈线性正比，其他大气污染物以及它们的组合与死亡率没有很好的相关性。

1993 年，研究结果公布后，美国肺脏协会向美国环境保护署提起诉讼，要求修订"颗粒物"标准，这一标准在过去多年都没有依据《清洁空气法案》进行审定修订。按照此法案规定，政府需要每隔五年复审一次大气污染法例，并结合最新科学技术来看是否需要加强条例，以更好地维护公众健康。

资料来源：

1. 曹玲，PM2.5 引发的空气质量之争，《三联生活周刊》，2011 年 12 月（659 期），有删改。

2. 林永生，烟雾不再象征繁荣，2013 年工作论文，未发表。

10. 256 个尚未执行新标准城市的空气质量达标比例为 69.5%

2013 年，依据《环境空气质量标准》（GB 3095－1996）对 SO_2、NO_2 和 PM10 三项污染物年均值进行评价，256 个城市环境空气质量达标城市比例为 69.5%。SO_2 年均浓度达标城市比例为 91.8%，劣三级城市比例为 1.2%；NO_2 年均浓度均达标，其中达到一级标准的城市比例为 86.3%；PM10 年均浓度达标城市比例为 71.1%，劣三级城市比例为 7.0%。

11. 主要污染物排放量逐年递减

2000 年以来，中国主要空气污染物排放量逐年递减，图 1-2 给出了中国二氧化硫（SO_2）和烟（粉）尘排放量的变化状况。

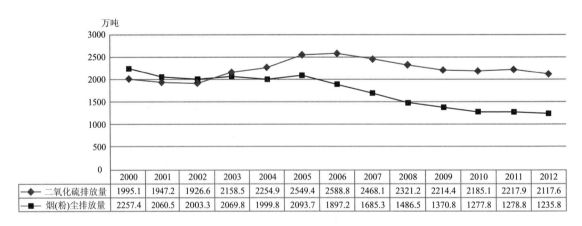

万吨

	2000	2001	2002	2003	2004	2005	2006	2007	2008	2009	2010	2011	2012
二氧化硫排放量	1995.1	1947.2	1926.6	2158.5	2254.9	2549.4	2588.8	2468.1	2321.2	2214.4	2185.1	2217.9	2117.6
烟(粉)尘排放量	2257.4	2060.5	2003.3	2069.8	1999.8	2093.7	1897.2	1685.3	1486.5	1370.8	1277.8	1278.8	1235.8

图 1-2　中国废气中主要污染物排放量（2000－2012）

说明：数据来源于《中国环境统计年鉴 2013》和《中国统计年鉴 2013》。

如图 1-2 所示，从 2000 年至 2012 年的 13 年间，主要污染物排放量大致呈逐年递减的态势：二氧化硫排放量于 2006 年创历史高点，为 2589 万吨，此后稳步下降，2012 年共计排放了 2218

万吨二氧化硫;烟(粉)尘排放量的下降趋势更为明显,2000年,中国烟(粉)尘排放量为2257万吨,2012年仅为1236万吨,较之2000年,下降了1021万吨,降幅为45.2%。

12. 单位GDP主要空气污染物排放强度持续下降

综合考虑中国经济持续增长的现实,这里构建了单位GDP二氧化硫排放强度、单位GDP烟(粉)尘排放强度两个指标[①],旨在揭示中国经济增长过程中的污染强度,即反映相关环境代价变化情况,见图1-3:

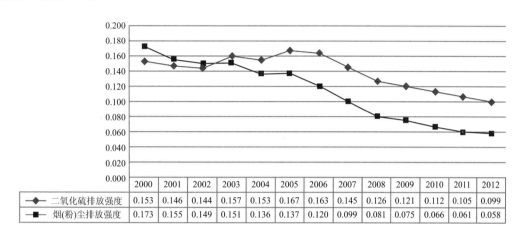

	2000	2001	2002	2003	2004	2005	2006	2007	2008	2009	2010	2011	2012
二氧化硫排放强度	0.153	0.146	0.144	0.157	0.153	0.167	0.163	0.145	0.126	0.121	0.112	0.105	0.099
烟(粉)尘排放强度	0.173	0.155	0.149	0.151	0.136	0.137	0.120	0.099	0.081	0.075	0.066	0.061	0.058

图1-3 单位GDP二氧化硫排放强度和烟(粉)尘排放强度(2000—2012)

说明:数据基于图1-2污染物排放量、《国家统计年鉴2013》中的GDP数据计算整理得出。单位:吨/万元。

如图1-3所示,即便考虑经济增长,过去13年间,中国单位GDP的污染强度也呈逐年下降态势。2000年,中国万元GDP二氧化硫排放强度为0.153吨,万元GDP烟(粉)尘排放强度为0.173吨。2012年,中国万元GDP二氧化硫排放强度为0.099吨,比2000年下降0.054吨,降幅为35.3%,万元GDP烟(粉)尘排放强度为0.058吨,比2000年下降0.115吨,降幅为66.5%。

13. 从区域上看,鲁蒙冀苏豫五省主要空气污染物排放总量较高

如果从横向比较,可以发现,中国废气中三种主要污染物排放的区域分布基本稳定,在那些二氧化硫排放量比较大的省份,比如山东、江苏、河北、河南、内蒙古五省,氮氧化物排放量和烟(粉)尘排放量通常也比较多,而西藏、海南、北京、青海等地的二氧化硫、氮氧化物和烟(粉)尘这三大主要空气污染物的排放量则远远小于其他省份,图1-4给出了2012年中国二氧化硫排放量最多和最少的十个省份。

---

① 文中构建的"单位GDP二氧化硫排放强度"是用二氧化硫排放总量除以当年实际GDP,其中实际GDP是名义GDP,结合用1978年为100的定基指数折算而成。表示每万元GDP排放出的二氧化硫数量;同理,"单位GDP烟(粉)尘排放强度"是用烟(粉)尘排放总量除以当年实际GDP,表示每万元GDP排放出的烟(粉)尘数量。

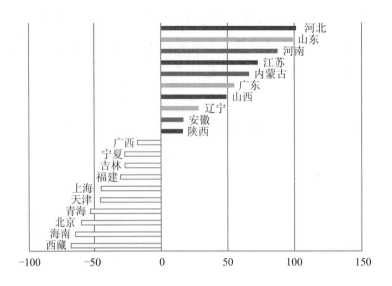

图1-4 二氧化硫排放量最多与最少的十个省份（2012）

说明：数据源自《2013年国家统计年鉴》中的"各地区废气中主要污染物排放情况"，为了更直观地显示省际差距，用各地区的二氧化硫排放量减去31个省的平均值为68.31万吨，值越大说明该省排放量越多。单位：万吨。

如图1-4所示，2012年，全国31个省份平均年排放二氧化硫68.31万吨，西藏、海南、北京、青海、天津、上海、福建、吉林、宁夏、广西十个省份的二氧化硫排放量最少，均远低于全国平均值。河北、山东、河南、江苏、内蒙古、广东、山西、辽宁、安徽、陕西十个省份的二氧化硫排放量最高，远远高于全国平均值。

氮氧化物排放量与二氧化硫排放量的区域分布基本一致，图1-5给出了2012年氮氧化物排放量最多与最少的十个省份。

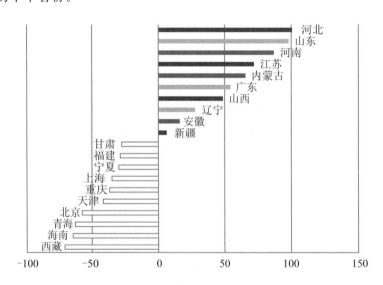

图1-5 氮氧化物排放量最多与最少的十个省份（2012）

说明：数据源自《2013年国家统计年鉴》中的"各地区废气中主要污染物排放情况"，为了更直观地显示省际差距，用各地区的氮氧化物排放量减去31个省的平均值为75.41万吨，值越大说明该省排放量越多。单位：万吨。

如图 1-5 所示，2012 年，全国 31 个省份平均年排放氮氧化物 75.41 万吨，西藏、海南、青海、北京、天津、重庆、上海、宁夏、福建、甘肃十个省份的氮氧化物排放量最少，低于全国平均值。河北、山东、河南、江苏、内蒙古、广东、山西、辽宁、安徽、新疆十个省份的氮氧化物排放量最高，高于全国平均值。

此外，图 1-6 给出了 2012 年中国烟（粉）尘排放量最多与最少的省份。

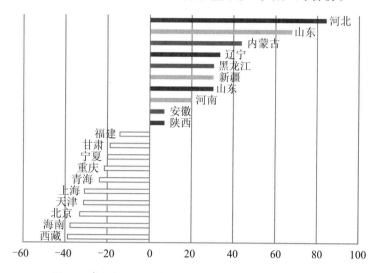

图 1-6　烟（粉）尘排放量最多与最少的十个省份（2012）

说明：数据源自《2012 年国家统计年鉴》中的"各地区废气中主要污染物排放情况"，为了更直观地显示省际差距，用各地区的烟粉尘排放量减去 31 省的平均值为 39.86 万吨，值越大说明该省排放量越多。单位：万吨。

从图 1-6 中可以看出，2012 年，全国 31 个省份平均年排放烟（粉）39.86 万吨，西藏、海南、北京、天津、上海、青海、重庆、宁夏、甘肃、福建十个省份的烟（粉）尘排放量最少，低于全国平均值。河北、山西、内蒙古、辽宁、黑龙江、新疆、山东、河南、安徽、陕西十个省份的烟（粉）尘排放量最高，高于全国平均值。

14. 从产业上看，工业废气主要源自火电、钢铁、水泥等产业

中国废气排放主要源自工业，因此，工业废气的区域分布特征与前文横向比较中的结论基本一致。本部分重点介绍工业废气排放的产业分布特征，即工业废气主要源自哪些产业。

2012 年，中国工业废气排放总量为 635519 亿立方米，主要来源于这些行业：电力、热力生产和供应业[①]，黑色金属冶炼及压延加工业[②]，非金属矿物制品业[③]，有色金属冶炼及压延加工

---

①　依据国家统计局官方网站"统计标准"栏目发布的国民经济行业分类（GB/T 4754—2011），电力、热力生产和供应业主要分为三类：第一类是电力生产，含火力发电、水力发电、核力发电、风力发电、太阳能发电、其他电力生产；第二类是电力供应；第三类是热力生产和供应，指利用煤炭、油、燃气等能源，通过锅炉等装置生产蒸汽和热水，或外购蒸汽、热水进行供应销售、供热设施的维护和管理的活动。

②　黑色金属冶炼及压延加工业主要包括五类经济活动，即炼铁、炼钢、黑色金属铸造、钢压延加工、铁合金冶炼。

③　非金属矿物制品业主要包括九类经济活动，即水泥、石灰和石膏制造，石膏、水泥制品和类似制品制造，砖瓦、石材等建筑材料制造，玻璃制造，玻璃制品制造，玻璃纤维和玻璃纤维增强塑料制品制造，陶瓷制品制造，耐火材料制品制造，石墨和其他非金属矿物制品制造。

业①，化学原料及化学制品制造业②，造纸及纸制品业③，煤炭开采和洗选业④，纺织业⑤，黑色金属矿采选业⑥，有色金属矿采选业⑦。表1-2给出了2012年这十个产业的工业废气排放量及其占比情况。

表1-2　十个产业的工业废气排放量及其占比情况(2012)

行业名称	废气排放量(亿立方米)	占比(%)
电力、热力生产和供应业	203436	32.01
黑色金属冶炼及压延加工业	160875	25.31
非金属矿物制品业	123285	19.40
有色金属冶炼及压延加工业	31799	5.00
化学原料及化学制品制造业	30614	4.82
造纸及纸制品业	6146	0.97
煤炭开采和洗选业	3249	0.51
纺织业	3164	0.50
黑色金属矿采选业	2946	0.46
有色金属矿采选业	1121	0.18
合计	566635	89.16

资料来源：《中国统计年鉴2013》和《中国环境统计年鉴2013》。

从表1-2中可以发现，2012年，在中国635519亿立方米的废气排放总量中，仅上述十个产业就排放了566635立方米，占所有行业废气排放总量的89.16％。在这十个产业中，电子、热力生产和供应业，黑色金属冶炼及压延加工业，非金属矿物制品业的废气排放量分别为203436立方米、160875立方米、123285立方米，占行业排放总量的32.01％、25.31％、19.40％，仅这三大产业占据全国所有行业废气排放总量的76.72％。这也就意味着，废气污染治理应该首先从火电、钢铁、水泥等产业开始。

---

① 有色金属冶炼及压延加工业主要包括六类经济活动，即常用有色金属冶炼，含铜、铅锌、镍钴、锡、锑、铝、镁等，贵金属冶炼，稀有稀土金属冶炼，有色金属合金制造，有色金属铸造，有色金属压延加工。
② 化学原料及化学制品制造业主要包括八类经济活动，即基础化学原料制造，肥料制造，农药制造，涂料、油墨、颜料及类似产品制造，合成材料制造，专用化学产品制造，炸药、火工及焰火产品制造，日用化学品制造。
③ 造纸及纸制品业主要包括三类经济活动，即纸浆制造，造纸，纸制品制造。
④ 煤炭开采与洗选业主要包括三类经济活动，即烟煤和无烟煤开采洗选，褐煤开采洗选，其他煤炭采选。
⑤ 纺织业主要包括八类经济活动，即棉纺织及印染精加工，毛纺织及染整精加工，麻纺织及染整精加工，丝绢纺织及印染精加工，化纤制造及印染精加工，针织或钩针编织物及其制品制造，家用纺织制成品制造，非家用纺织制成品制造。
⑥ 黑色金属矿采选业主要包括三类经济活动，即铁矿采选，锰矿、铬矿采选，其他黑色金属矿采选。
⑦ 有色金属矿采选业主要包括三类经济活动，即常用有色金属矿采选，贵金属矿采选，稀有稀土金属矿采选。

>>二、事件回放：十面"霾"伏① <<

1. 十面"霾"伏

霾，这个平时很少使用的词汇，甚至很多人都不知道该如何发音，在2013年伊始竟被举国关注。PM2.5是霾的重要组成部分，研究表明，PM2.5来源十分复杂，既有扬尘及燃煤、机动车直接排放的细颗粒物，也有空气中二氧化硫、氮氧化物和挥发性有机物，经过复杂的化学反应转化生成的二次细颗粒。进入2013年1月以后，截至当月28日20时，北京共出现四次持续性雾霾天气，共计23天，创下过去59年的历史新高。据卫星遥感监测，2014年1月30日，全国灰霾面积进一步扩大，达到143万平方公里，覆盖京津冀、河南、山东、江苏、安徽、湖北、湖南等地，这就意味着，中国近15%的区域都笼罩着灰霾，中东部地区大面积陷入"十面霾伏"，包括中央气象台在内的多地相关机构陆续发布霾黄色和蓝色预警，空气质量持续"严重污染"。1月31日，全国大面积出现雨雪、大风天气之后，多地又在久违的阳光与蓝天中进入2月，空气质量明显好转。

即便如此，十面"霾"伏的1月足以敲响中国环境治理警钟。政府必须反思，在一个环境决定经济的新时代中，如何采取科学的政策，多管齐下，加强空气污染治理。这要求首先必须深刻解剖这次全国大面积、长时间雾霾天气持续发生的原因，然后才能量体裁衣、对症下药。

专栏二　大气十条忽视了什么

下一次雾霾离我们有多远？国庆长假，北京再次弥漫雾霾。自10月11日开始，作为治理大气污染措施之一，北京在全市范围内启动对餐饮业、居民住宅区烹饪油烟机的整治行动，一度引发舆论哗然。这个秋天，大气污染治理是北京乃至全国环境领域的焦点之一。结合9月颁布的《大气污染防治行动计划》及后续相关行动，剖析顶层设计，提出"基层选择"，旨在为大气污染治理提供决策参考。

经济巨人与环境矮人

笔者有幸于8月下旬参加为期两周的"全球治理青年论坛"，来自28个国家的61位年轻人围绕全球治理、欧债危机、北约东扩、非洲援助、东亚局势、气候变化、能源安全等专题，与来自各国的演讲嘉宾深入交流。在这个论坛上，可以明显感受到中国经济的成功及其对全球治理所产生的深远影响。改革开放以来，一个超过13亿人口的大国，国内生产总值以年均大约两位数的速度持续稳定增长，GDP总量居全球第二位，且超越美国指日可待，几乎所有演讲嘉宾自觉不自觉地都会谈到中国，但肯定与否定

---

① 引自林永生. 十面霾伏敲响中国环境治理警钟. 中国改革，2013(4)，有删改。

中国的声音一样多，肯定的是经济成功，否定的多是经济增长的不可持续性，资源与环境代价过高。一个正在崛起的中国，既是经济巨人，也是环境矮人。随着工业化和城镇化的深入推进，能源资源消耗持续增加，以可吸入颗粒物（PM10）、细颗粒物（PM2.5）为主要特征的区域性大气污染问题日益突出，防治压力继续加大。

污染治理给出量化目标

2013年9月10日，国务院向全国各省、自治区、直辖市人民政府，国务院各部委、各直属机构印发《大气污染防治行动计划》（以下简称《大气十条》），明确提出未来大气污染防治的奋斗目标，即在五年时间内实现全国空气质量总体改善，重污染天气较大幅度减少，力争再用五年或更长时间，逐步消除重污染天气，空气质量明显改善。此外，还提出了大气污染治理的具体量化目标，即："到2017年，全国地级及以上城市可吸入颗粒物浓度比2012年下降10%以上，优良天数逐年提高；京津冀、长三角、珠三角等区域细颗粒物（简称PM2.5）浓度分别下降25%、20%和15%左右，其中北京市细颗粒物年均浓度控制在60微克/立方米左右"。

十大措施凸显顶层设计

"顶层设计"本是一个普通的工程学术语，指"自高端开始的总体构想"。近年来，这一概念运用到养老、医疗等诸多社会改革领域，强调对改革全局的整体战略谋划，渐趋成为较为流行的政治名词并于"十二五"规划的建议稿中首次出现，提出要"重视改革顶层设计和总体规划"。当前正在进行的大气污染治理专项行动也开始重视顶层设计，比如《大气十条》提出十项措施：一是加大综合治理力度，减少污染物排放；二是调整优化产业结构，推动产业转型升级；三是加快企业技术改造，提高科技创新能力；四是加快调整能源结构，增加清洁能源供应；五是严格节能环保准入，优化产业空间布局；六是发挥市场机制作用，完善环境经济政策；七是健全法律法规体系，严格依法监督管理；八是建立区域协作机制，统筹区域环境治理；九是建立监测预警应急体系，妥善应对重污染天气；十是明确政府企业和社会的责任，动员全民参与环境保护。这些措施凸显了中国在大气污染治理行动中的"顶层设计"：首先，这是由国务院牵头进行顶层设计和总体规划，包括治理目标的制定和分解、官员绩效的考核与评估、多类政策的制定和落实；其次，治理措施全面，具有典型整体战略谋划的特征。第一条措施关注不同类型的污染源治理（工业、面源、移动源），第二、三两条措施分别强调从产业、企业两大层面治理工业大气污染，第四和第五条重视优化能源结构和产业空间布局，第六、七、八条聚焦大气污染治理的手段（经济手段、法律手段、行政手段），第九条并不是关注污染治理，而是污染发生后的紧急应对措施，最后一条则明晰大气污染治理的主体和责权（政府、企业、社会）。

后续行动如火如荼

为了贯彻落实《大气十条》，9月中旬以来，各相关部委及北京等地很快开展后续行动，如火如荼。环保部要求在分解目标任务、促进经济转型升级、完成重点工作、妥善应对重污染天气、强化环境信息公开、严格考核问责这六大方面狠抓落实，此外，还将在认真研究和试点工作（内蒙古、江西、广西、湖北）的基础上，在全国开展生态红线划定工作。财政部近日发布消息称，中央财政安排当年预算50亿元，全部用于京津冀及周边地区（具体包括京津冀蒙晋鲁六个省份）大气污染治理工作，重点向治理任务重的河北省倾斜。北京召开首都大气污染防治工作动员大会，在今后5年，北京市将突出围绕压减燃煤、控车减油、治污减排、清洁降尘四大关键领域，落实大气污染防治任务，同时通过植树造林、扩大水面、生态修复等措施，大力提升环境容量。

《大气十条》喜忧参半

如何展望和评估新近出台的《大气十条》及后续行动，蓝天白云是否指日可待？个人以为或许喜忧参半：喜其决心，《大气十条》凸显顶层设计，自上而下，统筹层次高、措施全、考核严，可以看出政府要花大力气、彻底治理大气污染的决心；忧其效力，仔细剖析《大气十条》的目标和35项具体措施，又能够发现一些让人担忧的地方，进而可能会影响到大气污染的治理效力。首先，大气污染治理的目标水平远低于国际标准。世界卫生组织2005年发布的《空气质量准则》对于PM2.5的准则年均值为15微克/每立方米，考虑到各国具体发展阶段不同，设立三个过渡期，分别为35微克和25微克、15微克。《大气十条》中提出的大气污染治理目标水平远低于此，截至2017年，北京的PM2.5年均浓度控制在60微克/每立方米左右。这几乎意味着，5年之后，即便十条措施都得到贯彻落实，北京，作为首都和国内最发达的城市之一，PM2.5浓度只能达到国际准则值过渡1期水平的一半左右。

其次，大气污染治理措施中的一些具体量化目标缺乏科学性与合理性。比如，《大气十条》多次提到降低煤炭消费、气替代煤，尤其是燃煤锅炉改造和控制燃煤电厂规模等要求，但依据国家主体规划，煤炭消费占比的下降空间并不大，2012年，中国煤炭消费量约占一次能源消费总量的66.4%，《能源发展十二五规划》中给出2015年煤炭消费占比的目标为65%左右。比如，《大气十条》在第13项措施中提出"到2017年，非化石能源消费比重提高到13%"，依据此前"国家十二五"、"能源十二五规划"中的非化石能源消费占比目标，2015年为11.4%，2020年为20%，如果2017年为13%，但就意味着从2015至2017年的两年间，非化石能源消费占比提高1.6个百分点，接下来的3年时间里，要提高7个百分点，显然，这种跨期量化目标的设定过于随意了。

最后，大气污染治理的某些措施有相互矛盾之嫌。比如，在第16项关于调整产业布局的措施中，一方面要求禁止在生态脆弱地区上马"两高"行业项目；另一方面又要实施差异化的区域产业政策且对东部地区提出更高的节能环保要求。差异化的区域产业政策是指不同区域的产业性质不同，还是同一产业在不同地区的发展要求不同？东部节能环保要求更高的同时，是让中、西部降低要求，还是保持不变？实际上，在中国西高东低、水源地密集于西部的地理格局下，西部的节能环保要求要比东部更高才对。比如在第18项关于优化空间格局的措施中要求城市规划"形成有利于大气污染物扩散的城市和区域空间格局"，从本质上讲，这种措施并不是消除或减少污染物排放，而是以邻为壑，试想一下，如果这个政策被河北省过度解读，那么就可理解为，"我们要把钢铁产业排放的污染物多扩散到北京去"，这与第26项中的要求建立"区域协作机制"相互矛盾，等等。

易被忽略的"基层选择"

"基层选择"，是指微观主体——居民、企事业单位、中介组织在日常生产和生活当中的具体决策，比如居民选择购买什么样的房屋、消费哪些类型的商品、选择何种出行方式，企业选择进入哪些产业、进驻哪些地区、增加还是减少投资，等等。具体到《大气十条》，坚持顶层设计，由国务院统筹，利于打破各个部委、各个地区之间可能出现的利益冲突，推进大气污染治理，但顶层设计要着眼于基层选择，比如从博弈论和信息经济学的角度，认真评估微观主体对某个可能出现的政策信号或措施的反应，然后再做最优的政策设计。否则，忽略基层选择的顶层设计一定会出现政府缺位、越位和错位等问题。为何开展大气污染治理专项行动的顶层设计，出现了一些容易引起人们担忧的量化目标和措施，根本原因或在于这种顶层设计忽略了"基层选择"，表现在三个方面。第一方面是《大气十条》中的一些规制措施没有考虑基层反向选择或违约情况。比如，在《大气十条》的10类、共计35项措施中，多次出现"必须""严格""禁止""不得"等字眼，但依据动态博弈理论，必须要传递明确信号才能让你的威胁策略变得可信，因此还需添加违反规定情况下的明确处罚承诺。第二方面是《大气十条》中涉及的一些措施和量化目标强调基层选择的结果，而忽略了基层选择的过程。比如要降低煤炭消费（第1项）、提高非化石能源消费占比（第13项）、淘汰落后产能目标（第5项）、提高公共交通出行比例和合理控制机动车保有量（第3项），等等，在一个顶层设计的大气污染治理专项行动计划里，对大气主要污染物及排放源设定目标是必要的，但这是基层选择的结果，更应关注基层选择的前提和过程，怎样的政策设计才能让基层选择绿色生产、绿色消费、绿色出行呢？多乘公交少买车，不能仅依赖于空头口号和限购、限行之类的强制性措施，因此需要添加保障这些目标得以实现的政策措施。第三方面是《大气十条》中一些措施相互矛盾，源于顶层设计忽略了基层选择的前提。如果审慎考虑微观企业的选择，比如，企业是否会选择进入"两高一资"行业，去哪儿经营，地区或行业的节能环保标准设定多高对企业、行业、地区乃至国家发展是有利的，换句话说，顶层设计需要通盘考虑，中国是否允许发展高污染行业，如果允许，应该集聚在哪些行业、哪些地区，最大限度是多少，如此一来，区域差异化的产业政策（第 16 项）、空间格局（第 18 项）和城市规划（第 26 项）领域的一些措施并不会相互矛盾。

总之，顶层设计强调来自于顶层的宏观调控和统筹设计，主张自上而下推进改革。基层选择更关注来自于基层的自发选择和微观决策，重视自下而上倒逼改革。前者基于市场失效的假设，后者则是市场有效论的拥趸。无论是当前大气污染治理，还是未来更广泛领域的深化改革过程中，都要把顶层设计和基层选择结合起来，2013 年诺贝尔经济学奖同时颁给了提出"有效市场假说"的尤金·法玛和与他理论几乎完全相左、认为价格中充满着误导性"噪音"的行为金融学奠基人罗伯特 . 席勒，可能意在提醒人们，经济活动中的选择决策不是遵循非黑即白的简单逻辑，而是"我们不同，我们都好"。

资料来源：林永生，大气十条忽视了什么，《中国改革》，2013 年第 11 期，有删改。

2. 油品升级及成本分摊

汽车尾气是雾霾的重要组成部分，因此，削减汽车尾气排放是治理雾霾乃至整个大气污染的必然要求。但是，人们对削减汽车尾气的具体方法存在很大分歧。一类观点认为应推进油品升级，使得消耗等量的汽油排放更少的污染物。这类观点很容易简单地把空气污染的责任推给两"桶"或三"桶"油，指责它们迟迟不推行油品升级，致使国内油品质量远远低于欧美，进而造成当前巨量的汽车尾气排放。油品升级对于削减汽车尾气排放的确非常重要，显然有助于空气污染防治。然而，环境质量具有公共产品特征和正外部性。同时，市场经济中，更优质产品和服务理应获得更高的价格。从这个意义上说，采用更高质量的油品以创造更舒适的环境，企业需要承担一定的社会责任，政府更是责无旁贷，消费者也应该随时做好支付高价的准备。但是，当前的社会舆论鲜有关注油品升级的派生成本及其分摊问题。

3. 减少汽车拥有量或出行频率

另一类观点认为，油品升级是治标不治本，主要是汽车太多了，应该切实减少汽车拥有量或出行量。但是，从国内、尤其是北京出台的政策措施来看，比如限行、摇号等，这些做法旨在通过强制性行政规定限制人们购车和开车的自由，存在逆市场化的色彩，而且这种对新不对旧的中国式增量改革，明显不利于后来者和年轻人，易于积蓄社会不公。正确的做法应该是一方面通过公路定价、征收拥堵费和碳排放税等措施提高私家车的出行成本；另一方面大力发展城市公交系统，切实提高公共交通的便捷性和效率，最终的效果是使用正向或负向的经济激励政策，最终减少汽车拥有量和尾气排放，改善空气质量。

4. 削减工业废气排放

考虑到工业烟粉尘以及燃煤排放的二氧化硫也是雾霾的组成部分，对比中国雾霾区域分布和重化工业产品的产能区域分布状况，可发现二者具有较强的相关性。包括北京在内的环渤海地区是这次雾霾的重灾区，同时也是重化工业密集地：2011 年，京津冀三地的生铁、粗钢、钢材产量分别占全国总量的 27.4％、27.36％、27.88％，水泥产量占全国总量的 7.81％；如果再加上辽宁和山东，环渤海五省共约生产了全国 50％ 的钢铁、20％ 的水泥。如此密集和高比例的重化工业分布，必然产生大量工业废气，增加这些地区雾霾天气发生的概率。

有人可能会说，这些重化工业很早以前就已存在，为何直到今年才发生严重的雾霾？答案在于两个方面：一方面是大气污染物的累积效果；另一方面是不利的气象、气流条件阻滞了污染气体向外扩散。关键还是在于前者。如果空气中积累了大量的污染气体，即便气象条件良好，也只是将污染物转移，并不是减少或消除。因此，通过调整经济结构，转变发展方式，推进产业结构轻型化，是改善空气质量、优化环境治理的根本途径。然而，大力发展重化工业是中国工业化和城镇化加速推进过程中的必然要求，不可能如此巨大数量的重化工业产品都依赖进口。一方面仍要大力发展重化工业；另一方面又要降低空气污染，破解这种经济发展与环境保护之间矛盾的关键就是要提出并落实单位 GDP 或工业增加值污染强度指标，发掘技术效应对大气污染治理的贡献。

>>三、总体评价<<

中国主要空气污染物的环境库兹涅茨曲线拐点已初现，但空气污染的实际情况可能要严重得多，主要有三方面原因：第一方面是空气污染事件开始频繁发生，引发民众不满；第二方面是工业废气排放总量持续增加，未见明显拐点；第三方面是历史累积排放量巨大。这就意味着，中国的空气污染治理仍任重道远。

1. 主要空气污染物的环境库兹涅茨曲线拐点已初现

从客观数据上来看，中国的确初步实现了经济增长与空气污染物排放的"脱钩"，即高增长和低污染并存。图 1-7 给出了 2000 年至 2012 年中国二氧化硫和烟粉尘两类污染物排放的环境库兹涅茨曲线①。

---

① 库兹涅茨曲线是 20 世纪 50 年代诺贝尔奖获得者、经济学家库兹涅茨用来分析人均收入水平与分配公平程度之间关系的一种学说。研究表明，收入不均现象随着经济增长先升后降，呈倒 U 型曲线关系。当一个国家经济发展水平较低的时候，环境污染的程度较轻，但是随着人均收入的增加，环境污染由低趋高，环境恶化程度随经济的增长而加剧；当经济发展达到一定水平后，也就是说，到达某个临界点或称"拐点"以后，随着人均收入的进一步增加，环境污染又由高趋低，其环境污染的程度逐渐减缓，环境质量逐渐得到改善，这种现象被称为环境库兹涅茨曲线。

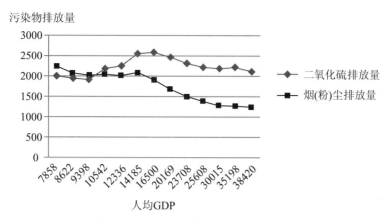

图 1-7　中国二氧化硫和烟（粉）尘的环境库兹涅茨曲线（2000—2012）

说明：二氧化硫和烟粉尘排放量数据源自历年《中国环境统计年鉴》、人均 GDP 数据源自《2013 年国家统计年鉴》。单位：万吨、元。

如图 1-7 所示，过去 12 年间，中国人均 GDP 持续快速增长，从 2000 年的 7858 元增加到 2012 年的 38420 元，与此同时，中国二氧化硫排放量、烟粉尘排放量均呈"先增后减"的态势，分别于 2005 年、2004 年达到高点以后开始逐渐下降，也就是说，单从二氧化硫、烟（粉）尘两种空气污染物排放量来看，环境库兹涅茨倒 U 形曲线的拐点已经初步显现。

2. 空气污染事件频发

近年来，中国空气污染事件开始频繁发生，引发民众不满。"十二五"以来，位于北京的美国驻华大使馆率先开始小范围发布 PM2.5 监测指标，随后国内包括北京市在内的很多地方也开始设立、监测并对外公布 PM2.5 指标。进入 2013 年，全国爆发了大范围、持续长时间的空气污染事件，如前文所述的十面"霾"伏。而且，目前的城市上班族习惯每天打开新媒体中较为流行的天气软件，浏览一下当日的空气污染指数，结果通常是"重度污染"或"中度污染"，空气质量显示为"良好"的天数少之又少，以至于在难得晴朗无污染的天气里，人们竟会纷纷在微信上"晒蓝天""晒白云"。总之，日益严重的空气污染事件频繁发生，引发民众不满，居民对空气质量的关注和担忧也开始骤增，高级防毒口罩和空气净化器销量迅速增加，甚至脱销。

3. 工业废气排放量持续增加

图 1-8 给出了中国工业废气排放量的环境库兹涅茨曲线。

如图 1-8 所示，过去 13 年间，随着中国人均 GDP 水平持续增加，工业废气排放量也迅速增加，基本没有出现明显拐点，除了 2012 年的工业废气排放量较之 2011 年略有下降，但仍然维持在历史高位。2000 年，中国人均 GDP 为 7858 元，工业废气排放量为 13.8 万亿立方米，2012 年，中国人均 GDP 增至 38420 元时，工业废气排放量则维持在历史高位，为 63.55 万亿立方米，仅略低于 2011 年的 67.45 亿立方米。

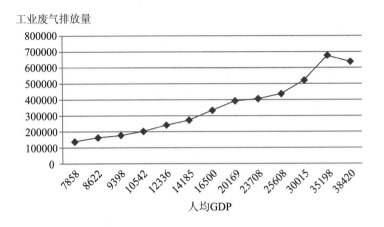

图 1-8　中国工业废气排放量的环境库兹涅茨曲线（2000－2012）

说明：工业废气排放量数据源自历年《中国环境统计年鉴》、人均 GDP 数据源自《2013 年国家统计年鉴》。单位：亿立方米、元。

4. 历史累积排放量巨大

从历史累积排放量来看，中国大气污染仍然较为严重，尽管部分空气污染物随着气流吹散开来，转移到其他地区和国家，由于中国国土面积广泛，大量中西部地区为高山丘陵或盆地，并不容易形成极为有利的气象对流条件，再加上中国周边毗邻的并非全是环境质量优良的地区和国家，也会从其转移过来部分空气污染物，因此，可近似认为，历史累积排放的大气污染物仍然以显性或隐性的方式基本滞留于中国境内。由于包括中国在内的大量发展中国家在全球气候谈判中的基本立场便是"从历史累积排放量"出发，"坚持共同而有区别的责任"……这也就意味着，治理中国自身的大气环境污染，必须综合考虑历史累积排放，环境容量中允许的新增污染物排放越来越少，需更加注重经济增长过程中的资源与环境代价。

本章主要参考文献

[1] 中华人民共和国国家统计局. 中国统计年鉴 2013[M]. 北京：中国统计出版社，2013.

[2] 国家统计局，环境保护部. 中国环境统计年鉴 2013[M]. 北京：中国统计出版社，2013.

[3] 环境保护部. 中国环境状况公报 2013. 国家环保部官方网站，2014.

[4] 林永生. 十面霾伏敲响中国环境治理警钟[J]. 中国改革，2013(4).

天地与我并生，万物与我为一。

——老子

第二章

水污染

河流、湖泊、海洋的水质状况，尤其是人们生活饮用水的安全程度，直接影响居民生命健康。2013 年数据显示：全国地表水总体为轻度污染，部分城市河段污染较重。海域海水环境状况总体较好，近岸海域水质一般。全国废水排放持续增加，废水中的主要污染物，如化学需氧量（COD）的排放稳中有降。从区域分布来看，东部地区的废水及 COD 排放显著高于西部地区。此外，近年来，国内水环境事件频发，死猪死鸭漂浮江河，存在企业深层排污与红色地下水现象，水污染状况已经自上而下开始蔓延。

>>一、数据点评<<

2013 年，中国长江、黄河、珠江、松花江、淮河、海河、辽河、浙闽片河流、西北诸河和西南诸河十大流域的国控断面中，Ⅰ～Ⅲ类、Ⅳ～Ⅴ类和劣Ⅴ类水质断面比例分别为 71.7%、19.3% 和 9.0%。与 2012 年相比，水质无明显变化。主要污染指标为化学需氧量、高锰酸盐指数和五日生化需氧量。

1. 长江水质良好、黄河轻度污染

长江流域水质良好。Ⅰ～Ⅲ类、Ⅳ～Ⅴ类和劣Ⅴ类水质断面比例分别为 89.4%、7.5% 和 3.1%。长江干流水质为优，主要支流水质良好，其城市河段中，螳螂川云南昆明段、府河四川成都段和釜溪河四川自贡段为重度污染。

黄河流域轻度污染。Ⅰ～Ⅲ类、Ⅳ～Ⅴ类和劣Ⅴ类水质断面比例分别为 58.1%、25.8% 和 16.1%。主要污染指标为氨氮、五日生化需氧量和化学需氧量。黄河干流水质为优，主要支流为中度污染，其城市河段中，总排干内蒙古巴彦淖尔段，三川河山西吕梁段，汾河山西太原段、临汾段、运城段，涑水河山西运城段和渭河陕西西安段为重度污染。

2. 流域水质：珠江为优，松花江、辽河与淮河轻度污染，海河中度污染

珠江流域水质为优。Ⅰ～Ⅲ类和劣Ⅴ类水质断面比例分别为94.4％和5.6％。珠江干流水质为优，主要支流水质良好，其城市河段中，深圳河广东深圳段为重度污染。

松花江流域轻度污染。Ⅰ～Ⅲ类、Ⅳ～Ⅴ类和劣Ⅴ类水质断面比例分别为55.7％、38.6％和5.7％。松花江干流水质良好，主要支流为轻度污染。黑龙江水系为轻度污染。乌苏里江水系为轻度污染。图们江水系为轻度污染。绥芬河水系为Ⅲ类水质。松花江流域的城市河段中，阿什河黑龙江哈尔滨段为重度污染。

淮河流域轻度污染。Ⅰ～Ⅲ类、Ⅳ～Ⅴ类和劣Ⅴ类水质断面比例分别为59.6％、28.7％和11.7％。淮河干流水质为优，主要支流为轻度污染。沂沭泗水系水质为优，淮河流域其他水系为轻度污染。淮河流域的城市河段中，小清河山东济南段为重度污染。

海河流域中度污染。Ⅰ～Ⅲ类、Ⅳ～Ⅴ类和劣Ⅴ类水质断面比例分别为39.1％、21.8％和39.1％。海河干流2个国控断面分别为Ⅳ类和劣Ⅴ类水质，海河主要支流为重度污染。滦河水系水质良好。徒骇马颊河水系为重度污染。海河流域的城市河段中，滏阳河邢台段、岔河德州段和府河保定段为重度污染。

辽河流域轻度污染。Ⅰ～Ⅲ类、Ⅳ～Ⅴ类和劣Ⅴ类水质断面比例分别为45.5％、49.1％和5.4％。与上年相比，水质有所好转。辽河干流为轻度污染，主要支流为中度污染，大辽河水系为轻度污染，大凌河水系为轻度污染。鸭绿江水系水质为优。该流域无重度污染的城市河段。

3. 西北和西南诸河水质为优，浙闽片河流水质良好

浙闽片河流水质良好。Ⅰ～Ⅲ类和Ⅳ类水质断面比例分别为86.7％和13.3％。浙江境内河流水质良好。福建境内河流水质良好。安徽境内河流4个国控断面均为Ⅱ、Ⅲ类水质。浙闽片河流无重度污染的城市河段。西北诸河水质为优。Ⅰ～Ⅲ类和劣Ⅴ类水质断面比例分别为98.0％和2.0％。新疆境内河流水质为优。甘肃境内河流4个国控断面均为Ⅰ～Ⅲ类水质。青海境内河流1个国控断面为Ⅱ类水质。西北诸河的城市河段中，克孜河新疆喀什段为重度污染；西南诸河水质为优。Ⅱ～Ⅲ类水质断面比例为100.0％。西藏境内河流水质为优。云南境内河流水质为优。西南诸河无重度污染的城市河段。

4. 省界水体水质为中

2013年，中国省界水体水质为中。Ⅰ～Ⅲ类、Ⅳ～Ⅴ类和劣Ⅴ类水质断面比例分别为62.3％、18.2％和19.5％。与2012年相比，水质无明显变化。主要污染指标为氨氮、化学需氧量和高锰酸盐指数，见表2-1。

表 2-1　2013 年中国省界断面水质状况

流域	断面比例（%）		劣Ⅴ类断面分布
	Ⅰ～Ⅲ类	劣Ⅴ类	
长江	78.0	7.5	新庄河云南－四川交界处，乌江贵州－重庆交界处，清流河安徽－江苏交界处，牛浪湖湖北－湖南交界处，黄渠河河南－湖北交界处，浏河、吴淞江江苏－上海交界处，枫泾塘、浦泽塘、面杖港、黄姑塘、惠高泾、六里塘、上海塘浙江－上海交界处，长三港、大德塘江苏－浙江交界处。
黄河	45.3	33.3	黄埔川、孤山川、窟野河、牸牛川内蒙古－陕西交界处，葫芦河、渝河、茹河宁夏－甘肃交界处，蔚汾河、湫水河、三川河、鄂河、汾河、涑水河、漕河山西入黄处，黄埔川、孤山川、清涧河、延河、金水沟、渭河陕西入黄处，双桥河、宏农涧河河南入黄处。
珠江	85.1	6.4	深圳河广东－香港交界处，湾仔水道广东－澳门交界处。
松花江	73.5	——	
淮河	31.4	25.5	洪汝河、南洺河、惠济河、大沙河(小洪河)、沱河、包河河南－安徽交界处，奎河、灌沟河、闫河江苏－安徽交界处，灌沟河南支、复新河安徽－江苏交界处，黄泥沟河、青口河山东－江苏交界处。
海河	27.1	62.7	潮白河、北运河、沟河、凤港减河、小清、大石河北京－河北交界处，潮白河、蓟运河、北运河、沟河、还乡河、双城河、大清河、青静黄排水渠、子牙河、子牙新河、北排水河、沧浪渠河北－天津交界处，卫河、马颊河河南－河北交界处，徒骇河河南－山东交界处，卫运河、漳卫新河河北－山东交界处，桑干河、南洋河山西－河北交界处。
辽河	21.4	42.9	新开河吉林－内蒙古交界处，阴河、老哈河河北－内蒙古交界处，东辽河辽宁－吉林交界处，招苏台河、条子河吉林－辽宁交界处。
东南诸河	100.0	——	
西南诸河	100.0	——	

资料来源：《中国环境状况公报 2013》。

5. 约 40% 的湖泊(水库)被污染

2013 年，中国水质为优良、轻度污染、中度污染和重度污染的国控重点湖泊(水库)比例分别为 60.7%、26.2%、1.6% 和 11.5%。与上年相比，各级别水质的湖泊(水库)比例无明显变化。主要污染指标为总磷、化学需氧量和高锰酸盐指数，见表 2-2。

表 2-2　2013 年重点湖泊(水库)水质状况

湖泊(水库)类型	优(个)	良好(个)	轻度污染(个)	中度污染(个)	重度污染(个)
三湖 *	0	0	2	0	1
重要湖泊	5	9	10	1	6
重要水库	12	11	4	0	0
总计	17	20	16	1	7

注：* 指太湖、滇池和巢湖；富营养、中营养和贫营养的湖泊(水库)比例分别为 27.8%、57.4% 和 14.8%；引自《中国环境状况公报 2013》。

2013 年，中国太湖、巢湖轻度污染。滇池重度污染。31 个大型淡水湖泊中，6 个为重度污染（淀山湖、达赉湖、白洋淀、贝尔湖、乌伦古湖、程海），1 个为中度污染（洪泽湖），10 个为轻度污染（阳澄湖、小兴凯湖、兴凯湖、菜子湖、鄱阳湖、洞庭湖、龙感湖、阳宗海、镜泊湖和博斯腾湖），其他 14 个湖泊水质优良。27 个重要水库中，4 个为轻度污染（尼尔基水库、莲花水库、大伙房水库和松花湖）为轻度污染，其他 23 个水库水质均为优良。

6. 全国地级及以上城市集中式饮用水源地取水达标率为 97.3%

2013 年，全国有 309 个地级及城市①以上城市的 835 个集中式饮用水源地统计取水情况，全年取水总量为 306.7 亿吨，涉及服务人口 3.06 亿人。其中，达标取水量为 298.4 亿吨，达标率为 97.3%。地表水水源地主要超标指标为总磷、锰和氨氮，地下水水源地主要超标指标为铁、锰和氨氮。

7. 近 60% 的地下水水质较差或极差，总体更加恶化

2013 年，全国地下水环境质量的监测点总数为 4778 个，其中国家级监测点 800 个。水质优良的监测点比例为 10.4%，良好的监测点比例为 26.9%，较好的监测点比例为 3.1%，较差的监测点比例为 43.9%，极差的监测点比例为 15.7%。主要超标指标为总硬度、铁、锰、溶解性总固体、"三氮"（亚硝酸盐、硝酸盐和氨氮）、硫酸盐、氟化物、氯化物等。与 2012 相比，有连续监测数据的地下水水质监测点总数为 4196 个，分布在 185 个城市，水质综合变化以稳定为主。其中，水质变好的监测点比例为 15.4%，稳定的监测点比例为 66.6%，变差的监测点比例为 18.0%②。

专栏三　中国水污染究竟有多严重

2014 年上半年，国内媒体曝光的自来水异味事件已达十余起。兰州自来水苯超标事件更是引发了一场关于居民用水安全的大讨论。据 3 月中旬环保部发布的数据显示，中国有 2.5 亿居民的住宅区靠近重点排污企业和交通干道，2.8 亿居民使用不安全饮用水。管网二次污染、水源地污染的情况非常严重，让人触目惊心。

水龙头下最后一米的污染

受经济承受能力所限，目前国内水厂基本上都是用很多年前的加氯处理工艺，已经无法把现在水质中所含的有害物质完全过滤掉，加上目前很多地方管网老旧失修，也没有进行过清理，对自来水的二次污染非常严重。更可怕的是，记者采访中了解到，水源污染越严重，自来水加工过程就需要添加更多的氯，由此产生的消毒副产品就越多，而这些聚合物不会因为水煮沸而去除。有研究发现，氯气消毒产生的三氯甲烷进

---

① 含部分地、州、盟所在地和省辖市，以下同。
② 该节主要引自《中国环境状况公报 2013》。

入人体会被立即吸收，长期饮用可能伤害中枢神经机能，甚至致癌。

水源地污染触目惊心

"一些没有经过处理的超标污水直接排放，造成了水源的污染，甚至渗透污染地下水，很多地方的水务公司基本形同虚设，对自来水的处理根本没有达标，很多地方的自来水即使煮沸了也无法达到安全饮用的要求，从水源地到居民家里的水龙头，层层隐患直接影响并威胁着人体健康。"环保部一位权威专家对《经济参考报》记者这样说。

据监察部的统计显示，近10年来中国水污染事件高发，水污染事故近几年每年都在1700起以上。全国城镇中，饮用水源地水质不安全涉及1.4亿人。水利部近期公布的数据显示，目前中国水库水源地水质有11%不达标，湖泊水源地水质约70%不达标，地下水水源地水质约60%不达标。

水质监测监管不能缺位

要保证居民饮用水安全，一定要兼顾高标准及严问责，更为重要的是对水质和供水设备要保持监测，与此同时对相关责任方的监管更是不能缺位。据了解，2012年7月1日起，中国强制执行最新饮用水标准。新国标与国际接轨，共有指标106项，与世界上最严的水质标准———欧盟水质标准基本持平。该标准将饮用水水质指标由原标准的35项增至106项，加强了对水质有机物、微生物和水质消毒等方面的要求。

资料来源：林远、杨烨，管网二次污染水源地污染触目惊心，《经济参考报》，2014年4月18日第A07版，有删改。

8. 废水排放持续增加、主要污染物排放稳中有降

2000年以来的数据显示，中国废水排放量持续增加，与此同时，国家在"十一五"规划中把化学需氧量(COD)、氨氮等废水中的主要污染物设置了约束性的减排指标，因此，尽管废水排放量持续增加，但废水中主要污染物的排放量则稳中有降，表2-3给出了相关数据状况。

表2-3 中国历年水环境状况(2000—2012)

年份	废水排放总量(亿吨)	化学需氧量排放总量(万吨)	氨氮排放量(万吨)
2000	415.2	1445	NA
2001	432.9	1404.8	125.2
2002	439.5	1366.9	128.8
2003	459.3	1333.9	129.6
2004	482.4	1339.2	133
2005	524.5	1414.2	149.8
2006	536.8	1428.2	141.4
2007	556.8	1381.8	132.3
2008	571.7	1320.7	127
2009	589.1	1277.5	122.6

续表

年份	废水排放总量（亿吨）	化学需氧量排放总量（万吨）	氨氮排放量（万吨）
2010	617.3	1238.1	120.3
2011	659.2	2499.9	260.4
2012	684.7	2423.7	253.6

注：数据源自《中国环境统计年鉴2013》，由于2011年环境保护部对统计制度中的指标体系、调查方法及相关技术规定等进行了修订，统计范围扩展为工业源、农业源、城镇生活源、机动车、集中式污染治理设施5个部分，统计口径有所扩大，主要影响具体主要污染物排放量，因此2011年和2012年COD和氨氮排放量远远高于2010年。"NA"表示数据缺失。

从表2-3中可以发现，2000年以来，中国废水排放量持续增加，从2000年的415.2亿吨增加到2012年的684.7亿吨，13年间增长了64.9%。化学需氧量、氨氮等废水中主要污染物的排放量则稳中有降：2000年，全国共排放了1445万吨化学需氧量，随后逐年下降到2004年的1339.2万吨，2005年和2006年有所反弹，年排放量分别为1414.2万吨和1428.2万吨，然后又持续下降到2010年的1238.1万吨，创过去12年间的历史新低。2001年，全国氨氮排放量为125.2万吨，随后逐年增加，并于2005达到历史新高，当年共排放氨氮149.8万吨，"十一五"期间，氨氮排放量则逐年递减，2010年排放量为120.3万吨，也是过去12年间的最低点。由于2011年的统计口径扩大，因此2011年和2012年的化学需氧量和氨氮排放量明显增加。

9. 从区域上看，东部地区的废水及COD排放显著高于西部

基于2012年的水环境数据，如果进行横向区域间的比较，可以发现，中国废水及废水中的主要污染物之一——化学需氧量（COD）的排放量与地区经济发展水平具有较强的相关性，东部地区的废水及COD排放显著高于西部地区，图2-1给出了2012年中国废水排放最多与最少的十个省份。

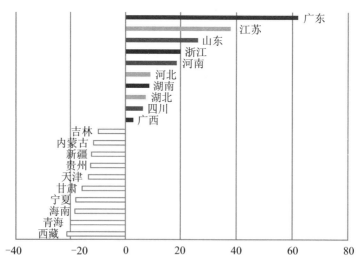

图2-1 废水排放量最多与最少的十个省份（2012）

说明：数据源自《2013年国家统计年鉴》中的"各地区废水中主要污染物排放情况"，为直观显示省际差距，用各地区的废水排放量减去31个省的平均值为22.1亿吨减去，值越大说明该省排放量越多。单位：亿吨。

如图 2-1 所示，2012 年，全国 31 个省份平均年排放废水 22.1 亿吨，西藏、青海、海南、宁夏、甘肃、天津、贵州、新疆、内蒙古、吉林十个省份的废水排放量最少，均远低于全国平均值，这十个省份中有七个位于中国西部地区。广东、江苏、山东、浙江、河南、河北、湖南、湖北、四川、广西十个省份的废水排放量最高，远远高于全国平均值，废水排放最多的四个省份依次为广东、江苏、山东、浙江，均为全国经济发展水平很高的东部大省，这也从侧面印证了在中国当前发展阶段，废水排放量与省际经济发展水平具有较强的正相关性，经济发展水平越高，通常意味着该地的废水排放量也会越高。此外，图 2-2 还给出了 2012 年中国废水中的主要污染物之一，即化学需氧量（COD）排放量最多与最少的省份：

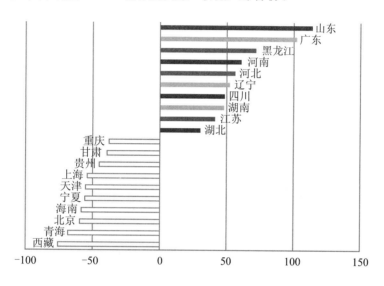

图 2-2　COD 排放量最多与最少的十个省份 (2012)

说明：数据源自《2013 年国家统计年鉴》中的"各地区废水中主要污染物排放情况"，为了更直观地显示省际差距，用各地区的 COD 排放量减去 31 个省的平均值为 78.18 万吨，值越大说明该省排放量越多。单位：万吨。

如图 2-2 所示，2012 年，全国 31 个省份平均年排放 78.18 万吨的 COD，西藏、青海、北京、海南、宁夏、天津、上海、贵州、甘肃、重庆十个省份的 COD 排放量最少，低于全国平均值，排放量最少的十个省份中有六个位于西部地区。山东、广东、黑龙江、河南、河北、辽宁、四川、湖南、江苏、湖北十个省份的 COD 排放量最高，高于全国平均值。

10. 从产业上看，工业废水主要源自造纸、化工、纺织等产业

工业废水主要源自哪些产业？2012 年，中国工业废水排放总量为 203.36 亿立方米，其中 65.41% 来源于以下十个产业：电力、热力生产和供应业，黑色金属冶炼及压延加工业，非金属矿物制品业，有色金属冶炼及压延加工业，化学原料及化学制品制造业，造纸及纸制品业，煤炭开采和洗选业，纺织业，黑色金属矿采选业，有色金属矿采选业。表 2-4 给出了 2012 年这十个产业的工业废水排放量及其占比情况。

表 2-4　十个产业的工业废水排放量及其占比情况（2012）

行业名称	废水排放量（万吨）	占比（%）
电力、热力生产和供应业	95575	4.70
黑色金属冶炼及压延加工业	106148	5.22
非金属矿物制品业	29440	1.45
有色金属冶炼及压延加工业	28835	1.42
化学原料及化学制品制造业	274344	13.49
造纸及纸制品业	342717	16.85
煤炭开采和洗选业	142220	6.99
纺织业	237252	11.67
黑色金属矿采选业	22766	1.12
有色金属矿采选业	50855	2.50
合计	1330152	65.41

资料来源：《中国统计年鉴2013》和《中国环境统计年鉴2013》。

从表 2-4 中可以发现，2012 年，在中国 203.36 亿吨的工业废水排放总量中，仅上述十个产业就排放了 133.01 亿吨，占所有行业废水排放总量的 65.41%。在这十个产业中，造纸及纸制品业、化学原料及化学制品制造业、纺织业的废水排放量分别为 34.27 亿吨、27.43 亿吨、23.73 亿吨，占行业排放总量的 16.85%、13.49%、11.67%，仅这三大产业占据全国所有行业废气排放总量的 42.01%，接近全国所有行业废水排放总量的一半，这也就意味着，工业废水治理应该首先从造纸、化工、纺织等产业开始。

>>二、事件回放：自上而下蔓延的水污染[①]<<

对任何国家而言，确保居民饮用水安全，是立国之本，是经济与社会可持续发展的基本前提。但仅就目前国内新闻报道研判，国内水污染状况比较严重，已经出现自上而下式的蔓延，有些城市引发居民恐慌。

1. 死猪死鸭漂浮江河

2013 年年初，大量死猪死鸭漂浮江河，比如上海黄浦江水域上游、福建龙岩龙津河上游、湖南浏阳河等处漂浮大量死猪，四川眉山、泸州等多地出现死鸭死猪抛尸江河，等等。其中尤以黄浦江上游水域漂浮大量死猪事件引起社会广泛关注。嘉兴、死猪、黄浦江等关键词似乎构成了中国新闻界的一出闹剧。2013 年 3 月 4 日起，嘉兴媒体连续报道了当地大批生猪病死及扔弃河道等现象（文中"死猪"均指病死生猪）。上海没有发现向黄浦江等河道扔弃死猪现象，也没

[①]　主要引自林永生. 蔓延的水污染. 中国改革，2013(5)，有删改。

有发现重大动物疫情。从 3 月 8 日开始，上海方面就开始对"死猪来源"问题进行全面调查。到了 11 日，上海市政府新闻办正式对外发布消息说，有关部门对松江水域收集的部分生猪耳标进行了信息核查，初步确定这些死猪主要来自浙江省嘉兴地区。截至 2013 年 3 月 20 日，上海方面累计从黄浦江中共打捞死猪 1 万 3 千余头。由于嘉兴同上海接壤，自上海市区禁养和限养生猪后，大量生猪养殖转移到嘉兴地区，来自嘉兴市畜牧局的数据显示，截至 2013 年 3 月底，嘉兴养猪户达到 13 万余户，该地每年饲养生猪超过 700 万头，出栏数达到 450 万头。因此，嘉兴地区的养猪基数很大，相应每年因病或其他原因造成的死猪数量也很大，平均每年超过十万头。尽管嘉兴市环保、畜牧、水利等部门要求对死猪进行无害化处理，并且采取了"河长"包干管理等办法，但效果并不理想，死猪乱丢现象仍然普遍。

2. 政府补贴不力是直接原因

为何人们会把大量死猪扔放在显而易见的江河水中？见诸媒体的报道中，多聚焦于死猪处理的成本过高而政府给予的补贴过低问题。比如在浙江嘉兴地区，处理死猪的农户每头可以获得 80 元补助，但在实际操作过程中，因为死猪数量太大，补贴不到位情况突出。同时，对病死猪的处理主要采取厌氧发酵，需要占用土地，而现有土地资源处在超负荷状态，平均每头死猪处理成本可能远超过 80 元。但这种追因存在很大局限性，也就说，对任何一个农户或饲养场而言，对死猪进行无害化处理，除了要耗费显性成本，还包括隐形成本或机会成本，比如一个农户雇佣别人处理死猪，支付的工资和其他类型的直接花费是显性成本，但他在整个过程中还要耗费很多时间、精力，这些时间和精力如果用于做别的事情，还会带来额外收益，这些算作死猪处理的隐形成本或机会成本。一般来说，农户对死猪的处理大致有五种方式：第一种是自己掏腰包对死猪进行最好的无害化处理；第二种是政府补贴一部分、居民掏一部分，共同对死猪进行无害化处理；第三种是完全由政府来补贴农户或专业公司收集、处理死猪，并用公共财政补贴全部成本；第四种是政府不补贴或补贴力度不够，农户不选择无害化处理死猪而是将其随便乱扔；第五种是政府不补贴或补贴力度不够，农户同样不选择无害化处理死猪，反而将其卖给饭店，再上餐桌。第一种方式要求农户具有极高的道德素质、法律意识等，第三种方式要求政府具有极为雄厚的公共财力，均属于理想状态。第二种是当前在嘉兴等地采用的处理方式，但效果不理想。第五种处理方式显然是违法的。第四种方式是大量死猪漂浮江河的直接原因。

3. 企业和居民的环保意识与责任缺位是造成污染的根本原因

把农户或饲养场乱扔死猪的现象归因为政府补贴太低的观点，实际上是认为，如果政府不能够补贴对死猪进行环保化处理所耗费的全部成本，农户就应该乱扔死猪，显然是错误的，其根本缺点在于忽略了环境保护中的企业和居民责任，本质上是一种"经济靠市场、环保靠政府"的片面观点。

之所以出现大量死猪死鸭漂浮江河，其根本原因在于以下两点。一是农户未意识到自己在环境保护中的责任，并不具有随意乱扔死猪、污染环境的权利。二是现行的《环境保护法》《水污染防治法》，在立法、普法、司法等环节均有不足，亟待完善。在立法环节，从1979年试行，到1989年正式实施、再到2012年修正的《环境保护法》，以及2008年2月修订通过、2008年6月实施的《水污染防治法》等，其绝大多数条款都是强调各级政府和主要的污染企事业单位在环境保护中的责任和义务，而只是笼统提及公民个体责任问题。如《环境保护法》第六条规定"一切单位和个人都有保护环境的义务，并有权对污染和破坏环境的单位和个人进行检举和控告"。《水污染防治法》第十条规定"任何单位和个人都有义务保护水环境，并有权对污染损害水环境的行为进行检举，县级以上人民政府及其有关主管部门对在水污染防治工作中做出显著成绩的单位和个人给予表彰和奖励"。在《水污染防治法》的第三章"水污染防治的监督管理"中，除了政府及相关环境保护部门职责外，主要针对"向水体直接或间接排放污染物的企业事业单位和个体工商户"，在第四章"水污染防治措施"明确规定了禁止向水体排放的各类污染物，但主要是指污水和废水，对于其他污染物，尽管也有规定，比如第二十九条"禁止向水体排放油类、酸液、碱液或者剧毒废液。禁止在水体清洗装贮过油类或者有毒污染物的车辆和容器"，第三十四条"禁止在江河、湖泊、运河、渠道、水库最高水位线以下的滩地和岸坡堆放、存贮固体废弃物和其他污染物"，但没有任何条款明确说明，未经处理的死猪、死鸭等家禽属于污染物并禁止投放水体。普法环节的不足主要表现为一般居民不太了解相关环保法律法规，更不清楚个人在环境保护中的责权利边界，这归因于普法的力度不够或方式不科学。司法环节的不足主要表现为对污染环境的企业和个人，违法不究或执法不严。

专栏四　靖江：水质异常背后的异常

继兰州苯污染、武汉氨氮超标事件平息后，2014年5月，江苏靖江发生水质异常过去20天后，水质异常原因、水样监测报告迟迟无果，哑然成谜！当《法治周末》记者带着疑惑来到靖江市环保局、靖江市宣传部求解时，两单位对此是三缄其口，相互推诿。

长江水质异常致停水

靖江，隶属泰州市的一个县级市，位于苏北平原南端。地处长江下游的靖江，自然条件非常优越，有着丰富的水资源，总量约7.3亿立方米，其中地表水以引长江水为主，计2.2亿立方米，有"苏中小江南"的美誉。就是这么一个水资源丰富的县级市，在5月9日因长江水源出现水质异常，闹起了水危机，全市暂停供水，引发大批民众抢购矿泉水和纯净水的囤水行动。当日下午，靖江市启用牧城生态园备用水源，开始逐步恢复供水。

长江边工厂密布

事发时，曾有"运农药的船翻了，自来水厂取水口遭到污染"的说法在微博上流传，但江苏的海事部门称，目前，没有接到有长江上船舶污染的报告，初步排除是船舶发生碰撞或者泄漏导致水域污染的可能性。多家媒体都曾报道说："靖江市机电及汽车配件、医药及精细化工、纺织服装、船舶修造是当地主要工业门类，不少化工厂、纺织厂就建在江边。"5月17日、18日，《法治周末》记者以取水口为中心，沿着长江沿线查看发现：靖江经济技术开发区下属的城南园区、江苏江阴·靖江工业园区、新桥园区等均沿着长江建设、开发，里面也确实驻扎着制造、纺织、印染、医药等企业，就连取水口对面的江阴也同样分布着一大片各种类型的企业。但5月10日，靖江市政府就对外称，在饮用水源地取水口因异味停止取水后，即组织环保、海事、水利、公安水警等执法部门，对长江泰州段沿线122家化工企业、危废产生经营企业，36个码头，30条入江河道及靖江全境岸线进行全面排查，目前尚未发现企业、码头有涉嫌污染引用水源的行为。

20天仍未公布原因

当地政府快速应对停水危机的措施确实赢得了市民们的称赞，但水质异常的原因一直没有公布，这也成了市民们的一块心病。几乎所有的市民都在思考着同样一个问题：究竟是什么原因引起的水体异常？但他们唯一能做的就是等待政府发布的消息。

资料来源：张贵志，靖江：水质异常背后的异常，《法治周末》，2014年5月27日，转引自法治周末官网，[DB/OL] http://www.legalweekly.cn/index.php/Index/article/id/5205，最后访问时间：2014年10月22日，有删改。

4. 企业深层排污

类似水污染散布于随处可见的江河之中，属地表水系，能够直接察觉，治理相对容易。在中国655个城市中有四百多个是以地下水为饮用水源的，也就是说有60%以上的城市主要饮用水源是靠地下水，若地下水被污染，危害更大、更为隐蔽、更难治理，也更容易造成民众恐慌。2013年年初网爆"山东潍坊等地许多企业将污水排到一千多米的水层污染地下水"，引起极大关注。2014年4月10日，甘肃兰州发生自来水苯含量超标事件，引发大量市民对水质安全的恐慌和担忧。2014年8月底，据《新京报》报道①，腾格里沙漠腹地现巨型排污池，散发刺鼻气味，数个足球场大小的长方形的排污池并排居于沙漠之中，周边用水泥砌成，围有一人高绿色网状铁丝栏。其中两个排污池注满墨汁一样的液体，另两个排污池是黑色、黄色、暗红色的泥浆，里面稀释有细沙和石灰。在一些洼地，可以看到一根根直接插入沙里的黑色橡胶管道，这些管道周边的细沙呈黑色。踢开表面，下面是散发着臭味的黑色凝结物。据央视援引国土资源部下属科研机构的一份研究报告结论，"华北平原浅层地下水综合质量整体较差，几乎已无一类地下水，可以直接饮用的一到三类地下水仅占22.2%"。

---

① 陈杰. 腾格里沙漠腹地现巨型排污池. 新京报，2014-09-06.

5. 红色地下水与"红豆局长"

2013 年 4 月初，媒体曝光河北省沧县张官屯乡小朱庄村发现大量红色地下井水。很长时间以前，该村浅层地下水就变成了红色，小朱庄村于 2002 年又打了一口 400 米深的井，供全村人饮用，尽管井水颜色和口感均无异样，但没人敢喝，村民多用此水洗衣服和洗澡，购买桶装纯净水做饭和饮用。当地环保局长却用"水煮红小豆"来解释，说"红色的水不等于不达标的水，你有的红色的水，是因为物质是那个色的，对吧，你比如说咱放上一把红小豆，那里面也可能出红色对吧，咱煮出来的饭也可能是红色的，不等于不达标"。引发专家、网民炮轰，并被戏称为"红豆局长"。该村方圆五公里内只有一家化工厂，1988 年就已经建厂，在当地存在长达 23 年，虽然该厂 2011 年停厂，但在停产之前这家工厂排出来的废气和废水一直散发着酸臭的气味。从1998 年开始，小朱庄全体村民曾多次向有关部门反映本村的水质状况，环保部门对水质的检测结果都是合格的。那么，究竟是谁污染了该村地下水，原因何在呢？当前舆论主要归咎于两大因素，一是该村化工厂超标排放而且处置方式不当；二是环保部门不作为，监督管理不严，甚至助纣为虐，出具水质监测或环保"达标"的虚假报告。此外，还有两方面原因。一方面是该地环保部门缺乏独立性，在具体决策过程中可能受到了来自于其他各方的影响。环保部门需要在政策制定、执行、监督等方面具备相对独立性，但在实践中，显然受到很多相关部门的制约和影响，比如该村化工厂能够建成并持久运营，地区经济增长、创造财税、拉动就业，提高居民收入等都会是上级部门看重的因素，进而会对环保部门的决策施加影响，当然，也不排除环保部门因自身利益而决策不客观的现象。另一方面是地方政府可能仍未就环境保护的重要性和紧迫性达成共识。

>>三、总体评价<<

与大气污染程度相比，中国的水污染情况更为严重。主要体现在两个方面：一方面是废水及主要污染物排放量与经济增长呈现明显的正相关特征；另一方面是以废水排放衡量的单位GDP 污染强度并未明显降低。

1. 水污染与经济增长直接"挂钩"而非"脱钩"

中国的水污染状况与经济增长呈现出了较强的正相关性，也就是说没有实现经济增长与水污染的"脱钩"，而是直接"挂钩"。图 2-3 给出了 2000 年至 2012 年中国 COD 排放量的环境库兹涅茨曲线。

如图 2-3 所示，过去 13 年间，与人均 GDP 持续快速增长相伴随的是，COD 排放量并未呈现"先增后减"的态势，尽管在人均 GDP 在从 15000 元增至 25000 元期间，COD 排放量略有下降，但此后又明显上升，而且从趋势线上判断，二者总体呈正相关关系，人均 GDP 水平与 COD 排放量都持续增长。此外，中国人均 GDP 与废水排放总量之间具有更为明显的正相关性，图 2-4 给

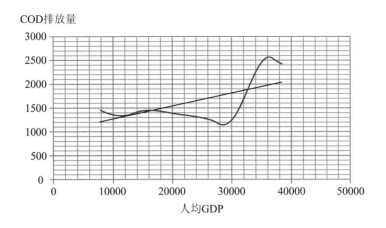

图 2-3 中国 COD 的环境库兹涅茨曲线（2000－2012）

说明：COD 排放量数据源自历年《中国环境统计年鉴》、人均 GDP 数据源自《2013 年国家统计年鉴》。单位：万吨、元。

出了废水排放量的环境库兹涅茨曲线。

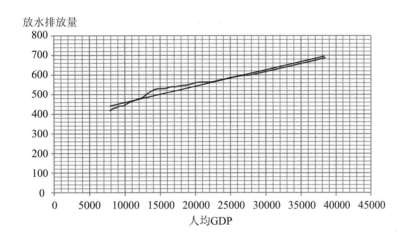

图 2-4 中国废水的环境库兹涅茨曲线（2000－2012）

说明：废水排放量数据源自历年《中国环境统计年鉴》、人均 GDP 数据源自《2012 年国家统计年鉴》。单位：亿吨、元。

如图 2-4 所示，过去 13 年间，中国废水排放量逐年增加：2000 年，中国人均 GDP 为 7858 元，共排放废水 415.2 亿吨。2012 年，中国人均 GDP 水平增至 38420 元，较之 2000 年增长了 3.89 倍，与此同时，废水排放量增至 684.7 亿吨，较之 2000 年增长了 64.9%。可见，中国废水的环境库兹涅茨曲线仍然处于上升阶段，也没有出现"倒 U 形"的拐点。

2. 单位 GDP 废水排放强度未明显下降

过去 13 间，中国平均每创造万元 GDP 所排放的废水量尽管有所下降，但总体来看并不明显，图 2-5 给出了中国单位 GDP 的废水排放强度。

从图 2-5 中可以看出，2000 年至 2012 年的 13 年间，中国单位 GDP 的废水强度近似经历了一个"倒 U 形"的变化，先持续增长，2005 年达到最高点，即万元 GDP 排放废水 343.27 吨，此后又逐年下降。但从整个时期来看，中国单位 GDP 的废水排放强度变化并不明显：2000 年，中

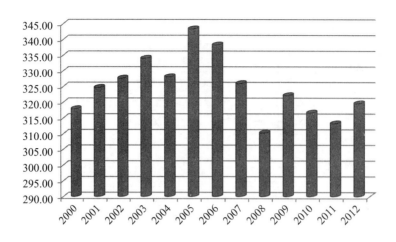

图2-5 中国单位GDP的废水排放强度(2000-2012)

说明：数据基于表5中的废水排放量、《国家统计年鉴2013》中的GDP数据计算整理得出。单位：吨/万元。

国万元GDP的废水排放强度为318吨，2012年，中国每创造万元GDP需排放废水319.66吨，13年的时间里，万元GDP的废水排放强度不仅没有下降，反而上升了0.5个百分点。

本章主要参考文献

[1] 中华人民共和国国家统计局. 中国统计年鉴2013[M]. 北京：中国统计出版社，2013.

[2] 国家统计局，环境保护部. 中国环境统计年鉴2013[M]. 北京：中国统计出版社，2013.

[3] 环境保护部. 中国环境状况公报2013. 国家环保部官方网站，2014.

[4] 林永生. 蔓延的水污染[J]. 中国改革，2013(5).

[5] 陈杰. 腾格里沙漠腹地现巨型排污池[N]. 新京报，2014-09-06.

殷之法，弃灰于道者断手。

——韩非子

第三章

固体废弃物污染

　　固体废弃物，简称固体废物或固废，俗称垃圾，是指人类在生产、消费、生活和其他活动中产生的固态、半固态废弃物质，主要包括固体颗粒、垃圾、炉渣、污泥、废弃的制品、破损器皿、残次品、动物尸体、变质食品、人畜粪便等。有些国家把废酸、废碱、废油、废有机溶剂等高浓度的液体也归为固体废弃物。根据《中华人民共和国固体废物污染环境防治法》中给出的定义，固体废物是指在生产建设、日常生活和其他活动中产生的污染环境的固态、半固态废弃物质。

>>一、数据点评<<

　　从统计数据上看，中国工业固体废弃物产生量迅速增长，但随着综合利用率逐渐提高，工业固废排放量明显降低。城市生活垃圾清运量和无害化处理率也持续增加，这从侧面反映出随着中国经济发展，城市生活垃圾的产生和处理问题会越来越突出。从区域上看，河北、山西、辽宁、内蒙古四省的工业固废产生量最多，从产业上看，煤炭、黑色及有色金属的开采与加工，发电等产业是工业固废的"罪魁祸首"。

　　1. 工业固体废弃物产生量迅速增长

　　21世纪以来，中国工业固体废弃物的产生量持续快速增加，2000年，中国工业固体废弃物产生量为81608万吨，此后逐年增加，图3-1给出了相关增长情况。

　　如图3-1所示，从2000年至2012年的13年间，中国工业固体废弃物的产生量从2000年的8.16亿吨持续增加到2012年的33.25亿吨，增长了25.09亿吨，超过2000年排放量的4倍。

　　与此同时，中国工业固体废气的综合利用率逐渐提高，进而工业固体废弃物的排放量稳步下降，表3-1给出了2000年至2012年中国工业固体废物的综合利用率和排放量情况。

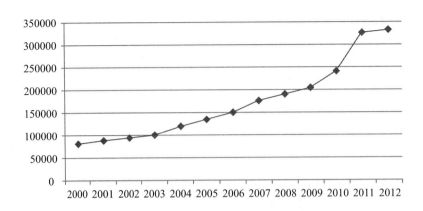

图 3-1　中国工业固体废弃物产生量(2000—2012)

说明：数据来源于《中国环境统计年鉴 2013》和《中国统计年鉴 2013》，单位：万吨。

表 3-1　中国工业固体废物排放量及工业固体废物综合利用率　　单位：万吨;%

年份	工业固体废物排放量	工业固体废物综合利用率
2000	3186.2	45.9
2001	2893.8	52.1
2002	2635.2	51.9
2003	1940.9	54.8
2004	1762	55.7
2005	1654.7	56.1
2006	1302.1	60.2
2007	1196.7	62.1
2008	781.8	64.3
2009	710.5	67
2010	498.2	66.7
2011	433.3	60.5
2012	144.2	NA

说明：数据来源于《中国环境统计年鉴 2013》，"NA"表示尚未获得。

从表 3-1 知，自 2000 年以来，总体上看，中国工业固体废物的综合利用率逐渐提高，从 2000 年的 45.9%，增加到 2009 年的 67%，2010 年和 2011 年，略有下降，分别为 66.7% 和 60.5%。伴随着工业固体废物综合利用率的逐渐提高，中国工业固体废物的排放量稳步下降，2000 年，中国工业固体废物排放量为 3186.2 万吨，2012 年降至 144.2 万吨。一定程度上，这与近年来中国不断加大工业治理固体废物项目投资力度息息相关，2000 年中国工业治理固体废物项目完成投资额为 11.46 亿元，2012 年完成的工业固体废弃物治理投资额达到 24.75 亿元①。

---

　① 数字来自《2013 年中国统计年鉴》。

2. 生活垃圾清运量和无害化处理率持续增加

在中国当前关于固体废弃物的官方统计中，大多是工业固体废弃物，关于生活垃圾的统计相对较少，但实际上，城市生活垃圾已经成为一种越来越严重的污染形式。近年来，全国生活垃圾清运量持续增加，表3-2给出了中国生活垃圾清运量及无害化处理率的相关数据。

表3-2　中国生活垃圾清运量及其无害化处理率（2004—2012）　　　　单位：万吨；%

年份	全国生活垃圾清运量	全国生活垃圾无害化处理率
2004	15509.3	52.1
2005	15576.8	51.7
2006	14841.3	52.2
2007	15214.5	62
2008	15437.7	66.8
2009	15733.7	71.4
2010	15804.8	77.9
2011	16395.3	79.7
2012	17080.9	84.8

资料来源：历年《中国统计年鉴》。

从表3-2中可以明显看出，中国生活垃圾清运量持续增加，2004年，全国生活垃圾清运量为1.56亿吨，2012年已经增至1.71万吨，8年的时间里增长了9.61%，与此同时，中国生活垃圾无害化处理率也持续提高，2004年，中国生活垃圾无害化处理率为52.1%，2012年已经增至84.8%。

专栏五　垃圾围城：王久良之观察

2010年6月16日至7月20日，北京通州区宋庄美术馆举办了一场特殊的展览，名为"垃圾围城（2008—2010）—王久良之观察"，揭示近年来都市固体废弃物和垃圾污染状况，引起社会各界广泛关注。

展览前言：《现代的皮屑》

垃圾，是现代以来城市化的产物。当人类告别田园般的自然经济生活之后，人类开始为了自己不能满足的欲望生产垃圾。尤其是机器时代以后，人类生产垃圾的能力就像是获得了爆发，因为我们所有使用和享受的一切物质器物最终的命运是变成垃圾。也就是说，有多少物质化的生活用品就会有多少垃圾，它们是完全成正比的一组对称物。每一处优美漂亮的景观必然会伴生另一半丑陋的垃圾。资本主义更是让人类垃圾的生产规模化了，资本增值的代价就是垃圾的规模化。钞票的积累离不开垃圾的累积，财富是建立在垃圾之上的。

无休止的欲望，无穷的垃圾，地球正在进入垃圾时代。垃圾充斥着这个世界的每一个角落。生产垃圾、承受垃圾似乎是当代人类的宿命。人们对垃圾的存在视而不见、充耳不闻。垃圾多了，无处安放，于是人们焚烧它、掩埋它，在垃圾堆上铺上草坪，盖上新房，继续下一轮的垃圾生产。也有人说，垃圾是资源，可以变废为宝，垃圾的生产于是又获得理由，并为资本的扩张找到了新的投资热点。其实这一切的背后都是资本利益在作祟，因为它无休止地向前滚动，滚动中抖落的皮屑就是垃圾。

垃圾污染环境，垃圾又是能源，围绕着垃圾的是利益和政治。国家之间、地区之间为垃圾博弈不断。一些人靠垃圾为生，也有人因为垃圾而致富，更有人因垃圾倒下。垃圾最后成为政治。

王久良用一年多的时间把一个城市的垃圾现状记录给我们看，令我们震惊。我们在无边无际的垃圾之后看到的是那些现代景观的崛起，它们是那么美丽妖娆，甚至让我们忘记了自己正在被垃圾所吞噬。

展览内容概述：《垃圾围城》图片与纪录片展映

在一年半的时间里，王久良通过对北京周边几百座垃圾场的走访与调查，最后用朴素与真实的影像向我们呈现了垃圾包围北京的严重态势。这些令人震惊的影像，让我们得以具体知晓垃圾对我们的生存环境，以及日常生活所造成的伤害与威胁。在本次展览中，王久良《垃圾围城》的全部摄影作品，以及同名纪录电影将全面展示。一些新公示的影像中所揭示的新的深刻问题，期待能持续地引起社会公众的正视。那就是——垃圾之前的资本主义商业消费生产以及因之所带来的我们的生活观问题。

事实上，通过前段时间媒体对部分作品的传播，已经引起政府相关部门对垃圾处理的系列政策的密集出台，亦卓见成效。作为摄影参与社会变革的成功范本，《垃圾围城》显示了作为艺术之外的现实意义。在展览开幕期间，我们将就摄影在当今社会变革中的作用同诸多学者展开积极地探讨。

展览内容概述：《城边》系列作品

在京城边缘，数以十万计的拾荒大军是垃圾分拣与回收的主力，若没有他们的辛苦，北京恐怕早已被垃圾淹没。仅是在这座位于卢沟桥以北永定河西岸的垃圾场上，高峰时就聚集了 2000 多名来自外地的拾荒者。他们处于整个垃圾食物链的最底层，其生存之艰难从这组图片中可见一斑。但这组图片并没有刻意地表现他们的穷苦与哀愁，相反，王久良在自己这些抛却了戏剧冲突的平淡影像中向他们表达着由衷的敬意。

现在，影像中所有的拾荒者已经离开曾经的"现场"，他们又追随着垃圾迁往别处。剩下的这座巨大的垃圾场，将是 2013 年世界园林博览会的举办地。但我们知道他们没有消失。他们还在。

展览内容概述：《果咖》和《北京饭店》大型装置

在垃圾场上，王久良同样也是一名拾荒者，在这里将展示两项他所收集的垃圾。

一，是从垃圾场上捡回来的四大卡车因为过期而被偷偷倾倒掉的速溶咖啡。这些咖啡的塑料包装无论是填埋还是焚烧均难规避环保的质疑。面对这些垃圾，我们将如何处理？然而这不是问题的重点，作品真正拷问的是具体产品生产厂家的社会责任以及更广范围内资本行为的意义。二，是从垃圾场上捡回来的大量北京饭店的一次性拖鞋。这些肮脏的拖鞋让我们看到了饭店显赫招牌背后的龌龊，也让我们看到了我们自己日常消费行为的影子。我们以舒适和健康的名义享受便捷，殊不知这种生活方式最终却给我们和后代所带来的更大伤害。

这两项内容也是目前王久良已经开始的暂定名为《超级市场》主题创作中的部分。在《超级市场》中，王久良将借助对具体的垃圾废品的审视，去探讨日益严重的垃圾污染、资源浪费以及我们所处的消费型商品社会之间的某种必然联系，并以此对社会消费文化以及无节制的个体消费行为进行尖锐的质疑。

资料来源：垃圾围城（2008－2010）—王久良之观察，腾讯网，2010 年 6 月 17 日，[DB/OL]http://news.qq.com/a/20100617/000850.htm，有删改。

3. 从区域上看，冀晋辽蒙四省工业固体废弃物产生量最多

如果从横向区域比较，可以发现，那些矿藏资源开采或重化工业密集的省份，如河北、山西、内蒙古、辽宁等省，其工业固体废弃物产生量通常也就越多，图 3-2 给出了 2012 年中国一般工业固体废弃物产生量最多和最少的十个省份。

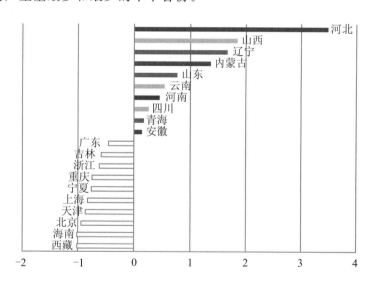

图 3-2　一般工业固体废弃物产生量最多与最少的十个省份(2012)

说明：数据源自《2013 年国家统计年鉴》，为了更直观地显示省际差距，用各地区的一般工业固体废弃物产生量减去 31 个省份的平均值为 1.06 亿吨，值越大说明该省排放量越少多。单位：亿吨。

如图 3-2 所示，2012 年，全国 31 个省份一般工业固体废弃物产生量的平均值为 1.06 亿吨，西藏、海南、北京、天津、上海、宁夏、重庆、浙江、吉林、广东十个省区的工业固体废弃物

产生量最少，均低于全国平均值。河北、山西、辽宁、内蒙古、山东、云南、河南、四川、青海、安徽十个省区的工业固体废弃物产生量最多，高于全国平均值。

4. 从产业上看，工业固废主要源自矿采、发电等产业

一般工业固体废弃物主要源自哪些产业？2012年，中国工业固体废弃物产生总量为31.4亿吨，其中95.26%来源于以下十个产业：电力、热力生产和供应业，黑色金属冶炼及压延加工业，非金属矿物制品业，有色金属冶炼及压延加工业，化学原料及化学制品制造业，造纸及纸制品业，煤炭开采和洗选业，纺织业，黑色金属矿采选业，有色金属矿采选业。表3-3给出了2012年这十个产业的工业固体产生量及其占比情况。

表3-3 十个产业的工业固废产生量及其占比情况(2012)

行业名称	废水排放量（万吨）	占比（%）
电力、热力生产和供应业	61455.8	19.57
黑色金属冶炼及压延加工业	42047.3	13.39
非金属矿物制品业	6780.5	2.16
有色金属冶炼及压延加工业	9978.4	3.18
化学原料及化学制品制造业	26644.2	8.48
造纸及纸制品业	2167.6	0.69
煤炭开采和洗选业	38537.4	12.27
纺织业	690.7	0.22
黑色金属矿采选业	70601.5	22.48
有色金属矿采选业	40290.4	12.83
合计	299193.8	95.26

资料来源：《中国统计年鉴2013》和《中国环境统计年鉴2013》。

从表3-3中可以发现，2012年，在中国31.4亿吨的工业固体废弃物产生量中，仅上述十个产业就贡献了29.92亿吨，占所有行业固体废弃物产生量的95.26%。在这十个产业中，黑色金属矿采选业，电力、热力生产和供应业，黑色金属冶炼及压延加工工业，有色金属矿采选业，煤炭开采和洗选业的固体废弃物产生量分别为7.06亿吨、6.15亿吨、4.2亿吨、4.02亿吨、3.85亿吨，依次占行业总产生量的22.48%、19.57%、13.39%、12.83%、12.27%，仅这五大产业占据全国所有行业固体废弃物产生总量的80.54%，这也就意味着，工业固废治理应该首先从矿采、发电等产业开始。

>>二、事件回放：镉超标大米与土壤污染[①]<<

2013上半年，对于中国环境主管部门而言，注定是个多事之秋：从十面"霾伏"到上海黄浦

---

① 主要引自林永生. 画条"红线"不是办法. 中国改革，2013(7)，有删改。

江漂浮大量死猪，从企业深层排放污水和"红豆局长"被免职到云南昆明的"牛奶河"事件和居民反对 PX 项目落户安宁的"集体散步"，再到 5 月爆出的广东镉超标大米事件，一次又一次引发居民对环境质量的担忧，甚至是恐慌。继改革开放 35 年来的经济高速增长和财富积累，烟雾、水污染等成为传统城镇化的副产品，很难找到一片未受污染的净土。在政府大力推进新型城镇化建设的新时期，污染和健康已经成为国人关注的焦点。面对空气污染、饮用水源污染，某种程度上，人们可以通过安装空气净化器、净水器等措施予以应对和缓解，但若发生严重的土壤污染，以致威胁到了大米、蔬菜及更广泛意义上的粮食和食品安全，人们或许只能选择抗议和逃离了。2013 年五六月份，土壤污染治理问题因镉超标大米事件再次被推倒风口浪尖，亟待各界探索、解决。

1. 广东市场出现多批镉超标大米

2013 年 5 月下旬，镉等重金属在大米等主食中出现令公众非常不安。5 月 18 日，广州市食药监局官网公布了查出重金属超标的 8 批次大米及其生产厂家，其中 6 批来自湖南的攸县、衡东等地。20 日，广东省佛山市顺德区通报了顺德市场大米检测结果，顺德区市场安全监管局抽检 27 个杂货铺、食品店、购物中心，发现 6 家店里的大米镉超标。此后，广东对省内大米加工、流通、储备等各环节质量安全现状进行了一次大范围摸查，结果表明：全省供应的大米受到镉污染的比例分别为 5.8％和 1.4％。这次大范围摸查过程中，广东省质监局、工商局、粮食局对大米获证生产企业、大型粮食批发市场、粮库等进行了抽检。广东省质监局对全省 618 家大米生产加工企业成品库房中的大米产品进行抽样，查出镉超标 11 批次；广东省工商局抽检市场上销售的大米 342 批次，查出镉超标 20 批次。广东省粮食局对库存粮食进行抽样检验，镉含量等卫生指标全部合格。广东省食安办 21 日深夜的通报显示，检出重金属超标的 31 批次镉超标大米（以及大米制品的原料），大多来自周边的湖南、江西，也有少部分产自本省的清远、韶关、佛山、台山等地，部分抽检大米的镉实测值高达 1.12 千克（镉含量的标准值是≤0.2 千克），其中来自湖南产区的最多，涉及株洲、郴州、常德、益阳等多个地市的十多家大米品牌。目前，广州要求，米和米制品须出具镉检测合格报告才能经营。广东省各地已对餐饮环节查获的镉超标大米进行下架封存，要求企业召回问题大米，对相关单位的立案查处等工作也正在进行中。

2. 土壤污染是大米镉超标的罪魁祸首

在当前的社会语境中，每每曝光重大环境事件，老百姓首先想到的直接原因可能就是不法商家或部分生产者片面逐利的黑心行为，但这并不太适应于这次大米镉超标事件，已经初步证实的结论是，大米生产、加工、流通过程基本不会增加大米中的隔含量，因此，种植环节的稻谷本身、进而农田的土壤重金属污染是大米镉超标的罪魁祸首，重金属——镉正是通过污染土壤侵入稻米。关于土壤污染的来源，依据现有报道和相关调研，主要聚焦于两大方面。一方面是化工、有色金属和采矿等领域的工业污染。此次涉事的湖南衡东县东洋米厂，其所在的衡东大浦镇，小小的镇子即聚集了美仑化工、东大化工、衡东氟化学、创大、金宇等十多家工矿企业以及金镝有色、合林铜业等数家有色金属企业，部分企业经常趁夜排污；而在湘江流域内的郴州、衡阳、株洲、湘潭、长沙等地，这类大中型工矿企业已达到1600多家，工业废水和废渣大量排入湘江，使得湘江成为目前国内重金属污染最为严重的河流，不排除超标的重金属通过工业污染进入大米的可能。另一方面是农业大量施肥、尤其是磷肥所致。部分农业专家认为，湖南农田土壤中的重金属污染可能来自磷肥。湖南省地质研究所教授童潜明表示，不当施用磷肥会造成土壤镉污染，已经获得国际公认，在部分欧美国家，磷肥中的镉含量被严格立法限制，中国也于2002年拟定了《肥料中砷、镉、铅、铬、汞限量标准草案》，"但在湖南的农业生产中，这一标准未得到有效的落实"。此外，规模化养猪业产生猪粪通常含较高的镉，当这种猪粪大量、长期用于农田，也会造成土壤以及农产品镉污染。

3. 耕地质量红线并非治理土壤污染的良方

工业污染和磷肥滥用，谁才是造成问题大米的真凶，抑或二者兼而有之？尽管最终答案仍未明朗，但最终是要加强土壤污染治理。近期有人建议，除了18亿亩的耕地数量红线，还要再添加一条"质量红线"，认为"守护好18亿亩耕地是确保'有饭吃'的基础，呵护好耕地质量，确保百姓'吃得安全''吃得好'，同样迫切而必要"。我认为，耕地质量红线并非土壤污染治理的良方。

首先，耕地质量红线会与现行的18亿亩耕地数量红线一样，成为新型城镇化过程中阻碍农民增收的制度性瓶颈。当前的耕地数量红线是一种强制性制度供给，旨在维持中国经常进行耕种的土地面积的最低限值，保障国家粮食安全和生态安全。市场经济体制下，如果种地不划算，转换土地的农业用途、出售或转让土地使用权限等，都理应成为农户追求利润最大化的自由选择，但目前国内耕地不能用于非农项目，显然会阻碍农民分享经济增长的成果。如果实施耕地质量红线，自上而下逐层施压，基层政府一定会不同程度限制农户对农药、化肥的使用数量和频率，降低农产品产量，抑制农民增收。

其次，用耕地质量红线治理土壤污染，实际上是用计划经济思维治理市场经济体制中的资源配置失效问题。企业排污可分两种方式，一种是宁愿上交排污费而公开排污，另一种是偷排，之所以这些现象层出不穷，或因排污费征收标准过低，或因偷排被发现的概率不高，或者即便被发现而遭受处罚的力度很轻，总之，在相关产品和要素市场价格信号的引导下，企业自身花费人财物治理污染的成本更高，进而选择公开或偷偷排污。近年来，化肥、农药的价格上升幅度远高于农产品，农户大量施用化肥、农药，增加农业生产投入成本，是因为，唯有如此，才可以使得农产品产量增加且可以看起来"很美"，迎合市场需求，稳定和提高农业经营收入。总之，无论是企业排污，还是农户滥用化肥农药，结果是市场生产出了危害消费者健康的、不合格的产品，资源配置失效，这当然需要政府干预，但必须尊重市场规律，通过市场信号引导企业和农户绿色生产，绝不是简单的、再加一条"耕地质量红线"所能解决的问题。

4. 治理土壤污染需消费者自身努力

治理企业排污是个老生常谈的问题，政府需要实行"胡萝卜加大棒"的政策，激励与约束相容：一方面对那些自觉治污，进行绿色生产经营的公司予以税收减免、信贷优惠、财政补贴等倾斜性政策支持；另一方面加强环境监测和执法，加大处罚力度。当然，几乎任何一个地方政府都知道这些方法和措施，根本问题在于如何让地方政府领导人凝聚环境优先的共识，坚持贯彻落实绿色发展的理念，为政一方，造福于民，推动可持续发展，而不是竭泽而渔，杀鸡取卵。对此，笔者已经多次撰文阐述和解释，在这个环境决定经济的新时代中，地方经济增速与官员政治升迁相关性并不强，但如果某地发生重大恶性环境事件，几乎意味着该地政府领导人政治生命的终结。

追溯农户滥用化肥农药造成土壤污染的问题根源，相对比较复杂，个人认为，或许源于你，源于我，源于每个消费者自身。这是因为，消费者在购买粮食、蔬菜和水果的时候，过多关注其"长相"和"大小"了，比如米和面粉看起来要白一些且形状比较规则，比如蔬菜菜叶要"娇滴"浓绿且无虫，比如西瓜要又大又圆……在这种市场消费理念下，对绝大多数农户而言，如果不滥用化肥、农药，农作物会产量骤减且外形难看，农业经营收入肯定迅速下降。因此，解决由于滥用化肥农药造成的土壤污染问题，从根本上来讲，还是要依靠我们每个消费者改变自身的消费理念，对那些无化肥、无农药的农产品，尽管长相难看，但要优先选择，愿意为此支付高价。比如在目前较为严重的土壤污染形势下，有人在购买蔬菜的时候已不太注重其"外表"，专门选择那些明显具有被虫吃过迹象的蔬菜，这是一个好的开始，在未来更长的时间里，还需要更多消费者自身的努力。毕竟，现代市场经济体制中，消费者的需求偏好引导厂商生产，如果消费者愿意为了买一根油条而开私家车往返，愿意为了喝一碗馄饨而让直升机专送，不要奢望这个社会能够实现节能降耗和绿色发展。

>>三、总体评价<<

关于固体废弃物，可以肯定的是，国家逐渐加大了废物综合利用和污染治理投资的力度，表现为项目投资完成额持续增加、工业固体废弃物综合利用率和城市生活垃圾无害化处理率逐渐提高。但从总体来看，固体废弃物的污染状况较之于空气污染和水污染，或更为严重。

1. 超过三分之一城市被垃圾包围

中国超三分之一城市遭垃圾围城，侵占土地 75 万亩[①]。高速发展中的中国城市，正在遭遇"垃圾围城"之痛。北京市日产垃圾 1.84 万吨，如果用装载量为 2.5 吨的卡车来运输，长度接近50 公里，能够排满三环路一圈。并且北京每年垃圾量以 8% 的速度增长；上海市每天生活垃圾

---

① 王聪聪. 中国超三分之一城市遭垃圾围城、侵占土地 75 万亩. 中国青年报，2013－07－19(8).

清运量高达 2 万吨，每 16 天的生活垃圾就可以堆出一幢金茂大厦；广州市每天产生的生活垃圾也多达 1.8 万吨。"垃圾围城"不仅是城市病，而且蔓延到了农村。环保部部长周生贤就环保问题作报告时指出，全国 4 万个乡镇、近 60 万个行政村大部分没有环保基础设施，每年产生生活垃圾 2.8 亿吨，不少地方还处于"垃圾靠风刮，污水靠蒸发"状态。

专栏六　走私洋垃圾

伴随着中国环境污染问题日渐深重，固体废弃物污染环境的社会危害性逐渐为公众所认知。然而，发达国家向中国越境转移废物的现象却屡禁不止，大量涌入的"洋垃圾"对中国环境、公私财产以及公众的生命健康造成重大威胁。

2014 年 8 月 1 日上午，江苏省南京市中级人民法院环保合议庭公开宣判一起走私废物环境刑事案件，被告人张某因犯走私废物罪，被判处有期徒刑三年，缓刑五年，并处罚金 60 万元。法院审理查明，2012 年 2 月，被告人张某通过马某获得装运港为西班牙巴塞罗那的虚假装运检验证书，后由其员工梁某将马某提供的虚假装运检验证书、提单等单据交给上海亚东国际货运有限公司南京分公司的周某办理报检、报关手续。2012 年 4 月 11 日，该批 106.81 吨货物以华星公司进口限制类固体废物的名义通过商检，在向南京新生圩海关报关时被当场查获，后经中国环境科学研究院固体废物污染控制技术研究所鉴定，该批货物属于中国禁止进口的固体废物。

法院审理认为，被告人张某以牟利为目的，明知固体废物在国内进行分拣、提炼铜等物质时会造成大气、土壤、水环境的严重污染，仍然采取逃避海关监管的方式，走私废物达 106.81 吨，属于《中华人民共和国刑法》第一百五十二条第二款所规定的"情节特别严重"的情形，应当以走私废物罪判处五年以上有期徒刑，并处罚金。

资料来源：仲新建，章楚加，南京宣判一起走私废物案，《人民法院报》，2014 年 8 月 2 日第 3 版，有删改。

2. 单位 GDP 工业固废产生强度迅速增加

中国单位 GDP 的工业固体废物产生强度迅速增加，未见拐点。图 3-3 给出了 2000 年至 2012 年中国单位 GDP 工业固体废弃物产生强度状况。

从图 3-3 中可以看出，2000 年至 2012 年的 13 年间，中国单位 GDP 的工业固体废弃物产生强度迅速增加，并没出现下降的"拐点"。2000 年，中国万元 GDP 的工业固体废弃物产生强度为 6.25 吨，2012 年，中国每创造万元 GDP 就产生工业固体废弃物 15.52 吨，13 年的时间里，万元 GDP 的工业固体废弃物产生强度增幅达 148.23%。

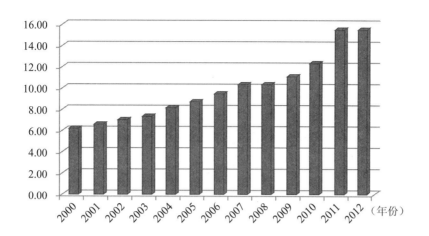

图 3-3　中国单位 GDP 的工业固体废弃物产生强度(2000－2012)

说明：工业固体废弃物产生量数据源于图 3-1，GDP 数据来自《国家统计年鉴 2013》，折算成实际 GDP。单位：吨/万元。

本章主要参考文献

[1] 中华人民共和国国家统计局. 中国统计年鉴 2013[M]. 北京：中国统计出版社，2013.

[2] 国家统计局，环境保护部. 中国环境统计年鉴 2013[M]. 北京：中国统计出版社，2013.

[3] 环境保护部. 中国环境状况公报 2013. 国家环保部官方网站，2014.

[4] 林永生. 画条"红线"不是办法[J]. 中国改革，2013(7).

[5] 王聪聪. 中国超三分之一城市遭垃圾围城、侵占土地 75 万亩[N]. 中国青年报，2013－07－19.

第二篇
中国环境污染的经济追因

环境污染会由天灾（如山洪、地震、火山喷发等）造成，但主要为人祸，人类行为与经济活动是引致环境污染的重要因素，中国亦不例外。如果对中国当前的环境污染进行经济追因，那么，产业因素、能源因素以及政府、企业、居民三类经济主体都难辞其咎，也就是说，引致环境污染的经济因素至少包括以下六个方面。一是现代农业过度依赖化肥农药；二是产业结构调整步履维艰；三是能源革命与转型进展迟缓；四是"地方政府公司主义"喜忧参半；五是企业违规排污屡禁不止；六是居民行为有悖节能环保。

禹之禁，春三月，山林不登斧。

——《逸周书》

第四章

"现代农业"过度依赖化肥农药

现代农业无定式，主要分为两种，即以规模化为特征的美国模式和以集约化为标志的日本模式，从人多地少的实际出发，中国的选择更接近后者，大量使用化肥农药并提高机械化程度，这让中国农业受益匪浅，粮食产量"十连增"，但过量和低效使用化肥农药，进而对其形成依赖，则会造成严重的农村面源环境污染。实际上，中国农业出现了过度依赖化肥农药的现象，农业资源长期超强度、超负荷使用，带来土壤污染加重、水资源枯竭等问题，在中国华北、东北等水资源贫乏地区和南方的重金属污染区尤为明显[①]。

>>一、中国选择"集约型"现代农业模式<<

经济学理论中，代表性厂商可以通过两种方式降低生产成本、提高利润，一是扩大生产规模、提高产量；二是在维持生产规模不变的条件下，提高技术和改善要素质量。应用到具体农业经济领域，就产生了关于农业现代化的路径和模式选择问题，是走规模化经营之路，还是坚持集约化的做法？世界各国在推进和发展现代农业的过程中，通常有两种典型的模式，即美国模式和日本模式：美国人少地多，所以其农业现代化主要是以开展规模化经营、引入机械技术、农业专业化为特征；日本人多地少，其农业现代化以推广化肥使用这种要素投入为主要特征。这类国家覆盖的范围主要是传统的农业国家，比如日本、韩国。长期以来，中国农业现代化战略选择的是一条完全不同于欧美模式的路径，是以农户经营集约化，推广农业机械、化肥以及农药等现代要素使用为特征的发展路径，接近日本模式，但不尽相同。中国最大的国情和基本特色就是人口众多，因此，中国的现代农业不能也不会过分依赖技术革新，而要注重精耕细作。

现代农业是一个动态和历史的概念，是相对于传统农业而言，农业发展过程中的一个新阶

---

① 林永生. 中国经济：适度增长与稳中求进. 经济要参，2014(25)：22.

段。从发达国家传统农业向现代农业转变的历史经验来看，实现农业现代化主要包括两方面内容：一是农业生产物质条件和技术的现代化，利用先进的科学技术和生产要素装备农业，实现农业生产机械化、电气化、信息化、生物化和化学化；二是农业组织管理的现代化，实现农业生产专业化、社会化、区域化和企业化。中国发展现代农业必须立足于自身国情，走有中国特色的农业现代化之路。中国的基本国情就是 2.4 亿多个农户，经营着 18.26 亿亩耕地，户均规模仅为 7.6 亩[①]。中国若采取欧美的现代农业模式，过分强调规模经营，失地农民的就业问题将会非常严重。实际上，长期以来，中国的农业现代化战略选择的是一条以农户经营集约化，推广农业机械、化肥以及农药等现代要素使用为特征的发展路径，并且在未来很长一段时间内，中国仍将会继续沿用这种现代农业的发展模式。

>>二、化肥农药对中国集约型农业发展贡献突出<<

集约型现代农业离不开化肥和农药的广泛使用。中国是人口大国，资源相对匮乏，粮食要增产必须提高单位面积产量，施用化肥是提高农作物产量的重要措施。根据联合国粮农组织（FAO）研究统计，化肥对农作物增产作用占 40%～60%，如果不施用化肥，农作物产量会减产 40%～50%；国家土壤肥力监测结果表明，施用化肥对粮食产量的贡献率平均为 57.8%。据国外测算，现代农业产量至少有四分之一是靠化肥获取的，而农业发达国家甚至高达 50%～60%，中国有关部门的估算认为，1 吨化肥可增产 3 吨粮食[②]。中国农药工业协会会长孙叔宝曾如此形容化肥农药和农产品之间的关系，"收多收少在于肥，有收无收在于药。如果把农药比作是医生开的治病的药，那么肥料便是补充营养的保健品"，他认为保障粮食质量安全离不开农药和化肥。农产品质量包括内在特性、外在特性和经济特性三个方面，分别体现在产品的结构、物理性能、形状、色泽、成本、价格等方面。而农业投入品既包括农用生产资料产品，例如农药、化肥等，又包括农用工程物资产品，例如农膜、农机等，农药的功能和作用是用于预防、消灭或控制危害农业、林业的病、虫、草和其他有害生物以及有目的地调节植物、昆虫生长；而肥料则是为了满足农作物生长需要，提供土壤中不能满足的营养元素，从而让农作物更好更快地生长，从而提高农产品的产量。世界上每年因使用农药和肥料而增产的粮食，占到世界粮食产量的 25%以上。在目前世界粮食紧张的局面下，不使用农药和肥料，意味着世界人口的 25%会没有饭吃而失去生存的权利，或者平均一下，使每个人都有饭吃，则会有更多的人吃不饱，营养不良，导致更多的孩子发育迟缓，这无疑会导致严重的社会问题[③]。

---

① 陈锡文，赵阳，罗丹. 中国农村改革 30 年回顾与展望. 北京：人民出版社，2008：16—18.
② 宋秀杰，等. 农村面源污染控制及环境保护. 北京：化学工业出版社，2011：23—24.
③ 汪洋. 农药、化肥功与过——中国农药工业协会会长孙叔宝谈农产品质量与农业投入品关系. 中华合作时报，2013—08—20(A08).

中国的农业取得了很大成效，在耕地数量基本稳定、农业劳动力数量逐年减少的条件下，2013 年，中国粮食再获丰收，全年粮食产量 60194 万吨，比 2012 年增加 1236 万吨，增产 2.1%[①]。此外，中国各类农业产值持续增加，截至 2012 年年底，中国广义农业总产值达到 89453 亿元，是 1978 年的 64 倍，中国农业总产值也增加到 46940.5 亿元，是 1978 年的 42 倍。中国广义农业内部的结构也开始多元化，农作物种植业，即狭义农业在广义农业总产值中的份额从 1978 年的 80% 降到 2012 年的 52.47%，林业、牧业、渔业产值开始迅速增长，其在广义农业中的份额分别从 1978 年的 3.4%、15%、1.6% 增加到 2012 年的 3.9%、30.4%、9.7%[②]。

>>三、全球范围来看，过量使用化学物质会造成农村面源污染<<

农村面源污染主要包括：农用化学品中的农药、化肥、农膜污染及畜禽养殖业的畜禽粪便面源污染，农村生活污水及生活垃圾污染，农村工业化发展带来的污染。种植业面源污染主要是农用化学品的污染。随着工业点源污染逐步得到控制，非点源污染，特别是农业的面源污染（农药、化肥、畜禽粪便与作物秸秆等废弃物及养殖场温室气体等）正成为环境的一大污染源或首要污染源。《2011 年中国环境状况公报》指出，"随着农村经济社会的快速发展，农业产业化、城乡一体化进程的不断加快，农村和农业污染物排放量大，农村环境形势严峻。突出表现为部分地区农村生活污染加剧，畜禽养殖污染严重，工业和城市污染向农村转移"。滥施农药和过度使用化肥，容易造成水源和土壤污染、地力衰竭，不但破坏了农村生态环境，也导致农业生产力的衰退，因此过度使用化肥和农药对生态环境造成的危害已受到越来越多国家的重视。

农药是用来杀灭特定害虫的化合物，但使用时经常也会杀灭其他生物。一项研究表明，有 90% 以上的水和鱼类样本同时受几种农药污染，据估测，每年约有 3% 接触农药的农业劳动者会经受一次急性农药中毒事件[③]（Thunduyil etc.，2008）。长期农药销售数据是了解全球和地区农药使用情况的主要指标，过去 25 年，从全球范围来看，虽然总体农药销售额从 2004 年的 54 亿美元增加到了 2009 年的 75 亿美元，但由于对哺乳动物农药中毒的顾虑，杀虫剂销量有所下滑。在销售的所有农药中，二氯苯氧基乙酸、百草枯、甲胺磷、灭多威、硫丹和毒死蜱的销量最高（Brodesser etc.，2006）。在全球范围内河流和地下水中发现的 15 种主要农药包括：除草剂莠去津和乙基莠去津、异丙甲草胺、氰草津和甲草胺，杀虫剂二嗪农。但是，在鱼类、河床沉积物和土壤中，主要农药污染还包括持久性杀虫剂。这类杀虫剂曾在 20 世纪 60 年代广泛使用，目前在大多数发达国家已禁止使用，如 DDT、狄氏剂和氯丹。此外，很多国家仍在使用硫丹硫酸、

---

① 引自《2013 年国民经济和社会发展统计公报》。

② 数据来自《中国统计年鉴 2013》。

③ Thundiyil，J. G.，Stober，J.，etc.（2008）. Acute pesticide poisoning：a proposed classification tool. Bulletin of the World Health Organization 86(3)，205—209.

硫丹代谢物，这也是常见的地表水和地下水污染源（Ondarza etc.，2011）。虽然大多数有机氯杀虫剂在10～25年前已经被禁止使用，但这些成分在环境中的存在水平仍值得人们关注（Gonzalez etc.，2010；Ondarza etc.，2010）①。

由联合国环境规划署编制的《全球环境展望5》指出，农业生产力受生物物理因素和其他因素的限制。将传统农业扩展到未开垦的土地需要对地表进行机械化改变，补充肥料、除草剂、杀虫剂和灌溉用水。但是过量使用机械和化学物质会破坏土壤结构、增加土壤侵蚀、导致土壤化学污染、污染地下水和地表水、改变温室气体流量、破坏动植物栖息地，以及导致基因对化学物质产生的耐药性②（Blanco－Canqui and Lal，2010；Foley etc.，2005；Buol，1995）。随着集约化、机械化、高投入农业实践的广泛应用，土壤侵蚀的速度已大大加快。传统农业系统的土壤侵蚀速度比保护性农业系统要高三倍以上，比拥有自然植被的系统高75倍（Montgomery，2007）③。全球来看，土壤侵蚀导致人均农业用地面积减少④（Boardman，2006），因为退化的土地被废弃⑤（Bakker etc.，2005；Lal，1996）。因此，通过这种方式获得产量增长是以生态成本为代价的⑥。

在欧洲一些国家的地表水体重农业磷所占的污染负荷为24％～71％，农业生态系统的养分流失成为水体中硝酸盐的主要来源。美国60％的水体污染源于非点源污染。在中国，每年农药的使用达25亿亩次以上，受农药污染的耕地面积达2亿亩，占全国耕地面积1/7左右，而且农药有效利用率很低，一般仅为20％～30％，大部分流失扩散进大气、土壤、水体、生物体，通过食物链形成危害⑦。九三学社中央向全国政协十二届一次会议提交的提案显示，全国耕地重金属污染的面积达到了16％以上，有的地区甚至达到了50％以上。正是由于非法添加、滥用药物、残留超标，导致了土壤毒化、有机质下降和水土流失，令粮食品质安全的形势极不乐观，形成了数量增加而品质安全下降的怪圈⑧。

---

① 联合国环境规划署. 全球环境展望5——我们未来想要的环境. 2012：180.

② Blanco－Canqui，H and Lal，R. (2010). Principles of Soil Conservation and management. pp. 493－512, Springer.

③ Montgomery，D. R. (2007). Soil erosion and agricultural sustainability. Proceedings of the National Academy of Sciences of the United States of America 104(33)，13268－13272.

④ Boardman，J. (2006). Soil erosion science：reflections on the limitations of current approaches. Catena 68，73－86.

⑤ Bakker，M. M.，Govers，G.，etc. (2005). Soil erosion as a driver of land use change. Agriculture, Ecosystems and Enviorment 105(3)，467－481.

⑥ 联合国环境规划署. 全球环境展望5——我们未来想要的环境. 2012：69.

⑦ 宋秀杰，等. 农村面源污染控制及环境保护. 北京：化学工业出版社，2011：11－22.

⑧ 白田田，等. 粮食安全：重数量更应重质量. 经济参考报，2013－03－12(2).

>>四、中国农药施用效率低、残留高、危害大<<

中国是农药施用总量和单位面积用量第一大国。中国从新中国成立后开始施用农药，20世纪 50 年代，开始使用杀虫剂、杀菌剂和除草剂等农药，从零起步，70 年代以来得到推广，施用量逐年增多。总量由 1991 年的 76.5 万吨增至 2000 年的 128 万吨，增幅近 70%。过去十年间，中国每年农药总施用量达 140 多万吨（成药），平均施用 14kg/hm2 以上，高出发达国家一倍，其中大多数是难降解的有机磷农药和剧毒农药[①]。而令人忧心的是，农药用量仍以每年约 10% 的速度递增[②]。2009 年中国农药施用量已经达到了 170 万吨，其中除草剂用量约 70 万吨[③]。一般而言，农药施用量的 20%～30% 作用于目标生物，其余的 70%～80% 将进入环境，不仅可能对当地非标靶生物产生毒害，而且可能间接危害人、畜和生态系统健康。农药可长期残留在土壤中，或者通过水分入渗和地表径流进入地表水及地下水，或通过扬尘或挥发进入大气，最终进入食物网，在更大范围导致突变、癌症和畸型等生态危害，甚至危及人类健康。

化肥农药是现代农业必不可少的要素投入，但如果过量低效使用，不仅会严重影响农业增产增效，还会对农产品质量安全和环境产生影响。2013 年 1 月 7 日，一项为期近两年的研究报告发布，报告名为《环境中的农药：中国典型集约化农区土壤、水体和大气农药残留状况调查》，据其显示，在山东和广东两个典型农业区的土壤、水体和空气中，均可检测出 120 余种农药，最重要的发现是，所有土壤、水和空气样品中均含有百种以上农药。土壤方面，广州周边地区稻田土壤样品检出农药 126～145 种，蔬菜地土壤检出 125～144 种。山东潍坊的蔬菜地土壤样品则检出农药 123～146 种，小麦地检出农药 122～134 种。其中不乏已禁用多年的有机磷和有机氯农药[④]。中国粮食产量十连增是有代价的，中国农药需求量世界第一，然而施用效率却很低，只有 35% 左右，其余 65% 都是作为污染物排入环境中，而所有的污染物最终都归到土壤中，长此以往，地力扛不住，环境也扛不住[⑤]。中国单位面积化学农药的平均用量比世界高 2.5～5 倍，每年遭受残留农药污染的作物面积达 12 亿亩[⑥]。

专栏七　化肥农药的功与过

千百年来，不论是欧洲还是亚洲，粪肥都是农业生产的主要肥料。化肥走入人类

---

① 刘淑石，刘妍妍. 农药化肥施用对农村饮用水源地污染情况浅析. 科技与企业，2012(6)：79.

② 贾蕊，陆迁，何学松. 中国农业污染现状、原因及对策研究. 中国农业科技导报，2006(22)：59—63.

③ 数据引自《中国农业年鉴 2010》。

④ 刘虹桥，何林璘. 中国耕地农药用量为世界 3 倍. 财新新世纪，2013—01—07.

⑤ 环保. 中国农药需求量世界第一、65% 排入环境污染土壤. 南方日报，转引自新华网［DB/OL］http://news. xinhuanet. com/environment/2013—04/11/c_124567314. htm，最后访问时间：2014 年 9 月 17 日。

⑥ 农业部. 未来 5 年全国农药使用量减两成. 每经网，［DB/OL］http://www. nbd. com. cn/articles/2011—06—17/576410.html，最后访问时间：2014 年 9 月 17 日。

的视野还是 19 世纪以后的事情。1838 年，英国乡绅劳斯用硫酸处理磷矿石制成磷肥，成为世界上第一种化学肥料。1850 年，德国化学家李比希发明了钾肥。1850 年前后，劳斯又发明出最早的氮肥。1909 年，德国化学家哈伯与博施合作创立了"哈伯—博施"氨合成法，解决了氮肥大规模生产的技术问题，让化肥普遍应用于农业生产成为可能。不过，化肥大规模投入农业生产还是 20 世纪 50 年代以后的事情。

与化肥相比，农药的使用则要久远得多。根据历史记载，农药最早的使用可追溯到公元前 1000 多年。在古希腊，已有用硫磺熏蒸害虫及防病的记录，中国也早在公元前 7—5 世纪就用莽草、蜃炭灰、牧鞠等灭杀害虫。到了 17 世纪，人类又陆续发现了一些真正具有实用价值的农用药物，烟草、松脂、除虫菊、鱼藤等杀虫植物被加工成制剂，作为农药使用。之后，农药的种类逐步丰富起来。在 20 世纪 40 年代以前，农药以天然药物及无机化合物为主，从 40 年代初期开始，农药进入有机合成时代。有机合成杀虫剂的发展，首先从有机氯开始，40 年代初，出现了滴滴涕、六六六。第二次世界大战后，出现了有机磷类杀虫剂。50 年代又发展了氨基甲酸酯类杀虫剂。随着这些农药的发明，世界各国开始了规模化生产和使用阶段。

化肥农药是化解人类饥饿的利器

据联合国粮农组织（UAO）统计，在农作物增产的总份额中，化肥的作用约占 40%～60% 的比例。在世界范围内，因为有了各种化肥，单位面积的农作物产量大大提高，很多饥饿和粮食短缺问题也得以化解。随着农药被广泛应用于消灭蚊蝇等害虫上，祸害人类的疟疾、伤寒等流行性疾病的传播和扩散也随之减少。

但是，化肥和农药也是一把双刃剑，在长期大规模的使用后，它们的负面效应也极大地显现了出来，给生态环境和人类的身体健康带来很大的威胁。

60 年间中国化肥施用量增长了 100 倍

到 20 世纪末，中国已经成为世界上化肥第一生产大国和第一消费大国。这两个第一的背后，却潜藏着大面积滥用的隐忧。国际公认的化肥施用安全上限是 225 千克/公顷，但目前中国农用化肥单位面积平均施用量达到 434 千克/公顷，是其安全上限的 1.93 倍。20 世纪 50 年代，中国一公顷（15 亩）土地施用化肥 4 千克多，现在是 434 千克，60 年间化肥施用量增长了 100 倍。研究表明，无论是酸性、微酸性还是石灰性土壤，长期施用化肥均会造成土壤重金属元素富集现象。比如，长期施用硝酸铵、磷酸铵、复合肥，可使土壤中镉的含量达 50～60 毫克/千克。随着土壤镉的含量增加，作物吸收镉的含量也随之增加。同时，化肥的滥用会造成土壤微生物活性降低。

一根豆角竟敢"喂"11 种农药

农药广泛使用以后，农药残留的危害也引起了人们的注意。例如，最早使用的有机农药滴滴涕、六六六，虽然能大量消灭害虫，但它们的稳定性好，可在环境中长期存在，让动植物及人体中不断吸收和积累，产生危害。虽然 20 世纪七八十年代世界各国包括中国都停止生产并逐步禁止使用滴滴涕、六六六，但直到现在，滴滴涕、六六六的残留依旧在世界范围内广泛存在。几十年中，虽然农药一直在不停地更新换代，但农药的危害并没有解除。豆角、茄子、白菜等百姓餐桌上最常见的蔬菜，过量施用农药情况也很严重，例如，一根豆角要被"喂"11 种农药，一根茄子一次就混打 4 种农药，而且常常在刚喷过农药的第二天就被采摘下来运往市场销售。在农产品的农药残留检测方面，中国目前还存在着很大的制度漏洞，这导致很多蔬果是没有经过任何检测就直接从田间走向了餐桌。

我们能不能完全拒绝化肥农药？

由于中国长期、大量、不合理地施用化肥，在全国很多地方，土壤生产能力已经降低，土地越种越"瘦"，越种越"饿"，抗御病虫害能力也越来越弱。而为了获得好收成，农民不得不使用更多的化肥和农药，在很多地方，化肥的成本占到作物生产成本 40%～50% 的比例，这不仅加重了农民种植的经济负担，也让农业生产进入恶性循环的怪圈。化肥农药滥用的另外一个后果就是令粮食作物的品质下降。既然化肥和农药已经给中国带来了严重的问题，中国现在能停止使用化肥和农药吗？有专家认为"就全国范围而言，当前几乎没有这样的可能性，中国人口众多，粮食安全是头等大事，如果没有农药和化肥的保驾护航，中国的粮食产量就得不到保证"。在世界范围内，化肥一直是重要的农业生产资料，是农业生产和粮食安全的重要保障。联合国粮农组织的专家认为，如果没有化肥的话，全世界粮食产量将减少 1/3，这几乎是相当于 20 多亿人的口粮。农业部相关人士表示，有研究指出，农作物病虫草害引起的损失最多可达 70%，通过正确使用农药可以挽回 40% 左右的损失。中国是一个人口众多耕地紧张的国家，粮食增产和农民增收始终是农业生产的主要目标，而使用农药是必要的技术措施，如果不用农药，中国肯定会出现饥荒。

资料来源：李鹏，化肥农药的功与过，《羊城晚报》，2013 年 6 月 1 日第 B05 版，有删改。

>>五、中国化肥用量高、效率低、结构不合理<<

中国是农业古国，在肥料使用的历史上，有机肥料长期占据主导地位，化肥使用仅有一百多年的历史。1949 年至 1980 年，中国农业生产主要沿用传统的耕种方式，农田主要施用有机肥料，传统的积肥方式是有机肥的主要来源。这期间中国的化肥工业刚刚起步，农田有机养分投入量占总养分投入的 99.37%，以后逐年下降，至 1980 年有机养分投入所占比重下降到 50% 左右。20 世纪 80 年代至 90 年代中期，随着化肥工业的迅速发展，有机肥料主导地位逐渐削弱，农田有机养分和无机养分贡献基本相当，有机养分的投入比例为 40%～50%，由于受加工处理方法、施用条件、施用数量等因素的限制，从 90 年代后期到现在，有机肥料投入比例逐年下降，无机养分的投入已经占绝对的主导地位，有机养分的投入比例只占 30%左右[1]。图 4-1 给出了 1980 年以来中国化肥的使用情况。

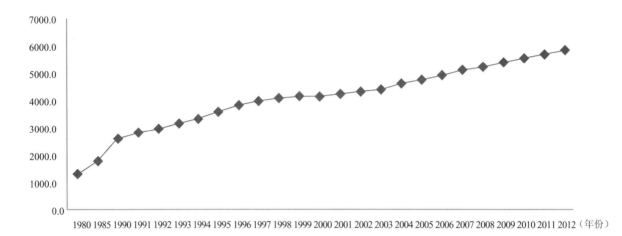

图 4-1　中国化肥施用量(1980—2012)

资料来源：《中国统计年鉴 2013》；单位：万吨。

如图 4-1 所示，过去 32 年里，中国化肥施用量持续快速增加，从 1980 年的 1296.4 万吨增加到 2012 年的 5838.8 万吨，增长了 4542.4 万吨，增幅达 350.39%。但是中国的化肥使用存在不合理、不科学问题，主要表现在两个方面：一方面化肥利用率偏低；另一方面是化肥施用结构不合理，磷肥、钾肥施用份额偏低。

首先，中国化肥利用率极低，氮肥平均利用率只有 30%～40%，磷肥只有 10%～20%，钾肥只有 35%～50%(全国氮肥利用率为 30%～35%，发达国家氮肥利用率大于 50%)，有一半多的肥料由各种途径流失，造成直接经济损失约 200 亿元左右，造成资源的极大浪费(约损失 900 吨氮素/年)，全国每年有 2500 万～2800 万吨的肥料养分流失。其中氮肥的流失量最大[2]。例如，1960 年中国氮肥使用量仅为 50 万吨左右，1997 年实现氮肥自给自足，到 2005 年氮肥施用量已达到近 3000 万吨，约为 1960 年的 55 倍。到了 2007 年，氮肥过剩近 1000 万吨。中国氮肥施用总量已经是同期美国的 3 倍，法国的 1.5 倍，德国的 1.6 倍。中国单位农田的氮肥施用量也远远高于世界发达国家的用量，见表 4-1。

① 宋秀杰，等. 农村面源污染控制及环境保护. 北京：化学工业出版社，2011：23—24.
② 同上.

表 4-1　耕地资源和氮肥消费量比较

	1961 年		1980 年		1998 年	
	世界	中国	世界	中国	世界	中国
可耕地 （公顷/人均）	0.41	0.15	0.3	0.1	0.23	0.1
氮肥消费量 （千克/公顷）	9.1	5.3	45.7	125	59.7	180.8

资料来源：FAO database，转引自：温铁军、程存旺、石嫣，中国农业污染成因及转向路径选择，《环境保护》，2013 年第 14 期，pp.47—50。

如表 4-1 所示，20 世纪 60 年代，中国单位农田的氮肥施用量(5.3 千克/公顷)仍低于世界平均水平(9.1 千克/公顷)，至 80 年代以来，中国单位农田的氮肥施用量已经远远超过世界平均水平，1980 年，中国每公顷农田平均施用氮肥 125 千克，同期世界平均水平仅为 45.7 千克，1998 年，中国每公顷农田施用氮肥水平(180.8 千克)约是世界平均水平(59.7 千克)的 3 倍。中国北方地区每亩地每年所使用的氮肥约为 525 磅(588 千克/公顷)，每亩约 200 磅(277 千克/公顷)过剩的氮释放到环境中。2006 年，全国已有 17 个省的氮肥平均施用量超过国际公认的上限 225 千克/公顷。2009 年，全国农用化肥施用量(折纯)为 5404.4 万吨，平均 375 千克/公顷，是美国的 3 倍，法国的 1.5 倍，德国的 1.6 倍[①]。

其次，中国的化肥施用结构不合理，磷肥、钾肥施用份额偏低。如果从化肥施用结构来看，1980 年前中国农业生产以有机肥为主导，80 年代后，逐步发展为以化肥为主导，化肥使用量占农业生产用肥料的 71.6%。目前，中国化肥生产占世界的 20% 左右，农田化肥的施用量占世界的 28%。中国使用的农业化肥包括氮肥、磷肥、钾肥和复合肥等，在化肥施用中存在各种肥料之间的结构不合理现象。表 4-2 给出了 1980 年以来，中国四种化肥施用的份额变化情况。

表 4-2　中国四种化肥使用份额变化情况(1980—2012)　　　　　　单位:%

年份	氮肥	磷肥	钾肥	复合肥
1980	73.59	21.53	2.73	2.14
1985	67.85	17.51	4.53	10.11
1990	63.25	17.85	5.71	13.19
1991	61.53	17.81	6.20	14.46
1992	59.93	17.60	6.69	15.78
1993	58.22	18.25	6.74	16.80
1994	56.72	18.10	7.08	18.10
1995	56.26	17.60	7.47	18.67
1996	56.04	17.20	7.57	19.19

[①]　刘淑石，刘妍妍. 农药化肥施用对农村饮用水源地污染情况浅析. 科技与企业，2012(6)：79.

年份	氮肥	磷肥	钾肥	复合肥
1997	54.56	17.31	8.09	20.05
1998	54.69	16.71	8.47	20.13
1999	52.88	16.92	8.87	21.34
2000	52.13	16.65	9.08	22.14
2001	50.88	16.59	9.39	23.13
2002	49.71	16.41	9.73	23.97
2003	48.73	16.18	9.93	25.16
2004	47.92	15.87	10.08	25.97
2005	46.77	15.61	10.27	27.34
2006	45.91	15.62	10.34	28.12
2007	44.97	15.13	10.45	29.42
2008	43.96	14.89	10.41	30.70
2009	43.11	14.76	10.44	31.43
2010	42.32	14.49	10.54	32.34
2011	41.75	14.36	10.61	33.22
2012	41.10	14.19	10.58	34.08

资料来源：《中国统计年鉴2013》。

从表4-2可发现，在中国的化肥施用过程中，氮肥所占份额迅速减少，磷肥份额稳中有降，钾肥、尤其是复合肥使用比例大幅上升，1980年，中国氮肥、磷肥、钾肥、复合肥施用量占化肥总施用量的份额分别为73.59%、21.53%、2.73%、2.14%，此后，氮肥和磷肥施用份额持续降低，而钾肥和复合肥的施用份额则迅速上升，2012年，四种化肥的施用份额分别是41.1%、14.19%、10.58%、34.08%，氮肥和复合肥已经成为施用份额最大的两类化肥。目前，发达国家农田化肥氮肥、磷肥、钾肥的比例约为1∶0.5∶0.5，世界平均水平是1∶0.46∶0.46，截至2012年年底，中国氮肥、磷肥、钾肥的比例为1∶0.34∶0.26，磷肥和钾肥施用份额明显低于发达国家和世界平均水平。

>>六、中国化肥滥用严重污染农村环境<<

中国农业科学院农业资源与农业区划研究所调查显示，长期大量地使用化肥，特别是氮肥和氨肥，会使土壤逐渐酸化和板结，最终丧失农业耕种价值。中国农业生产中施用肥料的问题可概括为"三重三轻三低"，即重化肥，轻有机肥，肥料利用率低；重用地，轻养地，土壤有机质低；重产出，轻投入，施肥效益低。河南省农业厅土肥站一项调查表明，该省每年施用的300多万吨化肥中，只有1/3被农作物吸收，1/3进入大气，1/3沉留在土壤中，残留化肥已成为该省巨大的污染暗流[①]。新中国成立初期，中国大部分土地有机质含量是 7%，现在下降至 3%~4%，流失速度是美国的 5 倍[②]。目前，中国每年有超过 1500 万吨的废氮流失到了农田之外，污染了地下水、导致了水体的富营养化。在与中国农业生产密切相关的五大湖泊中，滇池、巢湖和太湖已严重富营养化。根据 2002 年国家环保总局对淮河、海河、辽河、太湖、巢湖的污染的测定，农用化学品的贡献率占 50%，因农业化肥污染带入滇池的总磷和总氮已分别占到这些污染物入湖总量的 64% 和 52.7%[③]。早在 20 世纪 80 年代中国研究人员就开始关注农业中使用化肥造成的面源污染。主要是土壤中的农业投入品（化肥、农药等），在降雨或灌溉过程中，经地表径流、农田排水、地下渗漏等途径进入水体，造成水体污染。学者估计在巢湖地区，化肥的过度使用对环境、农业、人类健康等造成的经济损失折合约为 24.45 亿元，在太湖流域，来源于农田面源、农村畜禽养殖业、城乡结合部城区面源 3 大来源的总磷分别为 20%、32%、23%，总氮分别为 30%、、23%、19%，贡献率超过来自工业和城市生活的点源污染[④]。

专栏八　土壤重金属污染：化肥农药滥用成罪魁祸首

2013 年的"镉大米"事件再一次成为社会关注的焦点，牵动了公众敏感的神经。尽管近年来高发、频发的食品安全问题一直处于舆论的风口浪尖，但此次"镉大米"污染事件为什么比过去发生的任何一起食品安全事件更令人担忧？民以食为天，食以粮为本。猪肉出了问题，我们可以吃羊肉；牛肉出了问题，我们可以吃鸡蛋，但在中国人的餐桌上，很难想象没有最重要的主食——大米。造成此次"镉大米"的元凶，并非部分生产者或商家片面逐利的黑心行为，严重的土壤污染才是导致大米镉超标的主因。

揭开土壤污染背后的谜团

刘湘骥是湖南省攸县大同桥镇大板米厂的老板。自从今年 3 月厂里的大米被检测出镉超标以来，他每晚辗转难眠。"镉是什么东西？我都不知道。"刘湘骥告诉记者，他的米厂从收谷、脱壳、碾米、抛光到包装，所有程序都是物理性操作，不存在添加或产生镉等重金属的可能。湖南省环境监测站的实测数据显示，这一区域的镉含量并未超标。湖南省环保厅法制宣传处处长陈战军对"镉大米"的成因表示疑惑，如果环境背景中镉不超标，那么攸县及衡东县为何会生产出镉米？他倾向于认为是化肥带入。在探究"镉大米"成因的调查中记者发现，水稻对镉的吸附能力很强，遭到镉、铅等重金属污染的土壤可直接导致大米镉含量超标。有关专家表示，目前看来，造成大米镉含量超标的原因主要来自两个方面，除了铅锌矿以及有色金属冶炼等工矿企业排污外，

---

①　赵崇山，楚君，王洋．农药、化肥与农业污染．商丘职业技术学院学报，2006(5)：101—103.
②　彦景辰，雷海章．世界生态农业的发展趋势和启示．世界农业，2005(1)：7—10.
③　贺峰，雷海章．论生态农业与中国农业现代化．中国人口·资源与环境，2005(2)：23—26.
④　温铁军，程存旺，石嫣．中国农业污染成因及转向路径选择．环境保护，2013(14)：47—50.

就是化肥过量施用。有统计结果显示，目前全球每年进入土壤的镉总量约为 66 万千克，其中经施用化肥进入的比例高达 55%。一些周边没有涉重金属工业企业的地方，生产出来的大米仍会出现重金属超标，原因就在于农业投入品被滥用。湖南省地质研究院教授童潜明表示，湖南是有色金属之乡，其大米镉超标与土壤本身的镉含量有一定关系，但主要原因是使用的磷肥中镉含量高，而这一问题在全国都较为普遍。从原料开采到加工生产，化肥成品总会带进一些重金属元素或有毒物质，其中尤以磷肥为主。磷肥的生产原料磷矿石，天然伴生镉，不当施用磷肥会造成土壤镉污染这已经获得国际公认，在部分欧美国家，磷肥中的镉含量被严格立法限制。

另一位湖南省的农业专家说，湖南是目前全国土壤酸化面积最大的一个省，全省有 2/3 的耕地存在不同程度的酸化现象。土壤酸化带来的直接影响是增加重金属在土壤中的活性，使其更容易被作物吸收，从一定程度上加剧了重金属污染的危害。导致土壤酸化的主要原因就在于农用化学品的大量投入以及不合理耕作等。因此，化肥农药的滥用已逐渐成为土壤重金属污染的重要原因之一。

用与不用的两难抉择

最近 20 年，中国彻底摆脱了历史上饥馑频发的困境，农业产量跃居世界之首，这一成就的取得与化肥和农药的广泛使用密不可分。在人口激增、耕地短缺的严峻现实面前，使用化肥农药，一直被认为是提高粮食产量的必要途径。经过多年的持续快速发展，中国已成为世界上数一数二的化肥农药生产、消费大国，也给生态环境埋下了污染隐患。此次"镉大米"危机的爆发，便是敲响了环境容量到达临界点的警钟。一方面是不断增长的粮食需要离不开化肥农药的支撑；另一方面是化肥农药造成的环境污染不断加剧，我们似乎陷入了两难的抉择。目前中国受污染的耕地约有 1.5 亿亩，如果采用植物修复法，按照每亩地修复成本两万元计算，总体所需资金将达 3 万亿元。而环保部门的另一项统计显示，全国每年因重金属污染的粮食高达 1200 万吨，造成的直接经济损失超过 200 亿元。如果不能从根本上控制住新的污染来源，我们必将为环境污染付出更为沉重的代价。

资料来源：霍桃，土壤重金属污染：化肥农药滥用成罪魁祸首，《中国环境报》，2013 年 6 月 26 日，有删改。

总之，满足全球对食物的需求依然是 21 世纪面临的最重要的挑战之一，这需要一系列的解决方案，包括农业保护、高产品种和有效认真地管理肥料使用而不仅是单一的战略，最佳管理措施(Best Management Practices，BMPs)对于控制农业面源污染具有重要意义，很多学者对此开展了系列研究成果[1]。早在几年前，一些国家就开始推广生产与环境适度平衡的有机农业，目

---

[1] 孙棋棋，张春平，等. 中国农业面源污染最佳管理措施研究进展. 生态学杂志，2013，32(3)：772—778.

的是要兼顾到农业生产与生态环境的相容，以实现农业生产的永久经营，有机农业主张使用天然的有机肥料和生物防治技术来维持土地的肥沃，减少化学污染。日本是最早推行有机农业的国家，早在 1936 年日本人冈田奇茂就开始提倡所谓的自然农法生产的食品来维护人体健康。1947 年美国人罗尔德创立了土壤与健康营养学会，主张用有机质培育土壤，生产对人体健康有益的食品。转基因作物的观念指出转基因作为可以提高产量，同时减少农业化学品的使用[①]（Brookers and Barfoot，2010；Fedoroff etc.，2010），但是反对者依然存在，这在一定程度上是由于转基因作为对人类健康的潜在影响还不确定，农业生物多样性会因此进一步损失。

本章主要参考文献

［1］陈锡文，赵阳，罗丹. 中国农村改革 30 年回顾与展望［M］. 北京：人民出版社，2008.

［2］宋秀杰，等. 农村面源污染控制及环境保护［M］. 北京：化学工业出版社，2011.

［3］汪洋. 农药、化肥功与过——中国农药工业协会会长孙叔宝谈农产品质量与农业投入品关系［N］. 中华合作时报，2013－08－20.

［4］林永生. 中国经济：适度增长与稳中求进［J］. 经济要参，2014(25)：22.

［5］联合国环境规划署. 全球环境展望 5——我们未来想要的环境. 2012(25)：22.

［6］Thundiyil，J. G.，Stober，J.，etc.（2008）. Acute pesticide poisoning：a proposed classification tool. Bulletin of the World Health Organization 86(3)，205－209.

［7］Foley，J.，DeFries，R.，etc.（2005），Global consequences of land use［J］. *Science* 309(5734)，530－574.

［8］Bakker，M. M.，Govers，G.，etc.（2005）. Soil erosion as a driver of land use change［J］. *Agriculture，Ecosystems and Enviorment* 105(3)，467－481.

［9］Boardman，J.（2006）. Soil erosion science：reflections on the limitations of current approaches［J］. *Catena* 68，73－86.

［10］白田田，等. 粮食安全：重数量更应重质量［N］. 经济参考报，2013－03－12.

［11］刘淑石，刘妍妍. 农药化肥施用对农村饮用水源地污染情况浅析［J］. 科技与企业，2012(6).

［12］贾蕊，陆迁，何学松. 中国农业污染现状、原因及对策研究［N］. 中国农业科技导报，2006(22).

［13］刘虹桥，何林璨. 中国耕地农药用量为世界 3 倍［N］. 财新新世纪，2013－01－07.

---

① Brookers，G. and Barfoot，P.（2010）. Global impact of biotech crops：environmental effects，1996－2008. AgBioForum13(1)，76－94.

Fedoroff，N. V.，Battisti.，etc.（2010）. Radically rethinking agriculture for the 21st century. Science 327(5967)，833－834.

［14］温铁军，程存旺，石嫣. 中国农业污染成因及转向路径选择［N］. 环境保护，2013 （14）.

［15］赵崇山，楚君，王洋. 农药、化肥与农业污染［J］. 商丘职业技术学院学报，2006(5).

［16］彦景辰，雷海章. 世界生态农业的发展趋势和启示［J］. 世界农业，2005(1).

［17］贺峰，雷海章. 论生态农业与中国农业现代化［J］. 中国人口·资源与环境，2005(2).

［18］孙棋棋，张春平，等. 中国农业面源污染最佳管理措施研究进展［J］. 生态学杂志，2013(3).

夫至德之世，同与禽兽居，族与万物并。

——《庄子》

第五章

产业结构调整步履维艰

产业结构是指国民经济中各物质资料生产部门之间的组合与构成以及它们在社会生产总体中所占的比重，是影响环境污染的重要因素之一。通常而言，如果第二产业、尤其是工业占国民经济的主体，往往意味着更多的能源消耗与环境污染物排放。很多发达国家之所以能够较好地解决了发展与保护的关系，真正实现绿色发展，一个很重要的原因就是它们实现了产业结构的调整与优化升级，已经完成了工业化过程，以生产性服务业为代表的第三产业成为国民经济的主导产业，进入后工业化时期。因此，积极推进产业结构调整，优化国民经济物质资料生产部门之间和各生产部门内部的比例关系，对于经济增长和环境保护意义重大，但在中国，产业结构调整步履维艰，表现为三个方面：一是第二产业仍为国民经济主体行业；二是部分行业产能过剩依然严重；三是污染型产业向中西部梯度转移。尽管中国各级政府很早就提出要"调结构"，但整体来看，成效并不显著，与这种近似粗放、低层次产业结构相伴生的，往往是大量的能源消耗和源自工业的污染物排放。

>>一、产业结构调整的一般规律<<

产业结构调整或优化升级，就是指伴随着生产社会化程度的提高和技术进步，以符合产业结构演进规律的、高效率、有优势的主导产业为核心，构建起各产业相互协调的产业体系，形成优势互补，专业化分工协作的产业发展格局，提高产业结构作为资源转换器的效率和效能的过程[①]。

理论研究表明，产业结构的演变过程也是主导产业的转换过程，其一般性规律为：农业为主导的产业结构——以轻工业为主导的产业结构——以基础工业为重心的重工业主导产业结

---

① 马尔科姆·卢瑟福（Rutherfard. Malcolm）. 经济学中的制度. 北京：中国社会科学出版社，1999.

构——以高加工度工业为重心的重工业主导结构——以第三产业为主导产业结构——以信息产业为核心的高新技术主导产业结构。

基于多国数据统计资料，著名经济学家克拉克在其著作《经济进步的条件》中指出，随着一国经济与社会发展，从事农业的人数相对于从事制造业的人数趋于下降，进而从事制造业的人数相对于从事服务业的人数趋于下降。克拉克认为他的研究证实了配第的观点，后来学者把这一产业结构变化规律称之为"配第——克拉克定理"。克拉克认为，要解释这个规律需要从需求因素和效率因素两个方面解释。首先从需求方面讲，克拉克认为随着人均收入的增加，很明显对农产品的相对需求一直在下降，而对制造品的相对需求开始上升然后下降，而让位于服务业。他还认为如把服务业限定于对消费者的服务，则服务业不会有相对高的边际需求，但如果把服务业扩大到对企业的服务，服务业的相对需求肯定是上升的。从效率方面讲，农业劳动生产率在不断提高，并相对于农业产品的相对需求下降，农业劳动力的比例会不断下降。制造业的劳动生产率增长比任何一个部门都快，虽然人们对制造品的相对需求不断增加，但是相对于快速增长的劳动生产率，在长期中该部门的劳动力比例也会下降，服务业的劳动生产率也在不断提高，但相对于社会经济生活对服务业需求的迅猛增长，服务业的劳动比例会不断提高。

克拉克和库兹涅茨研究了第一、二、三产业演进的规律并认为，经济发展先是以第一产业为主，然后进入第二产业为主，再向第三产业为主的演化规律，后来的经济学家，以德国的霍夫曼为代表，进一步剖析了以第二产业为主导的经济结构及其演化规律。1931年，德国著名经济学家霍夫曼在《工业化的阶段和类型》一书中，搜集整理了近二十个国家经济数据来研究工业结构演变的规律，提出了霍夫曼定理，即：在工业化的进程中霍夫曼比例[①]随着经济的发展不断下降。霍夫曼依据霍夫曼比例值的不同把工业化进程分为四个阶段。工业化第一阶段，霍夫曼比例在 4～6 之间。该阶段特点是消费品工业的生产在制造业中占主导地位，资本品工业生产在制造业中比例较低，不发达。工业化第二阶段，霍夫曼比例在 1.5～3.5 之间。该阶段特点是资本品工业生产快速增长，其增速快于消费品工业的增长，但是，消费品工业生产规律还是比资本品工业征税规模大得多，在制造业中依然是以消费品工业为主导。工业化第三阶段，霍夫曼比例在 0.5～1.5 之间。该阶段特点是资本品工业的生产连续快速增长，规模迅速膨胀，消费品工业生产规模与资本品工业生产规模大体相当，在制造业中，二者比例处于相对平衡状态。第四阶段，霍夫曼比例在 1 以下。资本品工业生产的快速增长以使资本品工业生产规模大于消费品工业生产规模，在制造业中，资本品工业生产占据主导地位。

自 18 世纪 60 年代英国第一次产业革命以来，世界主要发达国家在工业化进程中产业结构的演变经历了几个不同发展阶段。其共同规律是，第一产业在整个国民经济中所占比重不断下降；第二产业的比重快速上升并在趋于稳定之后逐步下降；第三产业则经历了上升、徘徊、再上升

---

① 霍夫曼比例＝消费资料工业的净产值/资本资料工业的净产值。

的不断反复，最终成为国民经济的最大产业。具体来看，在工业化初期，交通运输、轻纺工业和农业在各国占有较大比重，轻纺等劳动密集型工业曾是主导产业。随着工业化的推进和技术进步，19 世纪 70 年代开始，英、法、美、德等国家先后完成了第一次产业革命，产业结构的重心逐步向原材料产业(包括冶金、煤炭、水泥及各种矿产品)、机械制造业和化学工业倾斜，以实现经济的高速增长，向着工业化迈进。到 20 世纪 50 年代，发达国家完成了以电力、石油的开发和广泛利用为中心的能源革命，基本上实现了工业化，并逐步走向后工业化社会。1869～1909 年，美国的霍夫曼比例系数基本稳定在 2.80 左右，说明这一阶段的重工业比例一直维持在较高水平上；而到 1954 年，降到了 2.0，则说明工业化已基本完成，重工业比例逐步降了下来。此时，发达国家产业部门随着技术进步而进一步增多，先进的产业，如电子与信息产业等高技术、高附加值产业日趋繁荣。这样一种较为合理的产业结构，又使这些国家再生产各环节较相适应，能有效地利用资源和各种生产要素，保证国民经济较高的发展速度。

>>二、第二产业对 GDP 贡献最高<<

过去 35 年，中国经济持续高速发展，但多以"重型化"的产业结构为支撑，以工业和建筑业为主要内容的第二产业为国民经济主体行业，对国内生产总值的贡献率最高。图 5-1 给出了2002 年至 2013 年中国三次产业对 GDP 的贡献率。

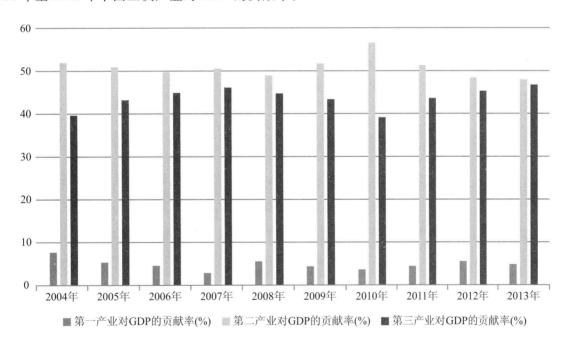

■第一产业对GDP的贡献率(%)　　■第二产业对GDP的贡献率(%)　　■第三产业对GDP的贡献率(%)

图 5-1　三次产业贡献率(2002—2013)

资料来源：国家统计局官方网站"数据查询"栏目中的"年度数据"。

如图 5-1 所示，2002 年至 2013 年：中国第一产业对 GDP 的贡献率基本未变，维持在 5％左右，2013 年为 4.9％；第二产业对 GDP 的贡献率有所下降，但仍然最高，2002 年为 49.8％，2013 年降至 48.3％；第三产业对 GDP 的贡献率小幅上升，从 2002 年的 45.7％上升到 2013 年的 46.8％。北京师范大学李晓西教授（2007）将中国第二产业占 GDP 的比重、第二产就业人数比例、第三产业占 GDP 的比重、第三产业就业人数比例四个指标与美国同数值的时期进行对照，认为"中国当前的工业化程度与美国工业化中期阶段程度相当"[①]。

>>三、能源消费弹性基本稳定、电力消费弹性有所反弹<<

与此同时，中国的能源使用效率进步有限，节能减排技术设备也未得到大范围的推广和应用，突出表现为能源消费弹性系数基本稳定[②]和电力消费弹性系数[③]有所反弹。图 5-2 给出了 2002 年至 2013 年中国的能源消费弹性和电力消费弹性变化情况。

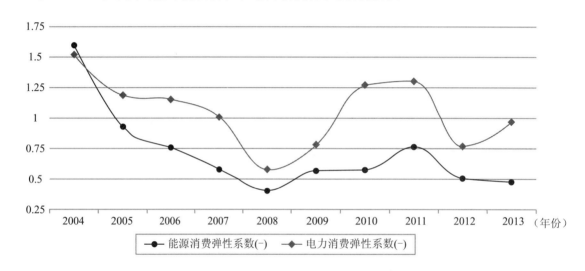

图 5-2 能源消费弹性系数和电力消费弹性系数（2002－2013）

资料来源：国家统计局官方网站"数据查询"栏目中的"年度数据"。

如图 5-2 所示，过去的 12 年间，中国的能源消费弹性和电力消费弹性均经历了较大的波动，具体表现为，"十五"期末达到历史最高峰，能源消费弹性系数于 2004 年达到历史最高点，为 1.6，这意味着 GDP 每增长 1 个百分点，能源消费量要增长 1.6 个百分点。电力消费弹性系数于 2003 年创下历史最高点，达到 1.56，这意味着 GDP 每增长 1 个百分点，电力消费量要增长 1.56 个百分点。"十一五"期初期，国家大力推进节能减排，反映在图形上，就是 2008 年能源和

---

① 李晓西. 中国经济发展的阶段研究. 中央财经大学学报，2007(3)：50－57.

② 能源消费弹性系数反映能源消费增长速度与国民经济增长速度之间比例关系的指标。计算公式为：能源消费弹性系数＝能源消费量年平均增长速度/国民经济年平均增长速度。

③ 电力消费弹性系数反映电力消费增长速度与国民经济增长速度之间比例关系的指标。计算公式为：电力消费弹性系数＝电力消费量年平均增长速度/国民经济年平均增长速度。

电力消费弹性均达到历史最低点。2008 年第四季度，源自美国的金融海啸随后向全球范围的蔓延，并造成了全球实体经济衰退，外需疲软，东南沿海地区大批外向型企业倒闭，大量城镇居民失业和农民工提前返乡，这些对中国经济增长构成严峻挑战，为了"保增长"，中国政府出台了一揽子的经济刺激计划（又称 4 万亿经济刺激计划），这是在危机时刻，政府积极运用宏观政策调控经济的必要手段，已有很多学者从危机管理的角度论证了 2008 年政府经济刺激计划的必要性与合理性。比如北京师范大学李晓西教授认为，"在金融危机下，既然价格信号已经扭曲，经济可能随时急转直下，实体经济堪忧，政府救市行为本身是给市场传递一个积极信号，不能简单从经济学角度衡量。由于各国的政治制度，经济发展水平、资源禀赋等差异，在面对全球性金融危机的背景下，各国没有办法产生高效率的协调机制，在这种情况下需要各国政府在维持本国经济情况下负责任，先做好自己的事情。刺激政策是各国的能力，不能强求[1]"。但其负面效应也不可忽视，在本次经济刺激计划的实施过程中，很多地方政府上马了铁路、公路、机场等大型基础设施建设和钢铁、化工等重化工业项目，同时环境审批和监管有所放松，在经济结构调整和经济增长两大目标出现矛盾时，"调结构"让位于"保增长"，造成了一定的能源浪费。2009 年以来，能源消费弹性基本稳定，2013 年的能源消费弹性系数为 0.48，略高于 2008 年 0.41 的水平，但电力消费弹性反弹明显，2013 年中国电力消费弹性系数为 0.97，高于 2008 年 0.58 的水平，也高于 2012 年 0.77 的水平。

>>四、巨量的能源消耗与工业污染物排放<<

在能效提高幅度有限、节能减排技术未明显进步或大范围推广应用的条件下，重型化的产业结构几乎必然意味着巨量的能源消耗和污染物排放。刘再起、陈春（2010）结合世界上 7 个主要国家的面板数据，实证考察了产业结构调整与低碳经济的相关性，指出要走上低碳经济的可持续发展模式必须调整经济结构和产业结构[2]。伍华佳（2011）指出，作为发展中国家的中国，正处于工业化、城市化和市场化的发展过程中，资源环境与经济发展的矛盾十分突出，高碳经济特征十分明显[3]。

十一五期间，中国平均每天能源消费量从 2005 年的 646.6 万吨标准煤增加到 2011 年的 953.4 万吨标准煤，六年时间里增长了 47.46%。煤炭、焦炭、原油、燃料油、汽油、煤油、柴油、天然气、电力等几类能源的每日消费量均大幅增加。能源消耗的增加，不仅体现在日均消

---

①　李晓西. 国际金融危机中的政府作用与政府改革. 这是其在"增长与改革——国际金融危机下的亚洲新兴经济体"国际研讨会上的演讲，转引自人民网，2009 年 3 月 31 日，[DB/OL] http://theory.people.cn/GB/49154/49155/9058907.html，最后访问时间：2013 年 11 月 4 日上午 11：23.

②　刘在起，陈春. 低碳经济与产业结构调整研究. 国外社会科学，2010(3)：21-27.

③　伍华佳. 中国高碳产业低碳化转型政策路径探索. 社会科学，2010(10)：27-34.

费量上，还体现在人均消费量上。2002 年，中国人均消费能源 1245.2 千克标准煤，2011 年，已经增至 2589 千克标准煤，过去十年间，中国年人均能源消费量增长了 1343.8 千克标准煤，增幅达 107.91％，翻了一番还多。同期，中国人均煤炭消费量从 2002 年的 1189.3 千克增加到 2011 年的 2551 千克，十年间的增幅达 114.49％。中国人均石油消费量从 2002 年的 193.6 千克增加到 2011 年的 338 千克，十年间的增幅达 74.59％。中国人均电力消费量从 2002 年的 1286 千瓦时增加到 2011 年的 3497 千瓦时，十年间的增幅高达 171.93％[1]。

日均能源消费量和人均能源消费量的持续增加，结果就是中国能源消耗总量迅速上升，从 2002 年的 15.9 亿吨标准煤增加到 2012 年的 36.2 亿吨，十年间的增幅为 127.67％，年均增长约 12.8％。值得注意的是，在中国的能源消费总量中，绝大部分来自于第二产业、尤其是工业用能，根据综合能源平衡表来看，中国 2011 年 34.8 亿吨的能源消费总量中，工业能源消费量为 24.64 亿吨，占能源消费总量的 75.12％，建筑业消耗能源 0.59 亿吨，因此整个第二产业的能源消费量为 25.23 亿吨，占能源消费总量的 76.92％[2]。此外，《中国环境统计年鉴 2013》的数据显示，工业是固体废弃物和主要大气污染物的主要排放源，在现有的统计年鉴中，关于固体废弃物的数据都是来自工业的，尚无其他来源的统计。2012 年二氧化硫（SO_2）排放总量为 2217.6 万吨，其中工业源排放量为 1911.7 万吨，占比高达 986.2％。2010 年工业烟尘排放量为 603.2 万吨，占同期全国烟尘排放总量 829.1 万吨的 72.75％。废水排放并非主要源自工业，2012 年全国废水排放总量为 684.76 亿吨，来自于工业的废水排放共为 221.58 亿吨，占全国废水排放总量的 32.36％。

>>五、部分行业产能过剩依然严重<<

所谓产能过剩（Excess Capacity），是指生产能力的总和大于消费能力的总和。产能即生产能力，是指在计划期内，企业参与生产的全部固定资产，在既定的组织技术条件下，所能生产的产品数量，或者能够处理的原材料数量。生产能力是反映企业所拥有的加工能力的一个技术参数，与生产过程中的固定资产数量质量、组织技术条件有很大关联。欧美国家一般用产能利用率或设备利用率作为产能是否过剩的评价指标。设备利用率的正常值在 79％～83％之间，超过 90％则认为产能不够，有超设备能力发挥现象。若设备开工低于 79％，则说明可能存在产能过剩的现象。迄今，中国还没有建立对产能过剩定性、定量的科学评价标准，不少学者对产能过剩的提法有所质疑，甚至提出了合理的产能过剩概念，但什么是合理的产能过剩标准，也没有给出明确的定义。但即便如此，越来越多的人们相信，目前国内部分行业的确出现了严重的产

---

[1]　能源日均和人均消费数据来于历年《中国能源统计年鉴》。

[2]　数据来自于《中国统计年鉴 2013》。

能过剩。《国务院关于化解产能严重过剩矛盾的指导意见》指出，"中国部分产业供过于求矛盾日益凸显，传统制造业产能普遍过剩，特别是钢铁、水泥、电解铝等高耗能、高排放行业尤为突出"。

专栏九　东莞时艰：产业升级的困境

2011 年 8 月 10 日，50 名工人在东莞南城鸿福路撑伞冒雨讨薪。前一夜，他们的外籍老板逃跑了，经营了十多年的东莞华世利贸易公司随之倒闭。此前的六七个月里，东莞老牌的纺织企业"定佳"、玩具企业"素艺"的老板先后"神秘失踪"，留下愤怒的讨薪工人和一群债主。

从表面看，经历 2008 年的金融危机后，东莞经济逐渐回暖上升，但企业老板们的切身感受却大不相同。对他们来说，危机从未结束，而现在比以往更困难。台企在东莞外资企业中的数量最多。在各种成本上升、国外市场萎缩、人民币升值等的多方冲击下，一些台企开始摇摇欲坠。东莞台商协会会长谢庆源曾公开预测，到今年 10 月，将有一成台企关门停产。

东莞市政府已经提高了警惕。东莞人力局目前已开始全面实施企业减员、企业倒闭群体性事件预警，强调要在第一时间介入"突发事件"。

成本压力顶不住了

东莞长安镇一家知名五金厂正在饱受生产成本增加的煎熬。吴建华是这个厂的老员工，他说工厂主要生产汽车零部件，出口给国外的汽车公司，利润微薄。原材料方面，铝锭在 8 月 10 日价格约 17970 元/吨，而去年同期，价格是 15320 元/吨，一年内上涨了 17.3%。工资的提升也让成本激增，随工资一起提升的，还有社会保障的各种费用。一名企业主说，汇改启动后，人民币已经升值了 5%；今年以来工人工资上涨了至少 20% 左右；原材料上涨 30% 以上。如果原材料和棉花、石油有关，材料成本涨幅更大。为应对成本的上升，工厂只能节衣缩食，有些企业老板甚至开始卖车。吴建华所在的五金公司的做法是，半年内工人只出不进。

产业升级的困境

2008 年金融危机之后，珠三角就开始进行产业升级、腾笼换鸟。但由于复杂的土地产权的牵绊，东莞的产业升级转型速度比深圳、佛山、惠州、珠海都迟缓。出口加工企业占据东莞企业数量的绝对优势，东莞市直接下辖的各镇，往往是大量的工厂围住一个商业区。这些工厂土地产权极其复杂，有的是租的，也有买的，但产权难以界定。在这种情形下，如果政府想在已有的工业区里找到一片较大的地方弄园区，往往会涉及周边十数个小厂产权不清的土地，难度很大。

但事实上，目前东莞多数镇的工厂建设已经"满了"。广东省社科院竞争力研究中心主任丁力表示，"东莞的土地资源接近枯竭，土地资源消耗得差不多了，尤其是经济大镇。再要土地的话，就得腾笼换鸟'三旧'改造"。

尽管多年来东莞政府用各种政策来"赶走"这些位于产业链低端、利润微薄的小厂，多数东莞老板还是舍不得离开东莞这块福地。一家电子五金厂老板告诉记者，在当前物流成本超高的背景下，东莞具有得天独厚的区位优势。在失去政府扶持、市场低迷的情形下，中小企业一直在东莞"支撑"，从2008年撑到现在。到2010年，由于风险太大、信贷紧缩，银行也不再向中小企业贷款，但多数企业仍宁愿在东莞"等死"也不想走。

资料来源：许伟明，东莞时艰，《经济观察报》，2011年8月15日，有删改。

2012年，中国粗钢生产量预计达到7.2亿吨，约占全球总产量的45%。水泥生产量预计达到20.8亿吨，约占全球总产量的60%。中国粗钢、电解铝、水泥、平板玻璃产能均大致占到全球的四成到六成，利用率却都只在七成左右。按世界公认标准，小于75%就是严重过剩，中国39个行业中就有21个。而在行业利润大幅下滑、企业普遍经营困难之际，仍有一批在建、拟建项目，产能过剩呈现加剧之势[①]。表5-1给出了2002～2012年中国的粗钢、水泥、电解铝、平板玻璃等产品产量。

表5-1 中国粗钢、水泥、电解铝和平板玻璃产量(2002－2012)

单位：万吨；万重量箱(平板玻璃)

年份	粗钢	水泥	(原铝)电解铝	平板玻璃
2002	18236.61	72500	451.11	23445.56
2003	22233.6	86208.11	586.58	27702.6
2004	28291.09	96681.99	669.04	37026.17
2005	35323.98	106884.79	778.68	40210.24
2006	41914.85	123676.48	926.57	46574.7
2007	48928.8	136117.25	1233.97	51918.07
2008	50091.53	140000	1317.63	55184.63
2009	57218.23	164397.78	1288.61	58574.07
2010	63722.99	188191.17	1577.13	66330.8
2011	68528.31	209925.86	1767.89	79107.55
2012	72388.22	220984.08	2020.84	75050.5

资料来源：《中国统计年鉴2013》。

从表5-1中可知，从2002年至2012年的11年间，中国粗钢、水泥、电解铝、平板玻璃产量持续快速增长：粗钢年产量从2002年的1.82亿吨增加至2012年的7.24亿吨，增长了5.42

---

① 人民日报评论员. 不要再为产能过剩添火加柴. 人民日报, 2013－11－05(1).

亿吨，约增长了 3 倍；水泥产量从 2002 年的 7.25 亿吨增加至 2012 年的 22.1 亿吨，增加了 14.85 亿吨，增长了 2 倍多；电解铝产量从 2002 年的 451.11 万吨增加至 2012 年的 2020.84 万吨，增长了 1569.73 万吨，增长了约 3.5 倍；平板玻璃产量从 2002 年的 2.34 亿重量箱增加至 2012 年的 7.5 亿重量箱，增长了 5.16 亿重量箱，增长了 2.2 倍。

2013 年 11 月 4 日，国家发改委、工信部等联合召开落实《国务院关于化解产能严重过剩矛盾指导意见》的电视电话会议，会上透露电解铝阶梯电价制度正在抓紧制定，2015 年年底前全国将淘汰炼钢和炼铁产能各 1500 万吨、水泥产能 1 亿吨、平板玻璃产能 2000 万重量箱；各地还将取消过剩产能行业用地优惠政策等①。国家发改委副主任胡祖才表示，"要把化解产能过剩与产业结构调整、大气污染治理、布局调整优化紧密结合，在化解产能过剩中推动产业转型升级，在产业结构调整中化解产能过剩，着力推进钢铁、水泥、电解铝、平板玻璃、船舶等产业结构调整。他同时要求各地政府落实主体责任，坚决遏制产能盲目扩张，防止出现违规项目；积极开拓国际市场，实现过剩产能的优化利用；创新监管方式，提高监管效果②"。

>>六、污染型产业向中西部梯度转移<<

近年来，中国东部传统产业向中西部产业转移，显著促进了中西部地区的经济发展。2010 年 9 月上旬，《国务院关于中西部地区承接产业转移的指导意见》正式出台。《指导意见》提出，"中西部地区承接产业转移工作，必须坚持市场导向，减少行政干预；坚持因地制宜，加强分类指导；坚持生态环保，严格产业准入；坚持深化改革，创新体制机制，要始终突出'五个着力'，即：着力改善投资环境，促进产业集中布局，提升配套服务水平；着力在承接中发展，提高自主创新能力，促进产业优化升级；着力加强环境保护，节约集约利用资源，促进可持续发展；着力引导劳动力就地就近转移就业，促进产业和人口集聚，加快城镇化步伐；着力深化区域合作，促进要素自由流动，实现东中西部地区良性互动③"。近年来，云贵等地在承接东南沿海、尤其是广东省的产业转移方面成效显著，自 2008 年至今，广东在云南投资项目达 1500 多个，投资总额达 4000 多亿元。在贵州目前粤商企业就达 700 多家，投资总规模达 1000 多亿元④。湖南郴州是湘南承接东南部沿海产业转移的"桥头堡"，被国家发改委批复为国家级"承接产业转移示范区"。截至 2013 年 5 月：该市实现 GDP1517.3 亿元，同比增长 12.4%，高出湖南全省 1.1%，增幅居省内第二位；完成固定资产投资 1098.4 亿元，同比增长 35.3%，高出全省 7.8%；实现

① 张涛，刘敏，江国成. 淡化 GDP 考核，突出结构调整. 新华每日电讯，2013－11－05(6).
② 陈晨. 化解产能过剩是产业结构调整的重中之重. 光明日报，2013－11－05(10).
③ 江国成. 中西部地区承接产业转移指导意见. 新华网［DB/OL］http：//finance.qq.com/a/20100906/006549.htm，最后访问时间：2013 年 11 月 11 日.
④ 张小兵，林志成. 争抢产业转移—云贵等省承接力步步紧逼. 民营经济报，2013－10－29(4).

外贸进出口总额 27.8 亿美元，完成 27.8 亿美元，同比增长 78.2%，高出全省 62.7%，增速居全省第一，总值跃居全省第二[①]。河南省在承接产业转移领域也表现突出，2012 年，河南省实际利用外资 121 亿美元，居中西部第一。2013 年 10 月 30 日，由河南省政府、中国纺织工业联合会、中国服装协会主办的"2013 年河南省承接纺织服装鞋帽产业转移对接洽谈活动推介会"在郑州举行，来自全国 100 多家纺织、服装、鞋帽企业代表和当地相关部门负责人，共 700 多人参加了推介会，共签约 70 个项目，投资总额 385.2 亿元，合同利用省外资金 374.3 亿元[②]。

有个值得警惕的趋势，就是国内各界涌现出很多支持传统高能耗、高污染粗放型产业从东部向中西部转移的声音、观点和做法，其理论支撑源自区域经济梯度推移理论[③]，持这种观点的人们本质上是唯 GDP 主义，过分强调经济增长而忽视了环境保护。由于中国的基本地形是西高东低，且中西部地区位于长江、黄河的中上游，这也是为何在中国既定的功能区域规划里，很多中西部地区被划为禁止开发区和限制开发区的重要考量。若东部地区着眼于发展战略新兴产业，而把污染性产业向中西部地区转移，从整个国家的角度来看，固然，产业结构有所调整和优化，且同时能够促进西部开发，利于促进经济增长，但对环境的破坏将会不可估量。因此，正确的做法应该是中西部的环境标准和规制程度要等同、甚至严于东部，西部开发着眼于发展绿色的战略新兴产业，如节能环保产业，东部地区的传统产业必须就地实现转型升级，然后或留在东部地区继续发展，或转移至中西部后再腾笼换鸟，发展战略新兴产业。

专栏十　新产业转移不能只把"负面清单"换个地方

2014 年 6 月，上海市经济和信息化委员会在节能宣传周主题日活动上发布了国内第一份《上海产业结构调整负面清单及能效指南(2014 版)》和《上海工业及生产性服务业指导目标和布局指南(2014 版)》，《负面清单》涉及化工、钢铁、有色、建材、机械等 12 个行业、386 项限制类、淘汰类生产工艺、装备，汇总 107 项工业产品单耗限额制、569 项重点用能设备能效限定值，新增和提升的条目横向比较全国最严。

此前，京津冀一体化发展提出之时，北京也主要是希望把一些制造业等类"负面清单"项目转移出去，自己则大力发展服务业和高新技术产业，包括汽车制造、石油石化、钢铁等不再大力发展。据悉这个消息出来以后，不仅仅是河北、天津，周边的山

---

① 陈宝树，黄朱文，颜志红. 打造承接产业转移"桥头堡". 金融时报，2013－05－15(6).

② 李秀明，李继锋. 河南进入高水平承接产业转移机遇期. 中国纺织报，2013－11－7(1).

③ 区域经济梯度推移理论认为，每个国家或地区都处在一定的经济发展梯度上，任何一种新行业、新产品、新技术，都会随时间推移由高梯度区向低梯度区传递，威尔伯等人形象地称之为"工业区位向下渗透"现象。美国、日本、欧盟等发达国家和地区都有过相似的发展经验。这表明产业发展到一定层次后，必然要经历一个升级的过程。产业的梯度转移可使企业获得更强的市场竞争力，在更广阔范围内有效配置资源、开拓市场，加工环节会有选择地迁移到成本相对较低或靠近终端市场的地区，达到企业做大做强的目的。从结果上看，发达国家的产业转移，不仅没有削弱企业的竞争力，反而促使其产业向更高的价值链转移，有效地增强了核心竞争力。

西、内蒙古、山东、辽宁等省区也都不甘人后，纷纷加入申请承接北京产业转移的行列。

上面两个事例结合起来看，北京、上海以及沿海一些地方，正积极进行产业转型，把一些技术相对落后，或者对环境污染比较大，无法可持续发展的产业转移出去成为第一要务。但有一点需要注意，由于这些地方工业基础雄厚，技术实力超群，即使是它们列入"负面清单"的产业，都多是行业翘楚或者佼佼者，都是西部不发达地区梦寐以求的东西，而且这些东西能立刻带来效益，包括 GDP 和就业需求。于是，我们不难理解为什么北京不想再继续发展的重工制造业会被多个省市抢着要，上海也不会例外，你说把宝钢搬到哪去哪不喜欢？

这就出现了一个问题，上海倒是想借此大力发展网络视听、智能交通、互联网金融、互联网教育、大数据、3D 打印、新一代电子信息、新能源汽车、民用航空这些"高富帅"的行业，原来的"负面清单"怎么去消化？自生自灭是不可能的，在市场经济条件下，你不发展就会被淘汰，但列入"负面清单"又不可能获得上海本地的支持，那你只能走出去，往哪走？向西是一个比较现实的选择。那么，这样会不会形成一个新的问题，这些"负面清单"的行业，本身很多确实都不景气，但对很多西部不发达地区来说，却是个宝。

这样的产业转移，中国在以前是经历过的，20 世纪八九十年代，很多外企把国外淘汰落后的产业转移到中国东部沿海，这些在海外被淘汰的东西，在当时的中国却是很先进的。现在，我们是不是又在延续着这个路径把东部沿海发达地区的淘汰落后产业往西部转移？如果照此路径，我们的产业结构转型将成为一句空话，你根本就没有转型，而仅仅是换了个地方。

资料来源：刘柯，新产业转移不能只把"负面清单"换个地方，《金融投资报》，2014 年 6 月 17 日，有删改。

国家商务部的一项调研报告显示[1]，"转移的区位选择上，企业大多倾向对中西部地区集群式投资，安徽、江西、四川等省因此受益较大。如安徽宿州吸引百丽、康奈、七匹狼等国内品牌企业以及八十多家配套企业，形成了资源集约配置、上下游衔接的产业集群，促进了当地工业化城镇化提速提质"。此外[2]，"一些能耗大、资源投入多的产业从沿海向内地转移，节能降耗的硬指标约束也从沿海向中西部地区转移"。"中国中西部地区承接产业转移过程中存在很多瓶颈：中西部贸易便利化相对滞后，部分省市承接产业转移缺乏系统化、网络化布局，尤其是缺

---

[1]　商务部政研室沿海地区传统产业转移课题组. 沿海地区传统产业转移进入新阶段(上). 经济日报，2013－10－15(15).

[2]　同上。

乏综合保税区等功能、政策较为完备的园区;深处内陆,物流业发展滞后,运输成本高;一些地区在承接过程中过度竞争、盲目引进、重复建设、环境破坏等问题突出;转移的企业总部和生产基地分离,异地出口退税、异地财产抵押融资等扶持政策没有及时跟上,等等"。2013年上半年,工信部、商务部、国家发改委等部委对产业转移的新动向作了系列调研,结果显示,由于国家出台了《关于化解产能过剩的新规定》,东部钢铁、电解铝、水泥等传统行业在消化过剩产能的过程中,预计会有相当一部分产业加速转向西部。2013年以来,西部地区承接产业转移速度加快,重庆、四川、云南、陕西、青海、宁夏等省份实际利用外来资金增幅均达两位数。据悉,云南招商局向全球实施招商,首批项目包括电力、钢铁、石化、装备制造等全省12个重点产业。其中以电力、钢铁、石化、装备制造等为主的产业项目占28%,涉及投资总额约2000亿元。中国铝业协会高级工程师高敏认为,"就成本而言,西部地区一些使用水电的电解铝厂商成本要低很多,中东部有关企业在生产压力加大的情况下,会逐步向西部转移"[①]。

基于2012年工信部发布的《产业转移指导目录》,2013年10月底工信部再次选定了上海、河南、四川和甘肃四个省市作为试点,为期一年的试点工作要求各地以遏制低端和落后产能转移为重点,加强产业转移项目产业政策符合性认定工作,严把产业政策"闸门",杜绝落后产能转移[②]。

本章主要参考文献

[1] 马尔科姆. 卢瑟福. 经济学中的制度[M]. 北京:中国社会科学出版社,1999.

[2] 李晓西,等. 中国经济发展的阶段研究[J]. 中央财经大学学报,2007(3).

[3] 李晓西. 国际金融危机中的政府作用与政府改革. 人民网,2009年3月31日.

[4] 刘在起,陈春. 低碳经济与产业结构调整研究[J]. 国外社会科学,2010(3).

[5] 伍华佳. 中国高碳产业低碳化转型政策路径探索[J]. 社会科学,2010(10).

[6] 人民日报评论员. 不要再为产能过剩添火加柴[N]. 人民日报,2013—11—05.

[7] 张涛,刘敏,江国成. 淡化GDP考核,突出结构调整[N]. 新华每日电讯,2013—11—05.

[8] 陈晨. 化解产能过剩是产业结构调整的重中之重[N]. 光明日报,2013—11—05.

[9] 张小兵,林志成. 争抢产业转移云贵等省承接力步步紧逼[N]. 民营经济报,2013—10—29.

[10] 陈宝树,黄朱文,颜志红. 打造承接产业转移"桥头堡"[N]. 金融时报,2013—05—15.

---

① 方家喜. 中西部承接产业转移标准升级. 经济参考报,2013—10—23(1).
② 李果. 四省市试点产业转移认定,特别防范落后产能西移. 21世纪经济报道,2013—11—01(7).

[11] 李秀明，李继锋. 河南进入高水平承接产业转移机遇期[N]. 中国纺织报，2013－11－07.

[12] 商务部政研室沿海地区传统产业转移课题组. 沿海地区传统产业转移进入新阶段(上)[N]. 经济日报，2013－10－15.

[13] 商务部政研室沿海地区传统产业转移课题组. 沿海地区传统产业转移进入新阶段(下)[N]. 经济日报，2013－10－29.

[14] 方家喜. 中西部承接产业转移标准升级[N]. 经济参考报，2013－10－23.

[15] 李果. 四省市试点产业转移认定，特别防范落后产能西移[N]. 21世纪经济报道，2013－11－01.

鹿延境内有石油，然（燃）之如麻，但烟甚浓，所沾帷幕皆黑。石炭（烟）亦大，墨人衣。

——沈括《梦溪笔谈》

第六章

能源革命进展迟缓

"能源革命"，大致可分为生产革命与消费革命，旨在提高能源的开采与利用效率，优化能源结构。因此，从这个意义上来看，推进能源革命，利于促进节能减排和环境保护。可预见的将来，传统化石能源仍将在中国乃至全球的用能结构中占统治地位，与此同时，多种环境污染物主要源自化石能源消耗，尤其是煤炭。中国能源结构以"富煤、贫油、少气"为主要特征，在一个能源消费持续高速增长且主要依赖煤炭的中国，要想通过能源革命打赢环境保卫战，难度可想而知。

2012年年底，党的十八大报告中首次提出"推动能源生产和消费革命"。2014年6月13日，中央财经领导小组召开第六次会议主要研究中国能源安全战略，在此次会议上，习近平再提推进能源革命，包括能源消费革命、供给革命、技术革命、体制革命四个方面，抑制不合理的能源消费居于首位。党和国家领导人高度重视并接连提到要推进能源革命，一方面反映出能源革命意义重大；另一方面也意味着中国目前的能源革命进展迟缓。

>>一、化石能源消耗易于引致环境污染、危害人类健康<<

能源资源，特别是化石能源开发利用过程中的不当措施和行为是引发环境问题的重要原因，比如油气和煤炭资源的过度开采、浪费以及能源的大量消耗。以化石能源为主体的能源消费排放包括 SO_2、NOx、PM 等在内的多种有害大气污染物，导致环境空气质量下降并引发和加重包括呼吸道感染、肺癌、心血管疾病等多种健康危害甚至敏感人群的急性死亡，会对人类身心健康构成极大威胁[1]，为此，世界卫生组织（WHO）和包括中国在内的世界主要国家都制定了严格

---

[1] Smith K R. 1993. Fuel combustion, air pollution exposure, and health: the situation in developing countries. Annual Review of Energy and the Environment, 18(1): 529—566.

的环境空气质量标准或健康危害警戒值[①]。围绕能源消费、大气污染及其对居民健康的影响或风险，学者们开展了一系列研究，主要包括评估不同能源消费结构下 PM10 的暴露水平及由于能源结构优化所获得的人群健康收益[②]，能源消费排放的 PM10 对公众健康影响分析与能源政策建议[③]，不同能源消费情景下 PM10 和 SO_2 排放量预测及其引发的公共健康经济损失评估[④]，城市能源消费的 PM10 和 SO_2 排放对人群健康影响与经济损失评估[⑤]。

煤炭在燃烧过程中会产生黑烟并释放一些有毒有害气体，如二氧化硫（SO_2）、氮氧化物（NOx）以及一氧化碳（CO）。呼吸含有这些混合物的空气对人体会造成很大的伤害。这些有毒有害气体一旦进入大气，会产生酸雨和酸沉降。酸雨会造成森林的大面积死亡，落到地面后会浸透到土壤中，引起土壤中一些天然矿物质的分解，产生的元素包括对动植物有害的铝和汞。汞经常会溶解在河流、湖泊和海洋等水生系统中，进而转化成对动植物更有害的甲基汞，在鱼类组织上富集。人类食用含甲基汞的鱼类，甲基汞就在人体内富集。甲基汞是一种神经毒素，如果孕妇在怀孕期间食用含有大量甲基汞的鱼类，甲基汞会损害婴儿的神经系统，新生胎儿就容易患各种先天性疾病。此外，煤矸石和矿井废水易于造成环境污染问题。中国每年产生煤矸石约 1.3 亿吨，已累计堆存超过 30 亿吨，占用了大量土地。经验数据表明，在堆放的煤矸石总量中，大约有 10% 的煤矸石会在堆积过程中自燃，由此产生大量的有害气体。更为严重的是，煤矸石经雨淋会渗透到地下水系，污染地下水资源。据估计，每开采 1 吨煤就会破坏 2.5 吨地下水，对中国这样一个水资源严重短缺的国家来说，形势十分严峻[⑥]。在石油工业的各个阶段，包括生产、运输、石油精炼以及到成品的使用都会产生各种各样的环境问题。石油工业释放的许多化学物质都是有毒有害的，有些甚至有致癌作用，另外一些与光化学烟雾的形成有关系。原油大部分运输过程是船运与管道的结合，在海上运输大量石油，油轮漏油事故就几乎不可避免。国内很多学者通过实证研究发现，中国的能源消耗与环境污染之间存在显著的正向相关关系。北京市近年来空气污染防治得到了显著加强，然而城市能源消费结构仍不尽合理，大气污染问

---

① WHO. 2006. Air Quality Guidelines：Global Update 2005. Particulate Matter，Ozone，Nitrogen Dioxide and Sulfur Dioxide. Geneva：World Health Organization.

环境保护部 . 2012. GB 3095-2012 环境空气质量标准. 北京：环境保护部.

② 阚海东，陈秉衡，陈长虹 . 上海市能源提高效率和优化结构对居民健康影响的评价. 上海环境科学，2002a，21（9）：520—524.

③ Wang X，Mauzerall D L. 2006. Evaluating impacts of air pollution in China on public health：implications for future air pollution and energy policies. Atmospheric Environment，40（9）：1706—1721.

④ 周健，崔胜辉，林剑艺，等 . 厦门市能源消费对环境及公共健康影响研究. 环境科学学报，2011，31（9）：2058—2065.

⑤ Fang B，Liu C F. 2012. The assessment of health impact caused by energy use in urban areas of China：an intake fraction—based analysis. Natural Hazards，62（1）：101—114.

⑥ 李晓西，林卫斌，等. 五指合拳——应对世界新变化的中国能源战略. 北京：人民出版社，2013.

题依然严重，极大地影响了居民健康并引起了国内外的广泛关注[①]。

联合国气候变化专家小组（IPCC）第四次评估报告指出，化石能源利用是造成气候变化的主要原因。1906年至2005年的百年时间内，全球年平均地表气温增加了0.74℃（IPCC，2007），近50年来的全球气候变暖主要是由人类排放的温室气体造成的，1976年以后变暖最为明显，其中20世纪90年代是最暖的10年，1998年是最暖的年份（IPCC，2001，2007）。为应对气候变化，低碳化已经成为全球能源结构调整的主旋律[②]。《BP世界能源统计（2014）》数据显示，2013年，美国基于能耗所产生的二氧化碳排放量为59.3亿吨，约占全球总量的16.9%，中国为95.2亿吨，约占全球总量的27.1%，美中两国仅因能源耗费这一项就排放了全球44%的二氧化碳，接近全球排放总量的一半。

专栏十一　谁是下一个"能源皇帝"

2014年莫斯科世界石油大会上，卡迪尔哈斯大学教授沃肯·艾迪加教授指出，过去两百年，人类经历了两次大的能源转型：从薪柴到煤炭，再从煤炭到石油，21世纪人类将进入第三次能源转型期，但谁会是下一个"能源皇帝"，天然气还是煤炭？答案还并不清晰。

煤炭可能复辟？

历史数据表明，1881年前后，煤炭在能源中的比重超过50%，开始替代薪柴，能源进入煤炭时代，煤炭当之无愧登上了"能源皇帝"的宝座。1965年，石油比重超越煤炭，成为新的"能源皇帝"，世界进入石油时代。从1881年到1965年，能源的煤炭时代为84年，1913年煤炭在能源结构中的比重达到70%的峰值。从1965年至今，能源的石油时代经历了49年，顶峰在1973年，峰值为45%。2014BP能源统计显示，石油仍然是第一能源燃料，占全球能源消费的32.9%。但石油的市场份额仍连续14年出现下滑，目前市场份额是自1965年以来的最低值。

石油退位让出"能源皇帝"的宝座已有共识，但谁是下一个"能源皇帝"？当下业界学界政界绝大部分人会把选票投给天然气。因为过去10年化石能源中发展最快的是天然气，最洁净的也是天然气。利好的因素多多：美国的页岩气革命，LNG技术进步、LNG贸易迅速增加和大规模基础设施投资等都在强力拉动天然气份额的提升。IEA高声喝彩"天然气黄金时代"的到来；美国政府大力推动LNG的出口全球贸易；还有俄罗斯天然气管道向远东铺设。似乎天然气时代真的即将来到。不过，沃肯·艾迪加教授

---

① Xu X，Gao J，Dockery D W，et al. 1994. Air pollution and daily mortality in residential areas of Beijing，China．Archives of Environmental Health：An International Journal，49(4)：216—222.

② 熊焰. 低碳转型路线图：国际经验、中国选择与地方实践. 北京：中国经济出版社，2011.

的分析给出了一个不同的答案:"煤炭也许复辟皇位,中国因素至关重要,因为中国对环境并不那么在乎"。这肯定是一个独特的声音,对中国人而言,更是一种相当刺耳的声音。

虽然听起来很不受用,但认真想想,沃肯·艾迪加教授的话并非没有道理。2014BP能源统计数据表明,2013年煤炭的消费量增长了3%,虽然远低于过去10年间3.9%的平均水平,但依然是增长最快的化石燃料。煤炭已经占到全球一次能源消费的30.1%,是自1970年以来的最高水平。在中国,煤炭仍然占据一次能源供应的绝对主导地位。

沃肯·艾迪加教授的研究表明,2015年石油与煤炭能源占比曲线将再次相交,交汇点将在30%~31%之间。石油比例下降,煤炭比例上升,2015年煤炭将重登"能源皇帝"的宝座。

气体能源时代降临

煤炭再登"能源皇帝"宝座并非人类之福。过去两次能源转型有两条清晰的轨迹。一是从高碳到低碳:薪柴的分子结构大致上是一个氢十个碳,煤炭是一个氢两个碳,石油是两个氢一个碳,天然气是四个氢一个碳,可再生核能和水电几乎无碳。二是从低密度到高密度:同样体积的煤炭热值比薪柴高,石油比煤炭高,核燃料比石油高,天然气转化为LNG或GTL后同体积热值比石油高。看起来风能太阳能等可再生能源并不符合这一规律,核心问题是电的存储技术还有待突破。核原料在地球上的分布密度也很低,经过技术加工后人们可以获得能源浓度极高的核燃料。页岩油页岩气在储层里的丰度远低于常规油气,由于开采技术的突破,在可接受的成本下实现了大规模开采,并在将其液化后实现天然气的全球贸易。在此逻辑下,储能技术的突破必将引发新一轮能源革命,一场影响更为深远的能源革命。

美国著名能源思想家、石油企业家罗伯特·海夫纳三世在《能源大转型》中反复强调的一个理念是:漫长的固体能源时代即将终结,无限的气体能源时代已经开始,石油等液体燃料是固体与气体能源转换时期的过渡能源。21世纪将是气体能源的时代,由于美国1970年代错误的天然气政策,使得世界能源大转型推迟了数十年。如果不是错误的政府政策,美国页岩气革命将会来得更早。

资料来源:陈卫东,谁是下一个"能源皇帝",《能源评论》,2014年第10期,有删改。

>>二、中国能源结构仍以煤炭为主、消费总量持续增加<<

过去100年的显著特点是全球人口和经济增长的急速增长,在这期间,人口总数增长4倍达到 70 亿，以国内生产总值（GDP）计算，全球经济产出增长约 20 倍（Maddision，2009）[①]。人口数量增长及从农村到城市迁移的人口结构变化（或说人口城镇化）是资源能源消耗和环境恶化的驱动因素之一，尽管科技的进步可以降低个人对能源与环境的影响，但实际上许多能源与环境压力仍和依赖于自然资源的人口数量成正比。千年以来，当人类的人口增长超过支撑他们社会的山谷、岛屿或平原的承载力时，生态系统的改变总是会发生，而身处其中的人们则面临饥荒、瘟疫或毁灭（Dimond，2005）[②]。

中国是世界人口最多的发展中国家，也是世界上能源生产和消费大国。发展经济、满足人民日益增长的物质与精神需要，能源消费增长是必然趋势，尤其对于一个人口众多、经济基础薄弱、正在崛起的发展中国家，经济增长对能源需求有着很强的依赖关系。表 6-1 给出了 1978 年以来的中国能源消费及结构情况。

表 6-1　中国能源消费总量及构成（1978—2012）

年　份	能源消费总量（亿吨标准煤）	占能源消费总量的比重（%）			
		煤　炭	石　油	天然气	水电、核电、风电
1978	5.71	70.7	22.7	3.2	3.4
1980	6.03	72.2	20.7	3.1	4.0
1985	7.67	75.8	17.1	2.2	4.9
1990	9.87	76.2	16.6	2.1	5.1
1991	10.38	76.1	17.1	2.0	4.8
1992	10.92	75.7	17.5	1.9	4.9
1993	11.60	74.7	18.2	1.9	5.2
1994	12.27	75.0	17.4	1.9	5.7
1995	13.12	74.6	17.5	1.8	6.1
1996	13.52	73.5	18.7	1.8	6.0
1997	13.59	71.4	20.4	1.8	6.4
1998	13.62	70.9	20.8	1.8	6.5
1999	14.06	70.6	21.5	2.0	5.9
2000	14.55	69.2	22.2	2.2	6.4
2001	15.04	68.3	21.8	2.4	7.5
2002	15.94	68.0	22.3	2.4	7.3
2003	18.38	69.8	21.2	2.5	6.5
2004	21.35	69.5	21.3	2.5	6.7
2005	23.60	70.8	19.8	2.6	6.8

[①]　Maddison，A.（2009）. Historical Statistics for the World Economy：1—2001 AD. Http：www.ggdc.net/maddison/.

[②]　Diamond，J.（2005）. Collapse：How Societies Choose to Fail or Succeed. Viking Press.

年　份	能源消费总量	占能源消费总量的比重（%）			
	（亿吨标准煤）	煤　炭	石　油	天然气	水电、核电、风电
2006	25.87	71.1	19.3	2.9	6.7
2007	28.05	71.1	18.8	3.3	6.8
2008	29.14	70.3	18.3	3.7	7.7
2009	30.66	70.4	17.9	3.9	7.8
2010	32.49	68.0	19.0	4.4	8.6
2011	34.80	68.4	18.6	5.0	8.0
2012	36.17	66.6	18.8	5.2	9.4

资料来源：《中国统计年鉴2013》。

从表6-1可知，中国能源消费结构仍以煤炭为主：1978年，煤炭在中国能源消费总量中的占比为70.7%，2012年，煤炭占比仍然高达66.6%，仍是占据统治地位的能源形式。石油消费占比略有下降，从1978年的22.7%降到2012年的18.8%。天然气消费占比有所上升，从1978年的3.2%增加到2012年的5.2%。与此同时，中国能源消费总量持续增加，改革开放以来，中国的能源消费总量从1978年的5.71亿吨标准煤增加到2012年的36.17亿吨标准煤，平均每年能源量增长7.9%，35年间，能源消费总量增长了5.3倍。

专栏十二　艰难"煤改气"

从北京南四环拐入草桥东路，一直向北，看到四根被捆绑在一起的烟囱，便知到了北京京桥热电厂。这座通常被称为"草桥热电"的电厂，确切的坐标为丰台区草桥东路29号，与其周边有些杂乱的汽配城相比，显得洁净与整齐了许多。京桥热电由北京能源投资有限公司和北京市热力集团有限责任公司合资创立。与北京其他几大传统热电厂相比，京桥热电在创立之初被赋予了特殊的身份——是以天然气为燃料的热电联产项目。

雾霾天气频繁出现的背景下，"煤改气"政策被北京政府放在了重要位置，希冀通过关停北京市内的燃煤电厂，以减少空气污染物的排放。根据北京市发布的2013—2017年加快压减燃煤和清洁能源建设工作方案，在2017年前，北京市将全面关停燃煤电厂，包括国华热电厂、石景山热电厂和高井燃煤热电厂等；同时建设完成四大燃气热电中心，分别为东南、西南、东北、西北燃气热电中心。

事实上，北京热电厂"煤改气"从2009年提出，到如今已有四年多，东南和西南热电中心已有燃气机组在运行。但是，想要完成燃气新机组对于全部燃煤老机组的替代，并非易事，尤其是对于原先燃煤电厂来说，改建过程中和改建后的诸多问题和尴尬，仍需要时间适应。

行政下的博弈

从目前各个燃气热电项目的实际进展程度来看，投产日期都做了推迟。虽然北京市政府急于用燃气取代煤炭，但燃煤电厂并不愿意过早关停燃煤项目，私下都希望能够延长运行时间，在强制命令下尽可能做出博弈。根据记者的采访了解，同属西北热电中心的京能石景山热电厂燃气项目，投产时间将晚于高井项目。相比于高井电厂，京能石景山热电厂的机组使用时间较短，未到寿命终期，因此更希望设法让火电机组能够维持运行。而东边的华能热电厂，机组最新，是最不愿意关停火电机组的。对于"煤改气"的老电厂而言，最令他们担忧的则是未来燃气项目的盈利能力。尤其是近两年来，由于煤炭价格下滑，煤电的盈利状况出现大幅的好转，每年可获得数亿利润。而对于燃气项目来说，电厂则并不看好。据了解，2013 年，华能北京热电厂已经运行的燃气机组，由于政府补贴未到位，就出现了亏损。2013 年 7 月 10 日，天然气价格发生调整，发电用气由 2.28 元/立方米上调到 2.67 元/立方米，这让正在建设燃气项目的负责人更为忧虑。"想方设法获得一个较高的电价，是我们唯一指望得上的。"

现实弊端

补贴已成为维持燃气项目能够运行的决定性因素。为支持燃气发电项目，政府也相继调高了发电企业临时结算上网电价。提供补贴与调高天然气发电上网电价，目的在于能够鼓励天然气发电，但这并不能解决燃气发电项目的根本盈利问题。为了能够维持燃气机组的运行，据一位不愿意透露姓名的业内人士介绍，"替代发电"不得不成为一些燃气项目的选择。所谓"替代发电"，即燃气机组本身被分配了一定的电量计划，但由于一些机组面临"多发电就多亏钱"的状况，因此，它把自己的电量计划转移给正在运行的火电机组，但所发的电量仍旧按照燃气上网电价进行结算，同时还能获得补贴。"扣除应付给电厂的发电成本，剩下的差价就能成为燃气机组的盈利。"该人士表示。

由于火电机组获得额外的发电计划，意味着能够提高负荷率和机组效率，所以火电机组也愿意替燃气机组发电。对于同时拥有燃气和火电机组的电厂来说，"替代发电"的做法则更为普遍。"电网本身给燃气项目订的电量计划就少，再进行转移，燃气机组的实际发电小时数就少得可怜，成为了摆设。"该人士告诉记者。

资料来源：张慧，艰难"煤改气"，《能源》，2014 年第 3 期，有删改。

总之，中国是全球煤炭市场的主力军，2013 年，中国的煤炭消费增长 4%，不足其过去十年平均水平的一半(8.3%)，关停煤炭密集型工厂及鼓励发展煤炭替代燃料等力求减轻当地污染的新政策可能发挥了一定作用，但这些措施的规模受到有限的天然气供应的制约[①]，以煤为主的能

---

① 来源于《BP 世界能源统计年鉴 2014》。

源结构和持续增加的能源消费趋势料将在短期内很难改变。

>>三、中国能源利用效率偏低<<

随着人口增长与经济发展，能源需求持续增加，但如果能大幅提高能源效率，则势必会大大减轻能源与环境压力。Andrew Warren(1982)把能源效率称为与石油、天然气、煤炭、电力并列的"第五类能源"，突出强调了能源效率在能源和社会发展中的重要作用[1]，目前中国能源利用效率仍然偏低。

《中共中央关于制定国民经济和社会发展第十一个五年规划的建议》明确提出要把节约资源作为基本国策，并要求到 2010 年单位国内生产总值(GDP)能源消耗比"十五"期末降低 20％左右，中国 2006 年才开始实施 GDP 能耗指标公报制度，有了"单位 GDP 能耗"(通常是万元 GDP 能耗)的指标统计数据。自 2006 年开始，每年 6 月底由国家发展改革委、国家能源办(现为国家能源局)、国家统计局联合向社会公布上一年度各地区万元 GDP 能耗、万元 GDP 能耗降低率、规模以上工业企业万元工业增加值能耗和万元 GDP 电力消费量指标(GDP 和工业增加值采用 2000 年可比价计算)等数据，公布的 GDP 能耗指标以国家统计局核定的数据为准，图 6-1 给出了 2007 年年以来中国的万元 GDP 能耗情况。

如图 6-1 所示，2007 年以来，中国万元 GDP 能耗持续下降，从 2007 年的 1.16 吨标准煤下降到 2012 年的 0.77 吨标准煤。

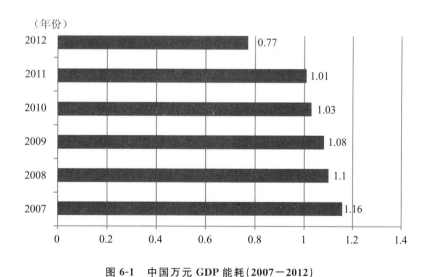

图 6-1　中国万元 GDP 能耗(2007—2012)

说明：数据来源于历年中国统计年鉴。由于中国自 2006 年 6 月才开始建立 GDP 能耗指标公报制度，因此自 2007 年开始正式在国家统计年鉴中公布此指标数据；单位：吨标准煤。

---

[1]　Andrew warren，Does Energy Efficiency Save Energy：the Implications of Accepting the Khazzoom-Brookes Postulate，1982. [DB\OL]http：//technlogy. open. ac. uk/eeru/syaff/horae/hbpothm. 2006. 7. 7.

但从全球范围来看，中国的能源效率仍然偏低，"十一五"期间，中国单位美元国内生产总值的能源消耗约是日本的9倍、英国的4倍、美国的3倍①。中国主要工业产品单位能耗高出了西方发达国家平均水平的12%～55%②。"十二五"期间，中国单位国内生产总值能耗仍为世界平均水平的2倍、美国的2.4倍、日本的4.4倍，而且高于巴西、墨西哥等发展中国家。如果把能源效率在现有水平上提高30%，就可以支撑GDP再翻番③。2012年，中国GDP为8.23万亿美元，全球GDP总量为71.7万亿美元④。同年，中国一次能源消费量为39亿吨标准煤，占世界份额为21.9%。这就意味着，占世界21.9%的能源消耗创造了全球11.5%的GDP⑤，能源利用效率偏低。

本章主要参考文献

[1] Smith K R，(1993). Fuel combustion，air pollution exposure，and health：the situation in developing countries[J]. *Annual Review of Energy and the Environment*，18(1)：529—566.

[2] Analitis A，Katsouyanni K，Dimakopoulou K，et al，(2006). Short—term effects of ambient particles on cardiovascular and respiratory mortality[J]. *Epidemiology*，17(2)：230—233.

[3] Chen B H，Kan H D，(2008). Air pollution and population health：a global challenge [J]. *Environmental Health and Preventive Medicine*，13(2)：94—101.

[4] 於方，过孝民，张衍燊，等. 2004年中国大气污染造成的健康经济损失评估[J]. 环境与健康杂志，2007(12).

[5] WHO，(2006). Air Quality Guidelines：Global Update 2005. Particulate Matter，Ozone，Nitrogen Dioxide and Sulfur Dioxide[S]. Geneva：World Health Organization.

[6] 阚海东，陈秉衡，陈长虹. 上海市能源提高效率和优化结构对居民健康影响的评价[J]. 上海环境科学，2002(9).

[7] 阚海东，陈秉衡. 中国部分城市大气污染对健康影响的研究10年回顾[J]. 中华预防医学杂志，2002(1).

[8] Wang X，Mauzerall D L，(2006). Evaluating impacts of air pollution in China on public health：implications for future air pollution and energy policies[J]. *Atmospheric Environment*，

---

① Kenekiyo K. Energy Outlook of China and Northeast Asia and Japanese Perception toword Regional Energy Partnership. The Institute of Energy Economics，Japan，2005.

② 崔民选. 中国能源发展报告. 北京：社会科学文献出版社，2006.

③ 瞿剑. 提高能源效率做好加减乘除. 科技日报，2013—07—31(3).

④ 数据引自《中国统计年鉴2013》。

⑤ 能耗数据引自《BP能源统计2013》，依据原统计，中国2012年一次能耗为2735.2百万吨标准油当量，按1吨油当量＝1.4286吨标准煤折算。

40(9)：1706—1721.

　　[9]周健，崔胜辉，林剑艺，等．厦门市能源消费对环境及公共健康影响研究[J]．环境科学学报，2011(9)．

　　[10] Fang B，Liu C F，（2012）．The assessment of health impact caused by energy use in urban areas of China：an intake fraction-based analysis[J]．*Natural Hazards*，62（1）：101—114.

　　[11]李晓西，林卫斌，等．五指合拳——应对世界新变化的中国能源战略[M]．北京：人民出版社，2013.

　　[12] Xu X，Gao J，Dockery D W，et al.（1994）．Air pollution and daily mortality in residential areas of Beijing，China[J]．*Archives of Environmental Health*：*An International Journal*，49（4）：216—222.

　　[13] Hao J M，Wang L T，（2005）．Improving urban air quality in China：Beijing case study[J]．*Journal of the Air and Waste Management Association*，55（9）：1298—1305.

　　[14] Zhang Y J，Guo Y M，Li G X，et al，（2012）．The spatial characteristics of ambient particulate matter and daily mortality in the urban area of Beijing，China[J]．*Science of the Total Environment*，435：14—20.

　　[15]熊焰．低碳转型路线图：国际经验、中国选择与地方实践[M]．北京：中国经济出版社，2011.

　　[16]崔民选．中国能源发展报告[M]．北京：社会科学文献出版社，2006.

　　[17]瞿剑．提高能源效率　做好加减乘除[N]．科技日报，2013—07—31.

为人君而不能谨守其山林菹泽草莱，不可以为天下王。

——管仲《管子·地数》

第七章

"地方政府公司主义"喜忧参半

改革开放以来，中国经济持续高速增长，即便是在 2008 年源自美国的金融海啸在全球范围内蔓延并引发实体经济衰退的糟糕形势下，以中国、印度、俄罗斯等为代表的新兴市场经济体依然坚挺，呈现"西方不亮东方亮"的壮观场景。人们不禁要问，究竟是什么力量和因素缔造了过去 30 多年中国的经济奇迹？难道真的存在"中国模式"或者"北京共识"？国内外的学者众说纷纭、莫衷一是，恐怕这个争论仍将持续数年，有待时间来进行最后的验证。不过，需要强调的是，在一个幅员辽阔的大国当中，地方政府领导人的决策和行为对于中国经济社会发展绩效影响深远，无论是美国的戴慕珍教授，还是香港的张五常教授，都敏锐地发现了这个特点，前者提出并高度评价"地方性国家统合主义(local state corporatism)"，后者认为县域之间的竞争塑造了中国经济的"神话"，尽管叫法有别，但本质并无太大差异。迄今，学界通常把地方政府在招商引资、促进当地经济发展之间的竞争(甚至是恶性竞争)的行为和现象称之为"地方政府公司主义"或"地方政府公司化"。我们认为，地方政府公司主义对中国而言，喜忧参半：一方面促进了经济持续高速增长，让中国变得越来越"胖"；另一方面，资源与环境代价过于沉重，让中国上空的烟雾变得越来越"浓"。

>>一、"地方政府公司主义"的提出及内涵<<

"地方政府公司主义"，是对地方政府过度追求经济增长行为的通俗概括，有时也称为"地方政府公司化"或"地方政府唯 GDP 主义"。很难具体追溯这个概念最早源自哪里了，可能出自国内某个地方干部之口，因为有学者在国内农村调研中，经常听到基层干部对于自身所从事的政府工作的嘲讽，说"我们县乡政府做的事情，就像公司一样"①。

---

① 赵树凯，地方政府公司化：体制优势还是劣势. 文化纵横，2012(2).

学界通常认为，"地方政府公司主义"这个概念源自美国学者戴慕珍(Jean C. Oi)提出的"地方性国家统合主义"。1989年，戴慕珍在其论文《当代中国的国家与农民：乡镇政府的政治经济》中首次提出了"地方性国家统合主义"，强调地方政权、金融机构以及企业之间所形成的统合关系。此后，戴慕珍进一步将这个概念延伸到对于中国改革的制度基础的分析。认为，中国乡村经济的改革之所以能够取得成功，原因是将毛泽东时代建立起来的地方政权和地方干部的组织体系与当地工商业结合在一起，形成了"地方性国家统合主义"。在戴慕珍的"地方性国家统合主义"体制结构中，地方政府将企业发展纳入到公共治理中，既为企业提供经济依靠和政治后盾，又对企业施加其影响力和控制权。政府与企业之间是互利关系，各级执政党、政府和企业组成了利益共同体，并以利益最大化为目标。这种利益最大化包括经济利益的最大化，也包括社区内的其他利益——如解决就业等。"地方性国家统合主义"概念在1989年提出以来，对海内外的中国研究产生了重要影响，体现了海外学者对于变动中的中国政治的洞察力和想象力[1]。

国内学者对地方政府公司主义也有自己的解读，比如有人认为，地方政府公司主义可表述为："地方政府在自己所辖的行政区域内，以追求自身利益最大化为目标，以对各种行政资源的控制和支配为资本，以商业行为和超经济强制为背景的市场交易为经营手段，以获取民众廉价劳动力的使用为用工和人事管理策略，以伪公共利益最大化的所谓'经营城市'为理念，以官员老板化为从政之道，围绕着'政绩'和升迁而形成的一整套类似于公司制的官场规则体系"[2]。赵树凯认为，"地方政府的公司化，其具体表现可以见诸地方政府的日常工作：以招商引资为首要工作，以追求财政收入增加为最高动力"。在地方政府领导人的话语中，充满了"土地低价""税收优惠""劳动力便宜"等宣言和许诺。投资者成为政府的最高客户，公众的要求则被忽略。在工商企业与本地民众发生冲突的时候，地方政府往往不惜违法来保护工商企业。在有些地方的公路两侧，我们可以找到诸如"谁和招商引资过不去，就是和全县人民过不去"之类堂而皇之的大标语[3]。

>>二、地方政府公司主义塑造中国经济神话<<

在很多学者笔下，中国的地方政府公司主义，是一个值得肯定、具有正能量的特色，也是中国经济快速发展的最重要因素之一，中国经济神话很大程度上得益于此。

张五常教授在2009年出版的《中国的经济制度》[4]一书中提出，县域竞争是中国经济高速增长的"密码"。他认为："由于县的经济权力最大，这一层的竞争最激烈。今天的县无疑是一级商

[1]　赵树凯. 地方政府公司化：体制优势还是劣势. 文化纵横，2012(2).
[2]　宫希魁. 地方政府公司化倾向及其治理. 财经问题研究，2011(4).
[3]　赵树凯. 地方政府公司化：体制优势还是劣势. 文化纵横，2012(2).
[4]　张五常. 中国的经济制度. 北京：中信出版社，2009.

业机构了。性质类同的商业机构互相竞争，是县与县之间的激烈竞争的另一个理由。"他还从经济理论方面对县域竞争作了剖析①。在探究县域竞争成因方面，张五常教授指出："实际上县的制度对鼓励竞争犹有过之。这是因为县要对上层作交代或报告。上层不仅鼓励竞争，他们强迫这竞争的出现。"2013年5月，上海的史正富教授出版了《超常增长——1979～2049年的中国经济》一书中提出："在中国，尤其是市县两级政府，长期在经济发展的第一线竞争拼搏，已经成长为与企业界共生互动的有生力量，成为中国经济社会发展的发动机之一。"目前在中国，"地方政府作为经济主体参与市场竞争形成三大市场主体"。这三大市场主体分别是中央政府、企业化的地方政府和企业。而中国在经济超速发展中形成的"现行三维市场体制与西方常规市场体制相比，确实具有优越性"。对《超常增长》一书，林毅夫教授等国内著名经济学家给予高度评价，认为是中国经济理论的创新②。

>>三、地方政府公司主义也让中国付出巨大资源与环境代价<<

无可否认，在中国现代化的起步阶段，地方政府的公司化，使得政府对经济发展有了来自自身的冲动，极大地促进了现代化的启动和最初的发展，但必须看到，也使得中国付出了巨大的资源与环境代价，而且如果中国地方经济发展继续沿袭这种模式，恐将对中国的市场经济发展弊多利少。

地方政府公司主义，意味着地方政府在招商引资、土地征用等经济活动领域具有强烈的介入冲动，从而具有了鲜明的公司化行为特征，直接推动了地方政府间的相关竞争，凸显为地方政府以追求经济增长，特别是财政收入为最高动力。在某种意义上，GDP是公司化政府的营业额，财政收入则是其利润。在"发展是第一要务"的口号下，GDP和财政收入增长成为政府活动的核心，而政府的公共服务责任则退居其次。原国家计委副主任房维中在20世纪90年代就提出，"我们既不能搞高度集中的中央计划经济，也不能搞分散管理的地方计划经济"，地方政府的GDP竞争将造成重复建设，并"成为政府行政职能转变滞后的重要原因"。高尚全、吴敬琏、张卓元、林兆木、迟福林等学者也发表了地方政府竞争难以持续的观点③。

地方政府公司化后，高污染、高能耗的发展模式会通过破坏生态和污染环境，最终严重影

---

① "一个县可以视作一个庞大的购物商场，由一家企业管理。租用这商场的客户可比作县的投资者。商场租客交一个固定的最低租金（等于投资者付一个固定的地价），加一个分成租金（等于政府收的增值税），而我们知道因为有分成，商场的大业主会小心地选择租客，多方面给租客提供服务。也正如商场给有号召力的客户不少优惠条件，县对有号召力的投资者也提供不少优惠了。如果整个国家满是这样的购物商场，做类同的生意但每个商场是独立经营的，他们竞争的激烈可以断言。"

② 史正富. 超常增长——1979～2049年的中国经济. 上海：上海人民出版社，2013.

③ 房维中.《建议地方政府不再制定和实施无所不包的国民经济和社会发展计划》一文及高尚全、吴敬琏等人的文章见宋晓梧主编的《未来十年的改革：政府、市场模式研究》. 北京：中国财政经济出版社，2012.

响生产和人民生活。中国之所以产能严重过剩，一个重要的原因就是地方政府间的恶性同质竞争。地方政府尽一切可能上项目扩产能，例如，2003年后新增的电解铝和氧化铝产能，80%以上未经国家有关部门批准。地方政府利用低价甚至零地价工业用地、税收返还、违规贷款、压低水电价格等优惠措施，推动企业在本地区盲目扩大产能，并以各种手段干预企业，强令亏损企业继续经营，为保本地区的GDP，通过财政补贴或政府担保为这类企业输血，恶化了行业生存环境[1]。

中国地方政府间的竞争还恶化了生态环境。首先是水体污染严重。对198个城市地下水的监测显示，较差和极差的监测点比例为57%。长江、黄河等10大水系劣质断面比例为39%。监测的26个湖泊，富营养化状态占53.8%。四大海域清洁面积减少到4.78万平方公里，不足2003年的60%。其次是大气污染严重。113个环境保护重点城市，空气质量达到新标准的仅为23.9%。雾霾天气成为京津冀地区常态。今年连东北地区也遭受大面积雾霾侵袭，而2007年国务院发布的《东北地区振兴规划》中曾提出把东北建设成中国的生态屏障。再看长期以来不被城市居民关注的土壤污染，20世纪80年代末期，土壤污染面积只有几百万公顷，现在高达2000万公顷，占全国耕地面积的比重超过20%，受"工业三废"污染的土地约为1000万公顷。国家环保总局和OECD联合发布的《OECD中国环境绩效评估》报告预计，2020年中国因环境污染导致的健康损失将达GDP的13%。中国在改革初期曾宣布绝不走西方国家先污染后治理的工业化老路，但实际情况是污染程度更加严重。其中重要原因是地方政府为了招商引资，放松了对环境的保护，一些地方政府甚至成为污染企业的"保护伞"，有的污染企业就是当地的"一把手工程"，导致环保审批、监管失灵。不同的企业污染案例反映了同样的问题：地方环保部门负责人对地方行政领导负责，他们无力抵制地方领导的强烈GDP增长冲动，面对领导招商的污染企业束手无策，甚至为虎作伥[2]。

专栏十三　招商引资引来"污染大王"

湖南省涟源市金石镇出现了一件群众无法理解的怪事。一方面国家投资近百万元在该镇白潭村建设了国家安全饮水工程；另一方面，一个在别处屡屡碰壁的高污染锰矿企业也被镇里引进村，成了水源污染的心腹大患。

记者调查发现，金石镇的案例非个例。在新一轮产业梯度转移中，一些乡镇成为污染企业的主要流入地。尽管老百姓强烈反对，但项目背后往往有当地政府积极推动的身影。

国家安全饮水工程和"污染大王"相距不过千米

湖南省涟源市金石镇白潭村的不少村民身上长满"毒痘痘"，村里一条小河的水草

---

① 宋晓梧."三维市场经济"与地方政府职能界定.人民论坛.学术前沿，2013(12).

② 同上。

也变了颜色，池塘的鱼一年来几乎不生长。村民们派了几个代表到娄底市疾病防控中心和娄底市中心医院检查。两家医疗机构都认为，村民们身上的"毒痘痘"与水质相关，矛头指向2008年进驻村里的华宇矿业。这是一家以锰矿矿渣为主要原料的企业，主要产品包括碳酸锰、氧化锰、锰粉等。记者在现场看到，华宇矿业依托当地一家废弃水泥厂建设的简陋厂区里，矿渣堆得到处都是。厂区距最近的村民家不到100米。而生产造成的工业废水只经过简单的沉淀处理就排入了村里的池塘、稻田。更令人担忧的是，这家锰矿与国家安全饮水工程的直线距离不超过1000米。该村村民告诉记者，就在锰矿厂区废水排放口，还有一个地下溶洞，直通地下水系。而金石镇设在白潭村的国家安全饮水工程，也是依靠当地一个纯天然的水潭水资源。让村民们感到"想不通"的是，"这个华宇矿业，在郴州、邵阳等地都办过厂，就是因严重污染环境被赶跑的。为什么还要引进来？"一位受访村民说，金石镇及周边乡镇都没有锰矿，华宇矿业的原材料都得从外地运来。

老百姓普遍反对　乡镇政府积极扶持

这个厂2008年下半年开始试生产。但直到现在尚未取得环保部门核发的环保许可证。村民们多次向镇里反映，没有结果。随后又多次到涟源市环保局、娄底市有关部门上访，没有取得成效。镇里的态度一度比较暧昧，直到近期才有所转变。镇长钟智军接受采访时表示，已请环保部门对地下水质进行检测。如果相关检测结果表明华宇矿业会危及国家安全饮水工程，就会关闭这家企业。村民们告诉记者，钟智军并不是"拍板"引进这家企业的镇领导。记者采访发现，这样的案例并非个例。就在涟源市的另一个乡镇——七星街镇，两家平均年产煤不足4万吨的小煤矿，也因对当地环境造成巨大破坏引起群众强烈反对。这两家煤矿近几年每年缴纳约400万元税费，却导致邻近12个村上千亩良田的水源被毁坏，大批农田抛荒，山塘干涸。当地村民普遍认为，上千亩良田以及生态环境遭到的破坏，危及子孙后代的生存环境。这远不是煤矿交纳的数百万元能弥补的。但当地政府部门对利弊的判断显然出现偏差。

新一轮产业梯度转移中，乡镇逐渐进入其转移链条末端，污染遁往乡镇的趋势值得警惕。湖南省委的一份调研报告提出，从2003年开始，湖南省即拉开城区企业外迁乡镇的序幕，当年仅长沙市二环线以内就有300多家污染型企业需外迁。大量污染企业成为乡镇招商引资中的"座上宾"。

资料来源：陈黎明，国家投资搞环保　乡镇招商唱"反调"——湖南一乡镇招商引资引来"污染大王"，2010年5月24日，新华网，[DB/OL] http://www. sx. xinhuanet. com / newscenter/2010—05/24/content_19873442. htm，最后访问时间：2014年10月22日，有删改。

2000 年以来，工业污染造成的恶性环境事件有日益增多的趋势，而这些事件也往往发生在招商引资最为活跃的地区。近年来，随着沿海发达地区生产要素成本增加和环境管制政策强化，加上中国内地为数不少的各类"改革试验区"的建立，高污染、高能耗的产业有大规模向内地、甚至是沿海欠发达地区转移的趋势，招商引资成为很多欠发达地区政府官员的首要任务，癌症村、雾霾开始在全国扩散。目前，国内许多地方政府仍层层下达 GDP、投资、招商、项目等各种经济指标，有的一直下达到街道，分解到各级党政干部。《经济参考报》2013 年 8 月 7 日报道，中部某市以"稳增长"为政治动员口号，开展招商引资"百日竞赛""百日攻坚""百日冲刺"行动，要求市四大班子确保 1/3 以上时间、各招商单位主要领导确保 1/2 以上时间用于招商引资，任务完成情况要与干部政绩考核任用挂钩。西部某市出台了《促进投资增长的意见》专项文件，提出"全民抓招商"，成立了 10 个产业链招商分局和 59 个招商小分队。对未完成招商引资分解指标的干部要给予组织处理或党政纪律处分[①]。

>>四、环保执法难与环保系统窝案并存<<

如果地方政府重点放在招商引资，提升地区 GDP 以求政治晋升，通常就难免会漠视资源与环境：一方面，地方政府会直接干预，促使环保部门对那些违法排污的企业减轻甚至取消处罚，造成环保执法难；另一方面，有些环保部门也会睁一只眼闭一只眼，甚至收受排污企业的贿赂，形成环保系统的窝案。区别在于"环保执法难"说明环保系统是清白而无奈的，"环保系统窝案"则是反映环保系统"识时务"而自甘堕落。共性在于，都是因政府重 GDP 轻环境而纵容企业排污，破坏地方环境。

专栏十四 唯 GDP 主义正在向西部转移

随着各省经济年报的陆续出炉，地方 GDP 数据成为中国经济减速中的一抹亮色。从地方 GDP 数据分析，中国经济一个新的特征日益显化：中西部地区超过东部沿海地区成为中国经济发展的新的主力，中西部地区的唯 GDP 主义还将持续，在承接产业转移和投资驱动的双重作用下，中西部自本轮全球金融危机以来便成了中国经济增长的绿洲，而目前这种"东慢西快"的区域经济格局正在不断被巩固。

中西部地区的 GDP 增速再次明显高于东部地区，过去东部唯 GDP 主义正成为西部地区的复制模式。中西部省市的"万亿元俱乐部"在加剧扩大，城市的"5000 亿元俱乐部"迅速扩容，到 2011 年，"万亿元俱乐部"急剧增为 23 家，中西部地区有 13 家，广西、江西、重庆、山西纷纷迈进"万亿元俱乐部"的大门。

---

① 宋晓梧. "三维市场经济"与地方政府职能界定. 人民论坛 . 学术前沿，2013(12).

中西部地区与东部地区之间的梯度差距和区域竞争，或许也正是中国经济在减速中 GDP 仍以 9.2％的速度雄傲全球的原因所在。

中西部地区摆脱 GDP 崇拜说易行难，路径依赖决定了唯 GDP 主义还得持续下去，只是区域有所转换而已。很多时候 GDP 的华丽数字与民生的幸福感并不相协调，但是现在要地方政府动真格、真正摆脱 GDP 崇拜很大程度上又是说易行难，特别是对于处于发展落后的中西部地区来说。

资料来源：陈和午，唯 GDP 主义正在向西部转移，《深圳商报》，2012 年 5 月 8 日。

首先是环保执法难。2013 年 4 月河北沧县出现的红色地下水与"红豆局长"事件，其实并不仅仅是该县环保局长的责任。如果不转变地方政府的发展理念，即便拿掉一个"睁眼说瞎话"的环保局长，当地恐怕也难以走出环保困境。有些大型排污企业，同时是纳税大户，环保部门通常是"无能为力"的，其地位不独立，人财物配备受制于当地政府，无法对排污企业进行强制执行，这种情况下，要想治好"红井水"，也只是有心无力了。事实上，不仅是河北沧县，环保执法难几乎是通病。比如郴州血铅事件的教训就十分深刻。从郴州市环保局的工作记录来看，从建厂到生产，环保部门对重污染冶炼企业的干预一直没有停止过，并先后十次发文责令停产。但是，环保局的十道"令牌"都没能关闭污染企业，直到爆发"血铅超标"事件，造成了恶劣的社会影响，在湖南省政府直接干预下，郴州市环保局才关闭了污染企业。再比如，安徽怀宁高河镇污染电瓶厂无视环保局停产通知，一直偷偷生产，直至酿成重大血铅中毒事件。云南阳宗海污染事件也是一例。阳宗海最大排污企业在建厂时根本没有办理任何环评手续。群众投诉不断，云南省环保局多次点名通报该污染企业，该企业竟被玉溪市政府授予"守信用、重合同"企业称号，由于有政府护短，企业根本不理会环保部门的警告与整改意见。仪征市几任环保局长书记都曾举报辖区污染企业，都无果而终①。

其次是环保系统窝案频发。《安徽省检察院工作报告》指出，2013 年，安徽省检察院共查办贪污贿赂犯罪 1575 人，同比上升 12.8％；渎职侵权犯罪 486 人，同比上升 35.8％。县处级以上干部要案 125 人（其中厅级干部 14 人），同比上升 73.6％，重点查办了环保、国土领域窝案串案。该省查办环保系统案件 160 余件，涉案人数 133 人，包括一名涉嫌受贿六百多万元的安徽经信委副厅级干部，还包括该省环保厅一名正处级调研员、厅污染防治处一名正处级调研员等 20 名处级干部，以及 8 名区县级环保局的一把手局长。在安徽和县环保局所涉案件中，该县环保

---

① 叶祝颐. "红豆局长"被免职反思须继续. 新华网，2013 年 4 月 7 日，[DB/OL] http：//news. xinhuanet. com/comments/2013—04/07/c_115286954.htm，最后访问时间：2014 年 9 月 19 日。

局的领导班子成员，从局长、副局长到办公室主任，只有一位没有受到司法追究①。

本章主要参考文献

[1] 赵树凯. 地方政府公司化：体制优势还是劣势[J]. 文化纵横，2012(2).

[2] 宫希魁. 地方政府公司化倾向及其治理[J]. 财经问题研究，2011(4).

[3] 张五常. 中国的经济制度[M]. 北京：中信出版社，2009.

[4] 史正富. 超常增长——1979－2049 年的中国经济[M]. 上海：上海人民出版社，2013.

[5] 宋晓梧. 未来十年的改革：政府、市场模式研究[M]. 北京：中国财政经济出版社，2012.

[6] 宋晓梧. "三维市场经济"与地方政府职能界定[J]. 人民论坛. 学术前沿，2013(12).

---

① 安徽查处环保国土系统窝案　涉职务犯罪 200 余人. 中国网，2014 年 2 月 19 日，[DB/OL]http：//news. china. com. cn/2014－02/19/content＿31517976. htm，最后访问时间：2014 年 9 月 18 日。

诸弃毁官私器物及毁伐树木，稼穑者，准盗论。

——《杂律》

第八章

企业违规排污屡禁不止

企业是现代市场经济的细胞，是重要的微观经济主体。企业在创造社会财富的同时，也向外界环境排放了大量污染物，"好"的产品与"坏"的产品（污染物）并存，正如同花园里的鲜花与杂草同时生长。在中国当前的主要污染物排放中，废气与固体废弃物主要来自于工业企业。因此，中国环境污染的经济追因，就必须考虑工业污染物排放主体——企业的行为与排污决策。自 2008 年国际金融危机以后，绿色经济、低碳经济、循环经济、绿色增长、绿色发展等一系列相对较新的概念层出不穷，全球多国希望借此作为拉动本国经济增长的新引擎，在这样的背景下，培育绿色、可持续的竞争力已经成为行业"大腕"的新追求，中国也已经涌现出了一批又一批"绿公司"[①]，但是仍然有不少企业违规排污，有的情形甚至十分严重，屡禁不止的企业违规排污现象是造成当前中国环境污染的又一重要因素。

>>一、影响企业排污决策的四大因素<<

影响企业排污决策的因素很多，至少包括四个方面：

一是排污成本影响企业排污决策。排污税费问题最早是在 20 世纪 20 年代由英国经济学家庇古（Arthur C. Pigou，1920）在其外部性研究理论中提出[②]，庇古认为要使环境成本内部化，就需要政府采取税费或补贴的形式来对市场进行干预，使私人边际成本与社会边际成本相一致。征收排污费，就会对企业形成一种约束，必须在同时考虑其生产过程中"好产品"与"坏产品"（污染物）的成本基础上做出最优决策。通常而言，排污费征收标准越高，企业排污成本就越高，进而

---

① 中国企业家俱乐部、道农研究院和《绿公司》杂志三家单位自 2008 年开始，每年 4 月 22 日世界地球日；联合主办"中国绿色公司年会"，截至 2014 年年底，已经举办过 7 届，每年有数百位全球商业领袖、政界要员、学界权威、NGO 组织代表和主流媒体人出席，会上举行诸多类型的绿色公司排名活动，中国绿公司年会号称致力于推动经济的合理及长远增长，是目前中国经济可持续发展领域颇具影响力的商业论坛之一。

② Pigou，Arthur Cecil. The economics of welfare，London：Macmillan and Company，1920.

就会相应减少污染物排放。

二是产品供求弹性影响企业排污决策。产品供求弹性是指产品市场价格变化每一个百分点造成了几个百分点的供给量、需求量变化，刻画的是厂商和消费者对产品价格变化的敏感程度。产品供求弹性是制约税负转嫁形式及规模的关键因素，一部分税负通过提价形式向前转给消费者，一部分通过成本减少（或压价）向后转给原供应或生产要素者，究竟转嫁比例如何，根据供求弹性而定。从这个意义上来看，即便提高排污费，增加企业排污成本，但如果该企业产品的价格需求弹性较小，也就是说，价格变化幅度很大但市场需求量变动很小，则该企业易于把排污费引致的生产成本增量转嫁到产品价格中去，进而不能够形成有效的减排约束和激励。

三是违约成本影响企业排污决策。科学缜密的污染物排放监测体系和具有公信力的奖惩体系是影响企业排污决策的重要因素之一。如果政府监管或处罚不严，有很多政策漏洞，就会降低企业的违约成本，客观上形成一种助长企业暗中排污的激励。实际上，政府在研究制定政策过程中容易忽略企业违约的情况，即暗含假设企业都守约，然而人们逐渐认识到，企业并不总是遵守现存的规制，有学者（Magat and Viscusi，1990）通过实证研究发现，1982 至 1985 年间，美国造纸业的平均违约率为 25%[①]，鲁塞尔等人（Russell etc，1986）把这种现象部分归因为政府监管不力[②]。此外，企业不守约被发现后的罚金水平通常很低，1995 年，美国环保署对违规企业平均征收罚金 10181 美元，最高仅为 125000 美元（Lear，1998）[③]。

四是企业社会责任感与环保意识影响排污决策。"人之初，性本善"，如果每家企业一开始都能够拥有良好的社会责任感与环保意识，主动去实现绿色生产和经营，节约能源和降低污染物排放，那么社会公众不会像今天这样去密切关注环境质量，各级政府亦不会为了加强污染治理而焦头烂额。

>>二、中国企业违规排污处罚成本低<<

20 世纪 80 年代初，中国开始在全国范围内实行了排污收费制度，旨在增加国内企业的排污成本，促进企业减少污染物排放。随后在 1988、1996、1998、2003 年中国对排污收费制度进行了不同程度的修改与完善。2014 年 9 月，国家发展改革委、财政部和环境保护部联合印发《关于调整排污费征收标准等有关问题的通知》（发改价格〔2014〕2008 号，以下简称《通知》），要求各省

[①]　Magat，W.，and Viscusi，W.K.，Effectiveness of the EPA's regulatory enforcement：the case of industrial effluent standards，Journal of law and economics，1990(33)：331－360.

[②]　Russel，C.S.，Harrington，W.，and Vaughan，W.J.，Enforcing pollution control laws. Resources for the future，1986.

[③]　Lear，K.K.，An empirical estimation of EPA administrative penalties，Working paper，Kelley School of Business，Indiana University，1998.

(区、市)结合实际，调整污水、废气主要污染物排污费征收标准，实行差别化排污收费政策，建立有效的约束和激励机制，促使企业主动治污减排，保护生态环境。但总体来看，在中国，企业无论是合规排污缴纳排污费，还是违规排污在被发现的条件下缴纳罚款，较之企业减排或自身进行污染物治理而言，排污成本并不高①。

2013年12月，辽宁省环保部门对8个城市开出了总计5420万元的"雾霾罚单"。然而，看似决心治霾的行为却因其罚单对象以及是否有效等问题而饱受舆论争议。适值中国北方冬季供暖，燃煤污染物排放量大、但采暖用煤是刚性需求不能减少，突破口则毫无悬念地落在了污染最大、能耗最高的玻璃、钢铁、水泥、电力等工业企业身上，这些产业已经出现了严重的产能过剩，停窑停产似乎是最直接有效的治污方法。但在记者走访过程中发现，无论对于水泥、玻璃，还是钢铁、电力企业，排污成本相对还是比较低的，也就是说偷排效益可观。辽宁本溪市某些水泥企业负责人介绍说，"由于水泥行业的市场已经严重饱和，一旦我们停窑而别人不停，市场很快就会被同类企业所占领。因此，每次大范围停窑都要经过同行间的协商才能共同停窑。但即使如此，仍然很少有企业会主动停下来"，"平时已经被大企业抢占了市场，挤压了利润空间，如果罚单下来之后再停窑，工人都养不起了。只有在盈利之后，来年多投入些资金改进窑炉设备"。竞争激烈的玻璃企业更愿意以牺牲环境为代价使用高污染、低成本的燃料。"对一条500吨/日的浮法玻璃生产线来说，如果以标准煤作为燃料，每吨煤的价格大约为500元，全年消耗量约为55000吨，那么全年总共的燃料费用约在2800万元，为四种燃料中成本最低的选择。若以石油焦粉作为燃料，每吨成品石油焦粉的价格约为2000元，全年消耗量为35000吨左右，那么全年燃料费用则达到7000万元。而最为清洁的天然气燃料，对玻璃厂家却意味着生产每吨玻璃的燃料成本就高达750元左右，全年燃料成本更将超过1.36亿元。而这种巨大的成本差距甚至还没有加上电费、设备维护费等其他生产相关费用。这对中小型玻璃生产企业来说，选择似乎不言而喻。"正如同某玻璃企业负责人在访谈中所说的，"环境罚单早已见怪不怪，只要赚到的超过被罚的，企业就觉得划算了"。在钢铁、电力行业也是如此，据业内人士估算，一台60万千瓦的脱硫机组，如果满负荷运行，一年光运行费用就要7000万元，而企业只要还在烧煤炭和石油焦粉，哪怕只偷偷排污一天，增加的效益也很可观，这种效益甚至已经大到让企业愿意扛着罚单抢生产②。

专栏十五 "沙漠排污"背后是博弈力量失衡

2014年9月，媒体曝光内蒙古和宁夏交界处的腾格里沙漠存在企业非法排污现象，记者在中卫市采访发现，确有一家企业多年来将污水池建在沙漠中，并且已对周围环

---

① 关于中国排污费政策效力及其评估的内容，详见附录1，这里不再重复。
② 李飞.雾霾罚单博弈：偷排效益可观企业愿扛着抢生产.法制周末，2013-12-25.

境造成污染，目前该企业所在的老厂区已被永久性关停。周边村民反映，十几年来，企业一直违法排污，但却很少受到处罚。中卫市环保局介绍，他们日常也会对企业排污进行监管，但很少开罚单，因为认为只有搬迁才能解决根本问题，一般的整改没太大实质效果，而关停、搬迁企业的权力不在环保部门。（9 月 8 日新华网）"十几年来，企业一直违法排污，但却很少受到处罚。"轻松一句话的背后，有多么沉重复杂的纠葛。因为企业是当地财政收入的重要来源，是解决就业的重要渠道，也是为政者的政绩，甚至利益输送的源泉。利益的深度钳入，企业对地方的"奉献"，都可能导使为政者放低要求，网开一面，从而造成久病难治的环境污染。而具体的执法部门并无关停、搬迁的决策权，甚至开罚单也解决不了问题，或是开罚单也受到阻碍，只好踢皮球，踢到哪里算哪里。

污染之所以长期得以持续，关键还是因为成本的获益者与承载者非并一个主体，而且两者的博弈力量极为悬殊。前者是企业利润的占有者，以及从企业身上获得税收、好处的地方政府及官员；后者是承载环境污染后果的民众，后者相对于前者软弱无力。

还有，企业相对私域，而环境是"公地"，为"无数人"所拥有，难以进行产权界定，污染环境就是典型的"公地悲剧"，没有人真正出头伸张，即便伸张，也可能被当地以种种理由推脱掉，污染造成的后果需要今人甚至子孙来承担。

可见，环境污染的背后，是博弈力量的失衡。对上，环境污染的获益者打着"发展""维稳"的招牌，加之体系内的监管难避"内部人"的干扰，往往让各种防污治污法规和中央的三令五申变成强弩之末。对下，环境污染的获益者打着"税收""就业"的招牌，把污染问题掩盖掉了，往往畅行无阻。

资料来源：廖保平，"沙漠排污"背后是博弈力量失衡，《燕赵都市报》，2014 年 9 月 9 日第 2 版，有删改。

>>三、大量企业违规排污<<

自 2004 年开始，中国多部委联合开展环保专项行动，挂牌督办并公开曝光涉嫌环境违法的企业，其目的是要借助社会和媒体监督的力量，督促企业整改。与此同时，环保部建立了定期的部际信息通报制度，上市公司涉嫌环境违法的情况将会抄送中国证券监督管理委员会。2013 年 5 月至 8 月底，环保部等七部门再次发起环保专项行动，全国共检查企业 32 万余家次，查处 2483 件环境违法问题，其中挂牌督办 925 件，公开曝光 72 家涉嫌环境违法的企业，其中，被"点名批评"的 72 家涉嫌环境违法企业是在地方挂牌督办的 925 件问题之外，由环保部督查组对 20 个省级行政单位的 30 个地市重点抽查后发现的。这些企业多为地方中小企业，大型央企相对较少，中国第一重型机械股份公司因违反固体废物、危险废物管理规定被曝光"上榜"，中石油、中冶、国电等企业有分公司或控股子公司也被曝光①。

随后，环境保护部华北督查中心赴北京市周边石景山、门头沟、大兴、顺义、通州、朝阳、房山等区县，针对京郊大气污染防治情况进行督查，发现很多企业环境保护意识淡薄，超标违规排污现象严重，并点名通报批评了北京金隅、牛栏山、燕京等企业超排偷排。"房山区太行前景水泥有限公司(金隅集团下属公司)除尘设施不运行，在熟料转运过程，大量粉尘无组织排放，场地积灰严重；牛栏山酒业公司三台锅炉烟气均未实质脱硫，数据造假；燕京啤酒北厂锅炉烟气密封不严，存在漏气情况。"②此次围绕大气污染治理的专项督查主要以暗访和突击检查为主，从环保部公布的督查问题来看，除太原未被环保部通报发现有企业违规排污问题外，包括北京、天津等在内的其他9个城市均有企业存在环境问题，企业环境意识淡薄较普遍。2014年2月25日，环保部通报太原、包头大气污染治理督查行动情况：包头发现的主要问题是部分企业污染治理措施落实不到位，现场检查发现包钢西北创业公司铸钢车间内对钢包进行切割焊接操作时，无任何环保措施，大量粉尘无组织排放。包钢集团烧结机脱硫改造工程尚未完成，正在建设中。焦化工段焦炉炉门封闭不严，部分荒煤气无组织排放。青东热源厂料场露天堆存大量炉渣、燃煤，无有效防风抑尘措施，且与周边居民小区仅一墙之隔；环保部派出的另一督查组于2月23至24日对河北省石家庄、邯郸、保定、唐山、廊坊、邢台的应急预案启动、执行情况进行了督查，河北省及各市政府高度重视重污染天气应急工作，有效贯彻落实多项工作，但仍然发现部分措施未执行到位，主要包括：部分工业企业未按应急预案要求停产、限产，小型燃煤锅炉停运落实不到位，城乡扬尘污染控制不力三个方面③。

专栏十六　从"偷排污"到"偷数字"

据环保部统计，为加大对企业环保措施的监管，目前由中央和地方配套投入污染在线监测网络的资金已逾百亿元，能够监控上万个污染源。但记者发现，近年来一些企业的环境违法方式从"偷排"转为"偷数字"，竟然对在线监测数据动手脚，公然造假。

监测设备形同虚设，"国字头"企业也造假

环保部对2013年脱硫数据造假的19家企业予以处罚，不少央企子公司亦在名单中。在脱硫数据造假的19家企业中，五大电力集团、华润、中石油、神华等央企子公司均上榜。记者调查发现，环保数据造假已经是公开的秘密。银川市环保局在启元药业进行检查时，奇怪的情况出现了：当停运锅炉内的脱硫设备一小时后，锅炉排出气

① 环保部将暗查京津冀大气污染　央企中国一重被曝光. 北京青年报, 2013－10－13.
② 孙秀艳. 环保部通报北京金隅、牛栏山、燕京等企业超排偷排. 人民日报, 2014－02－20.
③ 环保部治气督查：点名批评数十家排污企业. 每日经济新闻, 2014－02－27.

体的颜色和气味都发生了变化，在线监测数据却纹丝不动。

据悉，对数据造假的方式主要有两大类十多种：一类是通过修改设备工作参数等软件手段造假，不达标的变达标。如实际监测的排放浓度是 1000 毫克/立方米，在软件计算时加个 0.1 的系数，结果就成了 100 毫克/立方米；另一类是通过破坏采样系统等硬件手段造假。在设备采样管上私接稀释装置，甚至直接拔掉采样探头、断开采样系统，致使监测设备采集不到排放的真实样品。

造假利益链：企业与设备运营商合污，地方保护助长风气

记者了解到，在线监测设备生产运营商的资质需先通过环保部审批，再经地方环保部门审核招标后，由排污企业自行选择与其合作。邢台市环保局公布的查处结果就显示，建滔(河北)焦化有限公司虽然采用了在线监测设施第三方运营方式，但该公司不让运营方拿钥匙，而是自己"把门"，并安排专人操控监测设备，每天晚上对在线监测设施烟尘仪电位器进行调整，并对其系数进行修正。

此外，一些地方政府有意无意地纵容，也是违法企业有恃无恐造假的原因。全国人大代表朱良玉说：环保数据是地方政府的形象，是领导干部的"脸面"，在一些地方，"环保数据要由当地领导点头才能公布，而不是环保局长说了算，真实的数据已成为不敢见光的秘密"。

造假成本低，收益却很大

造假成本低，收益很大。最近环保部对 19 家企业处罚 4.1 亿元，只是追缴该缴的排污费。按现行法律，企业违规排污一般处以三五万元罚款，限期整改，这样的处罚难以对任何企业起到警示作用。而且，只要不被发现，污染企业可以骗取国家补贴、少缴排污费、规避处罚，获得的利益是巨大的。许多受访的基层干部和环保专家希望"伪造监测数据要追究刑事责任"。

资料来源：张涛，刘宝森，马姝瑞，杨丁淼，赵倩，从"偷排污"到"偷数字"，《新华每日电讯》，2014 年 7 月 7 日第 004 版，有删改。

国内企业违规超排、偷排除了加剧空气污染以外，还造成了多起严重的水污染事件，在石油化工行业尤其明显。2005 年 11 月 13 日，中国石油吉林石化公司(下称"吉化公司")发生爆炸事故，造成严重的松花江水环境污染事故，其主要污染物为苯、苯胺和硝基苯等有机物，事故区域排出的污水主要通过吉化公司东 10 号线进入松花江。在环保部门对吉化公司东 10 号线周围及其入江口和吉林市出境白旗断面、松江大桥以下水域、松花江九站断面等水环境进行监测时，在吉化公司东 10 号线入江口水样有强烈的苦杏仁气味，苯、苯胺、硝基苯、二甲苯等主要污染物指标均超过国家规定标准。其中松花江九站断面 5 项指标全部检出，以苯、硝基苯为主，从三次监测结果分析，污染逐渐减轻，但右岸仍超标 100 倍，左岸超标 10 倍以上，更严重的是松花江白旗断面只检出苯和硝基苯，其中苯超标 108 倍。环保部门对黑龙江和吉林交界的肇源段检测时，硝基苯超标 29.1 倍，污染带长约 80 公里，持续时间约 40 小时。2014 年 4 月，兰州发生严重的水污染事件，兰州市官方于 4 月 11 日晚间正式确认黄河疑似被大量工业苯污染，由此导致兰州市威立雅水务集团公司出厂水及自流沟水样中苯含量严重超标。兰州市自来水主要水源来自黄河，而此次检测出苯超标的自流沟是连接威立雅水务集团自来水一分厂至二分厂之间的自流沟，该自流沟建于 20 世纪 50 年代，长约 3 公里，是全程封闭并且沿途没有任何排污口。虽然在自流沟区间没有排污口，但是周边部分化工企业的一些管线与自流沟有交叉，从自流沟下方穿过。其一分厂是二分厂的预处理厂，而二分厂供给全市居民的生活用水。兰州威立雅水务第一水厂就位于兰州市居民用水的取水口即西固区西柳沟石岗火车站附近，然而在取水口附近林立着很多的化工厂。其中包括中石油兰州石化分公司、兰州西固石油化工公司、纵横石油化工公司等大大小小与化工有关的 200 多家公司。另据世界环保组织绿色和平透露，兰州当地有过排污记录的化工企业，发现取水口附近有两化工厂曾有排污记录。其中"中石油兰州石化分公司"曾在污染公示中明确标明排放苯。环保部 2006 年调查发现，全国 7000 多化工石化建设项目中的 81% 都设在江河水域、人口密集等环境敏感区，其中 45% 为重大风险源①。

本章主要参考文献

［1］Pigou，Arthur Cecil. the economics of welfare[M]. London：Macmillan and Company，1920.

［2］Magat，W.，and Viscusi，W. K. Effectiveness of the EPA's regulatory enforcement：the case of industrial effluent standards[J]. *Journal of law and economics*，1990(33)：331—360.

［3］Russel，C. S.，Harrington，W. and Vaughan，W. J.，Enforcing pollution control laws[J]. *Resources for the future*，1986.

［4］Lear，K. K. An empirical estimation of EPA administrative penalties［J］. Working paper，Kelley School of Business，Indiana University，1998.

［5］李飞. 雾霾罚单博弈：偷排效益可观企业愿扛着抢生产[N]. 法制周末，2013—12—25.

［6］环保部将暗查京津冀大气污染 央企中国一重被曝光[N]. 北京青年报，2013—10—13.

［7］孙秀艳. 环保部通报北京金隅、牛栏山、燕京等企业超排偷排[N]. 人民日报，2014—02—20.

［8］环保部治气督查：点名批评数十家排污企业[N]. 每日经济新闻，2014—02—27.

［9］黄杰. 兰州自来水苯超标直指中石油或加速兰州石化搬迁[N]. 中国经营报，2014—04—11.

---

① 黄杰. 兰州自来水苯超标直指中石油或加速兰州石化搬迁. 中国经营报，2014—04—11.

儒者则因明至诚，因诚至明，故天人合一。

——张载

第九章

居民行为有悖节能环保

如果从经济主体的角度来看，中国的环境污染，政府与企业都有责任：兴奋点在于招商引资、增加 GDP 和财政收入的地方政府可能会不惜牺牲当地的资源与环境换取经济发展，懈怠环境规制。在地方政府漠视治污时，缺乏社会责任感、追求最大化并精于成本收益计算的企业通常就会冒着被抓住罚款的风险选择超标排污，对他们而言，偷排受益，而停产或自身治污则会亏本。那么，作为产品与服务消费终端的居民可能也难辞其咎，居民行为有悖节能环保，主要表现在三个方面：一是居民环保意识有所提高但仍处于薄弱阶段；二是居民生活中的铺张浪费现象严重；三是绿色产品的社会需求相对不足。第一个方面说明居民环保意识仍有待深化与提高，后两个方面说明即便居民具有较高的环保意识但在实际选择过程中仍然是铺张浪费、购买大量污染性产品，就会出现环保意识与环保行为的不统一。总之，市场经济中，不环保的消费需求不要奢望会出现太多环保的生产企业，绿色消费任重道远。

>>一、居民环保意识有所提高但仍处于薄弱阶段<<

环保意识是人们对环境和环境保护的一个认识水平和认识程度，随着全球气候变化以及环境污染事件频发，媒体及政府宣传力度持续加大，中国居民的环保意识有所提高，如节约用水、一纸多用等环保意识深入人心。国人已开始思索，"工业进程"以牺牲环境为代价是否成本太高？人们的观念也开始逐渐发生变化，环保抗议活动频发就是一个例子，近年来，国内许多城市不断有人走上街头，抗议兴建火电厂、化工厂、炼油厂、垃圾焚烧厂，等等。在中国大连、厦门、宁波、什邡以及云南和广东等地，均发生过因石油石化项目建设开工所引发的恶性环境群体事件，一大批年轻人走上街头"散步"，抗议拟在当地建设的项目会破坏周边环境和危害居民身心健康。2013 年伊始大面积出现并频发的雾霾天气，使得很多都市的人们学会每天关注 PM2.5 指数，并依据指数高低和污染程度安排日常活动。世界价值观调查协会对全球 200 多个国家和地区的公民对社会经济和政治问题的看法进行衡量，每五年发布一次结果，2014 年 5 月公布的一份调研报告显示，56.6％的中国公民现在将保护环境视作最应优先考虑的问题，甚至不惜以牺牲经济增长为代价①。

居民的受教育程度是影响环保意识的重要因素之一，文化水平和知识层次越高，对中国环境问题的严峻形势认识就越清醒，对环境问题的关注度高，其环保意识就越强。北京师范大学、西南财经大学、国家统计局中国经济景气监测中心三家单位联合发布了《2014 中国绿色发展指数年度报告》，主要基于客观统计数据核算的北京绿色发展指数排名靠前，在全国 30 个省份中排名第一，但在对城市居民的主观满意度调查中则排名靠后，在 38 个参评城市中，居倒数第二位②，这也从侧面说明，随着北京经济社会发展，北京市民的文化知识水平逐步提高，对环境与环境保护的认识和要求也越来越高了。

但是这种环保意识还处于一种薄弱阶段。首先，当触及自身利益或者需要花费大量时间和金钱去进行环境保护时，居民们往往舍公益而保自身利益，比如为了减少汽车尾气排放，需要上调油价、大幅提高燃油税和城市中心区的停车费，抑或征收拥堵费时，市民通常会极力反对或抱怨；其次，居民的环保行为只是停留在较低水平，居民环保意识有待进一步提升；最后，由于文化知识、获取信息渠道等方面因素，中国农村居民的环保意识仍然薄弱。一份专门对农村居民环境意识的调查③显示，在随意丢弃生活垃圾、焚烧秸秆、畜禽水产养殖是否会对环境产生危害的问题上回答"不了解"的比例分别为 27％、43.3％、40.5％，并且还有相当一部人持有"可能产生危害"这种模棱两可的答案。这反映了调查地区农村居民对于自身行为影响环境的机理以及环境污染对身体健康产生的影响没有清晰的认识，环保常识认知度较低。

>>二、居民生活中的铺张浪费现象严重<<

历史悠久的中华民族素以节俭为美德之一，美国学者亚瑟·亨·史密斯在其经典著作《中国人的性格》第七章"中国人的节俭"中对中国老百姓节俭的生活作风有很多非常具体而生动的描写④，直到今天，依然如此，很多百姓，尤其是城镇中低收入者和广大农村居民，生活相当节俭。但中国人的多元性格中包含着很多相互矛盾的地方，比如一方面主张节俭，但另外一方面，中国人又极其讲究"面子"和"排场"，后者通常意味着大量的铺张浪费，尤其在宴请吃喝和餐饮

---

① 调研显示：过半中国民众认为环保重于经济增长. 参考消息网，2014 年 9 月 21 日，[DB/OL]http：//China. cankaoxiaoxi.com/2014/0921/504194. shtml，最后访问时间：2014 年 9 月 22 日。

② 北京师范大学科学发展观与经济可持续发展研究基地，西南财经大学绿色经济与可持续发展研究基地，国家统计局中国经济景气监测中心. 2014 中国绿色发展指数报告. 北京：科学出版社，2014.

③ 周广礼，徐少才，司国良，宋斐，王军. 关于农村居民环境意识的探讨. 中国人口. 资源与环境，2014(5).

④ [美]史密斯著. 中国人的性格. 李明良译. 西安：陕西师范大学出版社，2010.

环节。

中国居民餐饮环节的铺张浪费触目惊心，甚至引起中央领导的高度关注。中国烹饪协会调查近百家餐饮企业，结果显示：节约有效果，浪费仍普遍。80％左右的浪费来自公款消费及商务宴请，20％左右的浪费来自团拜会和婚宴①。2013年1月，习近平在新华社一份《网民呼吁遏制餐饮环节"舌尖上的浪费"》的材料上做出批示，明确要求厉行节约反对浪费。该批示指出："从文章反映的情况看，餐饮环节上的浪费现象触目惊心。广大干部群众对餐饮浪费等各种浪费行为特别是公款浪费行为反应强烈。联想到中国还有为数众多的困难群众，各种浪费现象的严重存在令人十分痛心。浪费之风务必狠刹！要加大宣传引导力度，大力弘扬中华民族勤俭节约的优秀传统，大力宣传节约光荣、浪费可耻的思想观念，努力使厉行节约、反对浪费在全社会蔚然成风。"②

专栏十七　警惕奢侈浪费转成"地下党"

中央遏制铺张宴请的号召在地方似乎遇到阻碍。来自四个不同地区的官员曾表示，宴请行为只不过转入地下，而且排场更加奢侈。两名福建官员说，自从共产党领导人号召反腐倡廉和勤俭节约以来，在外宴请遭到禁止，许多政府部门便将自己的食堂重新装修，聘请最好的厨师。（2013年3月28日　《环球时报》）

一些公务宴请为"避风头"，开始从五星级饭店转至单位内部；公务宴请转战私密会所，农家院内可洗桑拿；国企食堂宴请官员，茅台装入矿泉水瓶……在举国上下"厉行勤俭节约、反对铺张浪费"之际，一些人依然"我行我素""顶风作案"。虽然这些"创新之举"避开了奢华的楼宇厅堂，但是动辄一桌万余元的奢华标准不降，浪费之风尤盛，凸显了当前狠刹奢侈浪费之风任务的繁重。

舌尖上的浪费触目惊心，从一些富得流油公务招待中我们似乎有了可以大吃大喝的错觉。但遗憾的一边"丝绸裹树"，一边"路有冻死骨"，在中国科学院近日发布的《2012中国可持续发展战略报告》中显示，中国还有1.28亿的贫困人口。改革开放这些年来，在我们的物质生活得到了极大的丰富，一些人身上也养成了奢侈浪费的习惯，贪大图样，气派宏大，"面子"工程也愈演愈烈，以至于奢侈成性。所以就有了这么一拨人，上有政策，下有对策，成为与节俭风尚背道而驰的"地下党"。

这些"地下党"有一个显性的特征是务虚节俭，大搞形式主义，成为节俭之风中的

---

① 田丰. 中国烹饪协会调查近百家餐饮企业，结果显示：节约有效果，浪费仍普遍. 人民日报，2013－02－12(4).

② 隋笑飞，赵仁伟，李铮，许晓青. 习近平作出批示，要求厉行节约、反对浪费批示在各地引起强烈反响. 新华网，2013年1月29日，[DB/OL] http://news.xinhuanet.com/politics/2013－01/29/c _ 124290828.htm，最后访问时间：2014年9月21日。

异类。在政务公开还不足以体现每一笔公务消费，在监督还无法触及公务消费角角落落的情形下，狠刹"地下"奢侈浪费行为就显得更加紧迫。

资料来源：杨攀峰，狠刹奢侈浪费，谨防"地下党"，2014 年 7 月 6 日，中国青年网，［DB/OL］http：//pinglun. youth. cn/zqsp/201303/t20130329 3035367. htm，最后访问时间：2014 年 10 月 27 日，有删改。

铺张浪费，不仅仅局限于舌尖和餐桌，而是渗透在生活的各个方面。尽管一时难以找到这方面的统计数据进行佐证，如能找到关于汽车使用频率或满载率的数据，估计北京不会低于纽约。但生活中的案例俯拾皆是，静心一想或随便打开网页搜索，便会涌现很多类似故事与报道，比如某人在打高尔夫的时候为了吃碗馄饨要派直升机专门送来[1]，更常看到的是很多人会为了到 500 米外的地方办事而驱车前往。随着经济发展和居民收入持续增加，人们生活消费观念和方式变化很大。例如，在汽车消费量方面，截至 2013 年年底，中国汽车保有量已达 1.37 亿辆，私家车达 8500 万辆，比十年前增长 13 倍，大排量汽车备受青睐。再比如，根据一项调查发现，购买手机的人中约 70% 的原因是"喜新厌旧"，超过半数的人使用过三部以上手机⋯⋯伴随这些消费方式变化而来的却是对环境的巨大压力。仅全国每年机动车、电动自行车废弃的铅酸蓄电池就超过 200 万吨，但只有约 40% 进入正规危险废物回收渠道，大部分电池因消费者缺乏对铅酸电池为危险废物的认知以及监督薄弱等原因流入非法渠道，对土壤、水体等造成污染[2]。

实际上，更广泛意义上的浪费，已在前文"能源革命进展迟缓"中专门论述，中国能源利用效率低，就是描述中国企业和居民在能源资源开发利用过程中的浪费现象严重，利用效率不高。

>>三、绿色产品的社会需求相对不足<<

所谓绿色产品，目前并无统一的定义，但是可以从人们对绿色消费的理解中找到其主要特征，绿色消费包括购买和消费绿色产品，但需要强调的是，绿色消费是一个内涵与外延都要比绿色产品更广泛的概念，比如，节能灯属于绿色产品，若消费者只是购买但低效使用则不属于绿色消费。1987 年英国学者艾利奇（Elkington）和赫尔兹（Hailes）在《绿色消费者指南》一书中提出"绿色消费"概念，并将绿色消费定义为避免使用下列商品的一种消费：1. 危害到消费者和他人健康的商品；2. 在生产使用和丢弃时，造成大量资源消耗的商品；3. 因过度包装，超过商品物质或过短的生命期而造成不必要消费的商品；4. 使用出自稀有动物或自然资源的商品；5. 含

---

[1]　神秘老板打高尔夫派直升机送馄饨. 新浪网，2013 年 5 月 20 日，［DB/OL］http：//sports. sina. com. cn/golf/2013－05－20/19346579126. shtml，最后访问时间：2014 年 9 月 22 日。

[2]　王硕，吴晓青. 让绿色消费成为解决环境问题的主要着力点. 人民政协报，2014－04－10(9).

有对动物残酷或不必要的剥夺而生产的商品；6. 对其他国家尤其是发展中国家有不利影响的商品[①]。1992 年联合国环境与发展大会制定的《21 世纪议程》中明确提出"所有国家均应全力促进建立可持续的消费形态"[②]。"绿色消费"概念提出前后，理论界相继提出了"适度消费""可持续消费""生态消费""低碳消费"等相关概念[③]，这些概念各自从不同的角度出发解决工业消费模式的问题，但也都存在某些不足。目前国际上公认的绿色消费有三层含义：一是倡导消费者在消费时选择未被污染或有助于公众健康的绿色产品；二是在消费过程中注重对废弃物的处置；三是引导消费者转变消费观念，崇尚自然、追求健康，在追求生活舒适的同时，注重环保、节约资源，实现可持续消费。基于此，我们尝试对绿色产品给一个狭隘的定义，即绿色产品是指在其生产和使用过程中均强调资源节约与环境友好的服务和产品。

专栏十八　辨别绿色食品的"身份证"

通过农业部门绿色食品认证的产品，产品包装上会在显眼位置标出绿色食品的标志。这些绿色产品，农业部有专门机构对其进行前期的审核和后期的追踪。在购买绿色食品时消费者应读懂绿色食品的"身份证"，读懂包装上的绿色食品标志。绿色食品标志有四种形式，包括图形、中文"绿色食品"、英文"Green food"以及中英文与图形组合等。图形由三部分组成，上方是广阔田野上初升的太阳，中心是蓓蕾，下方是植物伸展的叶片。

根据新规，所有绿色食品标志都要求贴在产品的显眼位置，上面需注明企业信息码，消费者可登录中国绿色食品网进行查询。现行的绿色食品标志企业信息码由 12 位组成，前 6 位代表"地区代码"，中间 2 位代表"获证年份"，后 4 位代表"当年获证企业序号"。绿色食品标志后有 12 位的信息码，消费者在购买时，尤其看准中间两位的"获证年份"，若超出 3 年，说明该产品认证已过期。

资料来源：王弘强，辨别绿色食品的"身份证"，当代健康报，2014 年 10 月 16 日第 B3 版，有删改。

中国居民行为有悖节能环保，还体现对绿色产品的有效需求相对不足，也就是说消费者愿意并有支付能力购买的绿色产品，无论在数量还是金额上都有待提高。由于绿色产品强调生产

---

① 可参阅：林白鹏，臧旭恒. 消费经济大辞典. 北京：经济科学出版社，2000 年；许进杰. 生态消费：21 世纪人类消费发展模式的新定位. 北方论丛，2007(6)：127－131.
② 唐代盛. 可持续消费初探. 成都：西南财经大学，2002.
③ 可参阅：李桂梅. 可持续发展与适度消费的伦理思考. 求索，2001(1)：78－81；De Jonge J，Van Trijp H，Goddard E，et al. Consumer confidence in the safety of food in Canada and the Netherlands：The validation of a generic framework. Food Quality and Preference，2008(19)：439－451；黄志斌，赵定涛. 试论未来的生态消费模式. 预测，1994(3)：32－34.

和使用过程中的节能环保，意味着更高的生产成本，市场经济中产品价格要反映资源稀缺和环境污染代价，因此绿色产品的销售价格自然也会不菲，但是现阶段中国居民的消费理念整体上还处于"贱买贵用"阶段，就是买的时候希望价格低廉，但是忽略了使用过程中要付出的成本，在消费者购买家电、特别是绿色节能产品时表现得尤为突出，很多售货员在出售价格较高绿色家电时，通常建议消费者重视产品使用时的能耗和成本，而不要只顾购买时的价钱，应整体考量绿色节能产品的性价比。而绿色产品虽然买的时候较普通产品要贵一些，但在使用时成本会大为降低，总体比较，绿色节能产品更实惠。中国是全球第一大节能灯生产国，2005 年产量达到 17.6 亿只，占世界总产量的 90%左右，但 70%以上都出口了，如果把现有的普通白炽灯全部更换成节能灯，全国一年可节电 600 多亿度①。2009 年中华环保联合会开展了"绿色消费意识有奖问卷调查"，调查结果显示：中国仅有 11%的消费者最关心产品是否环保，28.4%的消费者对绿色消费有较为全面的认识，33.4%的消费者总是关注消费行为对环境造成的影响。在《中国可持续消费研究报告 2012》中也显示出，对于高出一般产品价格的绿色产品，消费者的接受程度较低，只有 44.5%的消费者愿意支付额外的费用②。

本章主要参考文献

[1] 北京师范大学经济与资源管理研究院，西南财经大学发展研究院，国家统计局中国经济景气监测中心. 2014 中国绿色发展指数报告——区域比较[M]. 北京：科学出版社，2014.

[2] 周广礼，徐少才，司国良，宋斐，王军. 关于农村居民环境意识的探讨[J]. 中国人口.资源与环境，2014(5).

[3] 史密斯著. 中国人的性格[M]. 李明良译. 西安：陕西师范大学出版社，2010.

[4] 田丰. 中国烹饪协会调查近百家餐饮企业，结果显示：节约有效果，浪费仍普遍[N].人民日报，2013-02-12.

[5] 王硕，吴晓青. 让绿色消费成为解决环境问题的主要着力点[N]. 人民政协报，2014-04-10.

[6] 林白鹏，臧旭恒. 消费经济大辞典[M]. 北京：经济科学出版社，2000.

[7] 许进杰. 生态消费：21 世纪人类消费发展模式的新定位[J]. 北方论丛，2007(6).

[8] 唐代盛. 可持续消费初探[M]. 成都：西南财经大学出版社，2002.

[9] 李桂梅. 可持续发展与适度消费的伦理思考[J]. 求索，2001(1).

---

① 引自 2006 年 7 月 26 日国家发展和改革委员会主任马凯在全国节能工作会议上作了题为"贯彻落实国务院决定精神确保实现'十一五'节能目标"的讲话。[DB/OL] http：//www.ahpc.gov.cn/pub/content.jsp? newsId=A54E4632-6EFF-4B24-8BB2-E3F0BCE72A53，最后访问时间，2014 年 9 月 22 日。

② WTO 经济导刊编辑部. 不了解绿色产品成阻碍绿色消费主因—《绿色消费意识问卷调查》结果分析. WTO经济导刊，2009，8(8)：66.

［10］De Jonge J，Van Trijp H，Goddard E，et al. Consumer confidence in the safety of food in Canada and the Netherlands：The validation of a generic framework ［J］. *Food Quality and Preference*，2008(19)：439－451.

［11］黄志斌，赵定涛. 试论未来的生态消费模式[J]. 预测，1994(3).

第三篇

中国经济与环境的共赢展望

经济活动直接或间接影响环境质量。社会各界大多认为环境保护与经济增长相互矛盾、绿色与发展不能共生，但近年来国内外的部分理论研究成果和实践经验让人们看到了经济与环境、发展与绿色共赢的希望。第三篇从产业、能源和经济主体的角度对中国环境污染问题进行了经济追因，据此可以对一些相对流行的、关于环境污染问题的错误认识进行纠偏，比如"主要是政府只看重经济增长、不重视环境保护""黑心企业太多、丧失道德和环境伦理底线""以煤为主的能源结构"，等等。所以，中国的环境污染治理是个系统性、综合性的问题，避免单一化、片面化的治污思路，既需要从行为主体的角度寻求包括政府、企业、NGO和居民在内的全社会公众参与，又需要从经济结构的层面推动产业升级与能源结构转型；既需要强调节能环保技术的关键作用，又需要重视基于市场的环境经济政策。

钓而不纲，弋不射宿。

——孔子《论语·述而》

第十章

产业引擎：节能环保产业

在中国的官方统计数据中，废气和固体废弃物排放主要源自工业，废水排放则主要源自生活。此外，前文在对中国环境污染的经济追因时曾专门详细论述"中国现代农业过度依赖化肥农药""产业结构转型步履维艰"。所以，未来相当长时期里，以推进中国产业结构优化升级为主要特征的经济结构调整是加强污染治理与环境保护的重要抓手。产业结构优化升级需从两个方面推进：一是对传统的高能耗、高污染产业的绿化改造，比如化工、钢铁、水泥、造纸、玻璃制造等；二是大力发展节能环保产业或说绿色产业。传统产业的绿化改造更多需要依靠节能环保的技术和装备支撑，这里不再赘述，而是重点强调节能环保产业。

>>一、节能环保产业的内涵<<

节能环保产业打破了传统意义上从第一、第二、第三产业角度的产业划分方法，而是注重商品或服务生产过程中的资源节约与环境保护程度，也就是说节能环保产业包括了很多第一、第二、第三产业中的子产业，比如农业中的绿色有机食品生产、工业中的节能灯生产、第三产业中的合同能源管理服务公司，等等，因此，不能简单将节能环保产业归类为任何一次产业。

节能环保产业是指为节约能源资源、发展循环经济、保护生态环境提供物质基础和技术保障的产业，是国家加快培育和发展的七个战略性新兴产业之一[①]。节能环保产业涉及节能环保技术装备、产品和服务等，产业链长，关联度大，吸纳就业能力强，对经济增长拉动作用明显。加快发展节能环保产业，是调整经济结构、转变经济发展方式的内在要求，是推动节能减排，发展绿色经济和循环经济，建设资源节约型环境友好型社会，积极应对气候变化，抢占未来竞

[①]　七大战略性新兴产业，指国家战略性新兴产业规划及中央和地方的配套支持政策确定的7个领域（23个重点方向），是指节能环保产业、新兴信息产业、生物产业、新能源产业、新能源汽车产业、高端装备制造业和新材料产业。

争制高点的战略选择①。

社会各界对于节能环保产业内涵的理解有所不同，也有很多与之近似或相关的概念，比如绿色产业、环保产业、节能产业、环境保护相关产业，等等。本书认为，节能环保产业在意义上近似等同于绿色产业、环境保护相关产业②，概念上大于节能产业、环保产业，而是包括节能产业和环保产业。值得强调的是，对于环境保护相关产业，自 20 世纪 90 年代初期开始至今，先后组织过四次大规模环境保护相关产业基本情况调查：1993 年，原国家环保总局、国家科委、国家计委、国家经贸委、国家统计局联合开展首次调查；2000 年，经国家统计局批准，原国家环保总局开展第二次调查；2004 年，原国家环保总局会同发展改革委、国家统计局联合开展第三次调查；"十一五"以来，中国环境保护投资力度迅速加大，带动相关产业的规模、结构、布局和技术水平等都发生了较大变化，2010 年，环保产业被确立为战略性新兴产业。为此，环境保护部、国家发展和改革委员会、国家统计局共同组织开展了第四次全国环境保护相关产业基本情况调查。调查内容包括从业单位的基本情况、环境保护产品、资源循环利用产品及环境友好产品的生产经营以及环境保护服务业情况等。调查标准时点为 2011 年 12 月 31 日，时期资料为 2011 年度。环保部环境规划院、中国环境保护产业协会基于第四次全国环境保护相关产业基本情况调查数据，采用对比分析、龚柏兹拟合曲线法、灰色关联、协整分析、柯布道格拉斯（C－D）生产函数法、投入产出法等模型和方法，从环境保护相关产业发展阶段、产业分布、发展能力、影响因素、发展趋势等 5 个角度 20 个方面进行综合分析，形成了《全国环境保护相关产业综合分析报告》（以下简称《分析报告》），并于 2014 年 9 月正式发布。

>> 二、节能环保产业：国民经济新的支柱产业 <<

节能环保产业是实现中国经济增长与环境保护共赢的产业引擎，也必将是中国未来新的支柱产业。《分析报告》显示，2011 年，全国环境保护相关产业从业单位 23820 个，从业人员 319.5 万人，年营业收入 30752.5 亿元，年营业利润 2777.2 亿元，年出口合同额 333.8 亿美元。中国环境保护产品生产、环境保护服务、资源循环利用产品生产、环境友好产品生产的营业收入占同期 GDP 的比重分别为 0.4%、0.4%、1.5%、4.2%。尽管中国环保产品生产和环保服务业营业收入占同期 GDP 比重大幅增加，但对国民经济的贡献依然有限，二者营业收入之和占同期 GDP 比重还不足 1%，远远不足以被称为经济支柱产业。不过可以看出，资源循环利用产品生产和环境友好产品生产的营业收入分别占 GDP 的 1.5% 和 4.2%，这说明中国环保相关产业的发展已经由单纯的环保产品生产日益转化为以环保服务业带动环保产品生产的全产业链发展阶段，

---

① 《"十二五"节能环保产业发展规划》（国发〔2012〕19 号），2012 年 6 月 16 日，详见本书附录二。

② 主要包括四大领域：环境保护产品生产、环境保护服务、资源循环利用产品生产、环境友好产品生产。

产业链条不断延伸，吸纳就业能力将进一步增强。

2013 年 8 月 1 日，国务院发布《关于加快发展节能环保产业的意见》(国发〔2013〕30 号)(以下简称《意见》)，将"节能环保产业"的战略定位上升到"国民经济新的支柱产业"的高度，制定了节能环保产业发展的预期目标，即"产值年均增速在 15% 以上，到 2015 年，总产值达到 4.5 万亿元，成为国民经济新的支柱产业"，并从消费、技术、政策环境等领域提出了关于促进节能环保产业发展的具体指导意见①。

专栏十九　节能环保产业走进春天里

每年冬季，秸秆焚烧成为浙江大气污染的主要来源之一。在秸秆年产量较大的嘉兴，收割季节，秸秆在田间地头焚烧产生的烟雾既污染环境又浪费资源。有企业嗅到了商机。嘉兴新嘉爱斯热电有限公司投入 2.3 亿元，率先上马农业废弃物焚烧综合利用发电项目，探索秸秆焚烧发电。建成后，年可利用秸秆约 25 万吨，节约标煤约 12 万吨，实现年减排二氧化碳约 25 万吨，同时，收购的秸秆每年可为农民增收 5000 万元以上。这就是节能环保产业的"一分子"。这个产业领域宽、产业链条长、需求拉动效应明显。作为一个应时代需求而生的新兴产业，节能环保产业几乎渗透于经济活动的所有领域，更有专家测算，节能环保产业对相关产业有 1：5 的带动作用。

节能环保产业从哪里开始？存量众多的传统企业节能改造将释放出巨大的产业空间。目前舒舒服服过日子的企业，再过两年也许就是另一番感受了：以航空业为例，两年前，所有在欧盟境内的航班全程排放二氧化碳都将纳入欧盟排放交易体系，像国航、南航、东航等公司将为超限部分支付高额代价。全国统一的碳排放交易市场，将在 2017 年初步形成，高额碳排放大户，要为此埋单。

"改造"传统制造业，调整产业结构，这是节能环保产业的"重要使命"。以浙江为例，纺织、石油、化工等传统产业仍然占主导地位，产业层次低，能源消耗高。节能环保产业一方面可为高污染高能耗的企业提供节能环保技术和装备支撑；另一方面也推动着相关产业加大技术改造力度，促进经济升级。越来越多的企业开始重视和欢迎"节能环保"。沉睡已久的市场被唤醒，并在政策的强力推动下，爆发出巨大的需求。

种种迹象表明，节能环保产业正在走进"春天里"。这也是回应当下"如何以更少的资源消耗与环境污染，获得更多的经济产出"的一个重要选择。2013 年国务院印发《关于加快发展节能环保产业的意见》，定调四大领域，"作为一个政策带动性较强的产业，节能环保屡屡得到高层重视，成为拉动国内有效需求，推动经济转型升级的一个重要

---

① 国务院关于加快发展节能环保产业的意见. 引自中央政府门户网站，2013 年 8 月 11 日，〔DB/OL〕http：//www.gov.cn/zwgk/2013—08/11/content_2464241.htm，最后访问时间：2014 年 10 月 1 日。

选择"。国家发改委环资司副巡视员冯良表示。根据《意见》"十二五"期间需重点发展的四大产业领域包括：节能产业重点领域、资源循环利用产业重点领域、环保产业重点领域、节能环保服务业等。

根据罗兰贝格等全球知名咨询公司预测，在未来的 10 年到 20 年时间内，节能环保产业将成为世界经济发展的主要增长点之一，成为支柱产业和第一大就业领域。浙江的节能环保产业规模一直位居全国前列。和国家"定调"在四大产业领域相比，浙江又增加了两个：节能环保新材料和节能环保信息技术领域。这两项，也正是浙江的"优势产业"。"以节能环保产业为突破口，辐射带动浙江纺织、石化、汽车、装备、电子信息等相关产业发展。"正如《浙江省加快节能环保产业发展的实施方案》中所明确的那样，下一步，浙江将在财税扶持、拓宽融资渠道、完善价格、土地、收费政策和体制创新上有所突破。

资料来源：陈文文，节能环保产业，走进春天里，浙江日报，2014 年 9 月 19 日第 09 版，有删改。

>>三、中国节能环保产业发展中存在的问题及政策建议<<

中国节能环保产业发展取得了一定成效，也存在一些问题。一是规模仍然太小，对 GDP 的贡献有待继续提高。《分析报告》中的数据表明，2011 年中国环保相关产业产值占 GDP 的比重仅为 6.5%，低于同期的日本，据日本环境省统计，2011 年日本的环保产业产值已经占整个 GDP 的 8%以上[①]。此外，2012 年中国第一产业对 GDP 的贡献率为 5.7%，也就是说，中国节能环保产业的规模基本相当于第一产业，即便实现《意见》中设定的 2015 年总产值达到 4.5 万亿元的目标，2013 年中国 GDP 初步核算值为 56.9 万亿元，以 7.5%的 GDP 增速计算，2015 年中国 GDP 预计将超过 65.7 万亿元，届时节能环保产业对 GDP 的贡献也仅增至 6.8%，整个"十二五"期间其对 GDP 的贡献只增长 0.3 个百分点，这样的规模与贡献比例很难成为国民经济新的支柱产业，并承担起支撑经济发展方式转型的重任。二是由于政策、技术等方面的因素，行业平均利润率总体偏低，吸引力不够。尽管各界倡导呼吁大力发展绿色经济，但雷声大、雨点小，落实到具体的投资生产，很多企业反应平平，不愿意从事节能环保产品与服务的生产，认为这个行业并没有得到应有的重视，大多仍停留在概念阶段，即便有些企业进入节能环保领域，但"动机不纯"，或是为了套取一些政策和资金项目支持，或者为了制造股市上的"噪音"进而寻求投机炒作。目前较为突出的政策瓶颈有：生产过程中的税收、补贴、银行贷款等方面的优惠力度较低；

---

① 野村综研，王曦鸣，赵萍. 日本环保产业对中国的启示. 2014 年 10 月 3 日，新浪财经，[DB/OL] http://finance.sina.com.cn/zl/international/20141003/105720465425.shtml，最后访问时间：2014 年 10 月 5 日。

在产品销售过程中，由于很多高能耗、高污染产品的价格没有反映资源与环境代价，节能环保产品价格相对较高，市场需求受挫，从而使得绿色消费拉动绿色投资的链条基本断裂。此外，中国《"十二五"节能环保产业发展规划》还指出了五个方面问题。一是创新能力不强。以企业为主体的节能环保技术创新体系不完善，产学研结合不够紧密，技术开发投入不足。一些核心技术尚未完全掌握，部分关键设备仍需要进口，一些已能自主生产的节能环保设备性能和效率有待提高。二是结构不合理。企业规模普遍偏小，产业集中度低，龙头骨干企业带动作用有待进一步提高。节能环保设备成套化、系列化、标准化水平低，产品技术含量和附加值不高，国际品牌产品少。三是市场不规范。地方保护、行业垄断、低价低质恶性竞争现象严重；污染治理设施重建设、轻管理，运行效率低；市场监管不到位，一些国家明令淘汰的高耗能、高污染设备仍在使用。四是政策机制不完善。节能环保法规和标准体系不健全，资源性产品价格改革和环保收费政策尚未到位，财税和金融政策有待进一步完善，企业融资困难，生产者责任延伸制尚未建立。五是服务体系不健全。合同能源管理、环保基础设施和火电厂烟气脱硫特许经营等市场化服务模式有待完善；再生资源和垃圾分类回收体系不健全；节能环保产业公共服务平台尚待建立和完善。

专栏二十　"环境医院"重构环保产业新模式

2014 年 10 月 24 日—25 日，科技部、江苏省政府举办 2014 中国环保技术与产业发展推进会，多位国内外官员、专家和企业家直击中国环保产业的瓶颈和软肋，指点这个新兴产业的未来。

环境技术落后发达国家十年

环境问题日益突出，倒逼中国环境技术应运而生并快速发展。中国工程院院士曲久辉说，"中国环境技术研究发展速度快。特别是近五年来，更是进入了快车道，论文发表总数仅次于美国。环境技术整体已处于国际中上水平。以工业废水处理为例，过滤、吸附、混凝等研究与国际动态基本一致，膜技术应用也非常突出"。然而，"研究质量不高，原创性技术、核心专利技术较少"，是中国环境技术研究的另一面。在曲久辉看来，中国的环境技术整体水平离美国、德国、英国等国家有十年左右差距。

企业临阵擦枪，产业定位偏低

专家预测，到 2015 年全国节能环保产业总产值将达到 4.5 万亿元，增加值占 GDP 的 2% 左右，成为真正的支柱产业。但种种制约正在成为这个产业的瓶颈。环保部科技标准司冯波直言，"因为没有建立环保先导技术研发储备制度，相关标准执行不力，企业临阵擦枪，急功近利，产业定位偏低，环保产品和设备制造大多处于产业链的下游，效率不高"。

环境医院重构产业新模式

环保技术进步、环保产业升级，首先需要观念更新。江苏省（宜兴）环保产业技术研究院总工程师陈珺与大家分享了多次赴欧洲考察的成果：把污水处理厂的基本功能从污染物削减扩展成为城市的能源工厂、水源工厂和肥料工厂。比如，把污水中大量存在的氮、磷等元素变成滋润庄稼的肥料。提升环保技术，加快产业化推进，作为中国环保领域唯一国家高新技术产业开发区的宜兴环科园，正在构建一套全新模式——构建环境医院。朱旭峰说，"环境医院"就是整合国内外环保专家资源和全市1700多家环保企业、3000多家配套企业的集群优势，给有环境问题的地区和排污企业进行"诊断"，推荐合适的"专科医院与医生"，开"药方"，做"手术"。"咨询服务是全球范围环保产业的主流，'环境医院'提供从咨询、会诊、系统解决方案到实施、设备供应、技术研发、投融资服务、示范推广等全套环境综合服务，不仅将最新技术成果运用于中国环境保护中，并由'验收导向'改为'效果导向'，实现了环保产业从制造向服务的转型提升，开辟了新的产业蓝海。"目前，多个投资基金要求加盟。哈尔滨环境医院分院建设计划积极实施。中宜环境医院还与上合组织、中非中心、东盟中心达成国际合作意向。

资料来源：邵生余，环保，亟需构建"环境医院"，新华日报，2014年10月27日，有删改。

针对节能环保产业，从《"十二五"节能环保产业发展规划》（2012年）到《关于加快发展节能环保产业的意见》（2013年），国家已经出台多项政策文件，提出了很多很好的政策措施和重点发展领域。此外还需强调的是，大力发展节能环保产业，无论是扩大产业规模与产品数量，还是优化产业内部结构与产品质量，本质上并不需要政府颁布实施太多的倾斜性政策，比如绿色采购、政府补贴、税收和信贷优惠，而是需要在制定财政、货币政策以及立法、司法、执法等环节中体现并坚决贯彻落实环境保护的基本国策。比如，绝不能刻意、人为压低能源资源价格，要让产品价格充分反映资源稀缺性与污染治理成本。在确保环评客观、独立的条件下，未通过环评的建设项目决不允许"未批先建"，否则严惩。大幅提高排污费的征收标准、扩大征收范围，并尽快研究出台环境税征收方案、协调处理好环境税与排污费及其他现存相关税费之间的关系，等等。这样就会使大量企业和投资主体能够看到投资经营节能环保产业的商机，消费者也会主动选择绿色产品，进而形成了绿色市场上供求双方的良性互动，节能环保产业大发展，成为新的国民经济支柱产业自然指日可待。

本章主要参考文献

[1] 环保部环境规划院，中国环境保护产业协会. 全国环境保护相关产业综合分析报告. 环

保部环境规划院官方网站，http：//www. caep. org. cn/ReadNews. asp？NewsID＝4303，2014年9月9日。

[2]《"十二五"节能环保产业发展规划》，中央政府门户网站，http：//www. gov. cn/zwgk/2012—06/29/content 2172913. htm，2012年6月16日。

[3] 野村综研，王曦鸣，赵萍. 日本环保产业对中国的启示. 2014年10月3日，新浪财经.

化尽素衣冬未老，石烟多似洛阳尘。

——沈括《梦溪笔谈·延州诗》

第十一章

能源支撑：从天然气到可再生能源

在一个人口超过 13 亿、仍在加速推进工业化与城镇化的发展中国家，遑论研发与技术革新需要耗费时日，即便能效有了显著提高，能源与粮食需求仍会大幅上升，这也就意味着未来相当长的时期内，能源安全和粮食安全是中国政府始终需要高度关注的问题。与此同时，由于中国的基本国情是"富煤、贫油、少气"，这也是长期以来煤炭在中国能源消费中占据统治地位的重要原因，但应看到，以煤为主的能源结构支撑了过去中国的经济增长与社会发展，也是造成中国环境污染持续加重的"罪魁祸首"。在环境压力持续增加、"绿色"浪潮席卷全球的背景下，实现经济与环境的共赢，就必须对国内能源的开发利用进行"革命"，调整用能结构，从过度依赖煤炭转向大幅增加对天然气和可再生能源的开发利用。中国在能源发展"十二五"规划中明确提出了关于能源结构优化的一些具体量化性指标，即截至 2015 年年底实现："非化石能源消费比重提高到 11.4％，非化石能源发电装机比重达到 30％。天然气占一次能源消费比重提高到 7.5％，煤炭消费比重降低到 65％左右"[①]。

>>一、天然气的利用现状与前景<<

相对于煤炭、石油而言，天然气是一种优质、高效、清洁的低碳能源，提高天然气在一次能源消费中的比重，是中国能源革命的重要内容之一，对优化经济发展质量、推进污染治理与环境保护具有重要作用。

1. 页岩气开发利用仍处于起步阶段

2009 年前后源自美国的页岩革命一度引发全球对非常规油气资源的热烈讨论，也不时有报道说国内某处又发现特大页岩气矿藏资源。但总体来看，美国之所以能够成功实现页岩革命，

---

① 能源发展"十二五"规划辅导读本．北京：中国市场出版社，2013：9．

非一日之功，而是经过十几年、几十年的技术研发和地质勘测等先期探索储备。由于受国内相关技术和设备水平、页岩气资源的地质状况等因素所限，中国的页岩气开发利用仍处于起步阶段，重点在于研发和勘测，中石化、中石油等少数几家公司已经进行了初步开发，但产量不高。迄今，国土资源部已经围绕页岩气开发举行了两轮区块招标，截至 2014 年 7 月底，全国共设置页岩气探矿权 54 个，面积 17 万平方公里，累计投资 200 亿元，钻井 400 口，2015 年有望达到或超过 65 亿立方米的"十二五"规划目标①。总之，未来很长一段时间内，中国天然气的开发利用仍将以常规天然气资源为主。

2. 常规天然气消费快速增长

中国天然气消费快速增长，无论是天然气消费量还是天然气在中国能源消费总量中的占比都显著增加，表 11-1 给出了 2000 年至 2013 年中国天然气消费量及在能源消费总量中的占比状况。

表 11-1　中国天然气消费量及在能源消费总量中的占比(2000－2013)　　　单位：万吨标准煤

年份	能源消费总量	天然气消费量	天然气在能源消费总量中的比例(%)
2000	145530	3201	2.2
2001	150405	3609	2.4
2002	159430	3826	2.4
2003	183791	4594	2.5
2004	213455	5336	2.5
2005	235996	6135	2.6
2006	258676	7501	2.9
2007	280507	9256	3.3
2008	291448	10783	3.7
2009	306647	11959	3.9
2010	324939	14297	4.4
2011	348001	17400	5.0
2012	361732	18810	5.2
2013	375000	21750	5.8

资料来源：来自于国家统计局官网发布年度查询数据，［DB/OL］http：//data. stats. gov. cn/workspace/index？ m＝hgnd，最后访问时间：2014 年 10 月 8 日。

从表 11-1 可知，2000 年，中国天然气消费量仅为 0.3 亿吨标准煤，占同期能源消费总量(14.5 亿吨标准煤)的 2.2%。截至 2013 年年底，中国天然气消费量增至约 2.2 亿吨标准煤，占同期能源消费总量(37.5 亿吨标准煤)的 5.8%，13 年的时间里消费量增加了 1.9 亿吨标准煤，在中国能源消费总量中的占比提高了 3.6 个百分点。

---

① 国土资源部. 页岩气第三轮招标近期启动. 经济参考报，2014－09－18.

3. 大幅增加天然气利用：机遇与挑战并存

未来若在中国大幅增加天然气利用，拥有大好机遇，主要表现在四个方面。一是增加天然气利用是中国优化调整能源结构、减少二氧化碳等温室气体和细颗粒物（PM2.5）等污染物排放和改善环境的迫切需要。2013 年天然气占中国能源消费比重为 5.8%，与国际平均水平（23.8%）差距较大，仍有很大的增长空间。二是全球天然气供求形势趋缓有利于中国大幅增加天然气进口。过去 20 年，世界天然气生产平均增长 2.4%，为同期石油增速（1.1%）的 2 倍多，2011 年年底天然气剩余可采储量 208.4 万亿立方米，当年产量 3.28 亿立方米，储采比为 63.6 年，发展潜力巨大①。根据 BP 统计数据显示，2013 年，全球 185.7 万亿立方米，储采比为 55.1 年。此外，世界液化天然气供应较为充足，美国的页岩气快速增长，2011 年已经超过 1700 亿立方米，再加上欧美经济仍未走出低迷，全球天然气消费需求增速减缓。三是中国天然气资源探明程度较低、发展潜力大。根据新一轮油气资源评价和全国油气资源动态评价（2010），中国常规天然气地质资源量为 52 万亿立方米，截至 2011 年年底，累计探明地质储量 9.87 万亿立方米，探明程度为 19%，剩余可采储量 2.91 万亿立方米，根据 BP 统计数据显示，2013 年，中国还剩天然气探明可采储量为 3.3 万亿立方米，占世界总量的 1.8%，储采比为 28 年。此外中国还有丰富的煤层气和页岩气资源。四是中国天然气产业的技术、装备和基础设施有了长足发展，为扩大天然气开发利用奠定了基础。目前，全球天然气基干管网架构逐步形成，天然气主干管道长度超过 4 万千米，基本形成"西气东输、北气南下、海气登陆"的供气格局。与此同时，中国还已形成岩性地层、海相碳酸盐岩、前路盆地等成藏理论，以及以地球物理识别为核心的天然气藏勘探技术。攻克了超低渗透、高含硫化氢、含二氧化碳火山岩气藏经济安全高效开发等关键技术，成功研制了 3000 米深水半潜式钻井平台等重大装备②。

专栏二十一　新奥的气化生意

中原腹地平顶山，一向以蕴藏着丰富的"黑金"而闻名。正是在这片广阔的煤炭富地上，依托着当地资源，孕育了规模庞大的煤炭集团——中国平煤神马能源化工集团有限责任公司。

在当地，由平煤神马集团投资的项目随处可见。因为拥有了中国品种最全的炼焦煤，焦炭厂也是平煤神马集团主要投资路径之一。近两年来，经济不断地下行，直接影响了焦炭厂的生产。对于建设了多个焦炭厂的平煤神马而言，必须寻找新的出路。为了增加煤炭的附加值，抵御煤炭价格下跌的风险，"以煤为主，相关多元"发展战略在平煤神马集团内部确定。正是这一发展战略让新奥这家有着庞大天然气业务的企业

---

① 张玉清. 努力促进天然气产业发展. 能源发展"十二五"规划辅导读本. 北京：中国市场出版社，2013：35.
② 同上。

在这块中原大地上找到了新的机会。

在平顶山市京宝县，平煤神马集团投资建设了一家新的焦化厂，由于当时焦炉气制甲醇项目过多，甲醇过剩，市场前景不行，平煤神马集团希望开拓一条新的焦炉煤气利用方式。据河南京宝新奥新能源有限公司总经理徐东回忆，当时两家一拍即合，在众多技术路线中选择了焦炉气制 LNG 技术路线，一是看好天然气的市场前景，二是新奥拥有自主研发的技术。2010 年，新奥能源就与中国平煤神马集团平顶山京宝焦化有限公司（原河南京宝焦化有限公司）合资成立了京宝新奥新能源有限公司，以京宝焦化公司的焦炉煤气为原料，依托新奥所属的新地能源工程技术有限公司的技术，建设焦炉气制 LNG 项目。项目于 2011 年 5 月破土，经过不到两年的时间，于 2013 年 4 月投产。截至 8 月底，京宝新奥能源有限公司的 1 亿 Nm3/a 的焦炉气制 LNG（液化天然气）项目已经平稳运行 10 个月以上，累计生产 LNG 超过 4.83 万吨（7000 万 Nm3）。"在中国已运营的焦炉气制 LNG 项目中，京宝新奥率先实现了长周期平稳安全运行。"徐东自豪地说。

对于新奥京宝项目而言，除了带来了良好的经济效益，从新奥集团的整体发展而言，也是对于新奥煤气化技术的一次新尝试。这里更像是新奥新技术的试验场。事实上，在新奥集团内部，对于煤化工技术研究投入颇多，并且有一系列的气化技术在并行研发。京宝项目中采用的焦炉煤气制 LNG 技术只是研发路径中的一条，也是对这项技术产业化的一次检验。京宝项目整个产业链条都是采用新奥自主研发技术，由新地能源工程技术有限公司提供。并且项目建设自己承担，甚至一个螺丝钉都是自行采购。据《能源》杂志记者了解，新奥集团下属单位新地能源工程技术有限公司自 2006 年就开始从事焦炉气合成天然气的研发工作，历经小试、中试和工业实践的系统开发。

一般而言，焦炉煤气制 LNG 主要包括三大工序——升压净化、甲烷化、低温液化。据新地能源工程技术有限公司北京研发中心总经理常俊石分析，相较于煤制气，焦炉气本身成分很复杂，杂质很多，富含有机硫化物、烃类等，净化非常关键。特别是硫的含量要净化到 5ppb 以下水平，过高硫等杂质会让甲烷化过程中的催化剂失活。在第二阶段甲烷化过程中，结合焦炉气特点，合成完成的同时兼具净化功能，让后一阶段低温液化正常进行。虽然低温液化在传统天然气液化中多有应用，和传统管道天然气液化不一样的是，焦炉气含有氮气和氢气，经过低温精馏，才能达到甲烷含量 99％以上的纯度。因而，三个主要阶段是环环相扣，必须在前段生产出符合标准的产品后，在后一环节才能正常运转，最终能够高负荷生产出合格的产品。

资料来源：范珊珊，新奥的气化生意，《能源》，2014 年第 10 期，第 66 页至 68 页，有删改。

但是随着中国天然气产业快速发展，产业链发展不协调问题逐步显现，主要表现为：一是供应增加与设施不足的矛盾；二是管道快速发展与储气能力滞后的矛盾；三是市场开发过快与配套能力建设不足的矛盾日益突出。具体包括五个方面问题：一是部分区域内存在一定程度的"占而不勘"现象，影响了天然气增储上产；二是天然气基础设施滞后，天然气调配和应急机制不健全，特别是储气能力建设严重滞后；三是国内天然气价格水平偏低，没有完全反映市场供求变化和资源稀缺程度，不利于天然气合理使用；四是非常规天然气尤其是页岩气开发的关键技术体系尚未形成，攻克关键技术尚需下大气力；五是天然气输配等自然垄断环节缺乏监管，第三方准入困难，待完善法律法规为公平准入创造条件①。

4. 扩大开发利用天然气的对策思考

《能源发展"十二五"规划》详细描述了中国天然气资源开发利用的蓝图。首先是加快常规油气勘探开发。按照稳定东部、加快西部、发展南方、开拓海域的原则，围绕新油气田规模高效开发和老油气田采收率提高两条主线，鼓励低品位资源开发，快速发展天然气。到2015年新增常规天然气探明地质储量3.5万亿立方米，产量超过1300亿立方米。其次是大力开发非常规天然气资源。根据资源前景和发展基础，重点加大煤层气和页岩气勘探开发力度。加快全国页岩气资源调查与评价，在保护生态环境和合理利用水资源的前提下，优选一批页岩气远景区和有利目标区。突破勘探开发关键技术，初步实现规模化商业生产。到2015年，煤层气、页岩气探明地质储量分别增加1万亿和6000亿立方米，商品量分别达到200亿和65亿立方米，使得非常规天然气成为天然气供应的重要增长极②。

围绕中国当前天然气产业发展中存在的突出问题，有人指出了中国天然气的发展思路、重点任务和政策措施③。在重点任务方面，一是要加强勘探开发，增加国内资源供给能力；二是加快输气管网建设，努力完善基础设施；三是抓紧建设储气工程设施，保障供气安全；四是加强研发，提高科技与装备自主创新能力；五是实施节约替代，努力提高能源利用效率。在政策措施方面，一是要加强行业管理和指导；二是完善勘探开发促进机制；三是落实页岩气产业鼓励政策；四是积极推动基础设施建设；五是引导天然气高效利用；六是完善天然气价格形成机制；七是深化体制机制改革；八是保障管道安全运行；九是继续加强国际合作。

需要强调的是，关于中国天然气产业发展对策的讨论大多聚焦于供给侧，主要从储气量、勘探开采和储藏能力等角度展开。但实际上如前文所述，随着全球天然气供求形势趋缓，中国可以动用当前数额庞大且总体使用效率偏低的外汇储备从全球市场进口天然气资源，避免国内

① 张玉清. 努力促进天然气产业发展. 能源发展"十二五"规划辅导读本. 北京：中国市场出版社，2013：36.
② 能源发展"十二五"规划辅导读本. 北京：中国市场出版社，2013：14－15.
③ 张玉清. 努力促进天然气产业发展. 能源发展"十二五"规划辅导读本. 北京：中国市场出版社，2013：36－43.

传统"有水快流"、掠夺式的开发思路①，这样一来，中国扩大天然气利用的主要症结就从"消费者有天然气可用"转化为"消费者能够使用天然气"和"消费者愿意使用天然气"："有天然气可用"能从国内开发与国外进口两个渠道解决；"能够使用天然气"就需要加强天然气管网和城市配气等基础设施建设，便捷居民使用；"愿意使用天然气"就要求更多，除了便捷使用以外，还要加强技术研发以及相关家用电器之间的革新与改造，增强天然气与电、煤等燃料之间的替代性，同时改革与理顺电、煤的价格形成机制，反映资源稀缺与环境污染，从而使得天然气开发利用既具有技术可行性又具有经济可行性。

>>二、可再生能源的利用现状与前景<<

中国可再生能源的开发利用状况明显改善，截至 2013 年年底，中国核电、水电、风电、生物质等新能源和可再生能源消费量占能源消费总量的 9.8%，这很大程度上得益于中国支持可再生能源发展的政策框架基本形成，未来中国的能源需求还将持续增长，可再生能源的贡献也将会越来越突出。

1. 可再生能源利用状况明显改善

近年来，中国的可再生能源开发和利用状况得到了明显改善，已经基本形成了较为完整的产业链：风电具备了千万千瓦级的总装能力及相应的零部件制造能力；海上风电的建设已迈出重要步伐，上海东大桥 10 万千瓦海上风电场已经安装完成，江苏沿海 100 万千瓦海上风电建设项目已招标完成；光伏上下游均衡发展，多晶硅产量在 2011 年实现倍增，产量达到 8.4 万吨②。表 11-2 给出了 2011 年中国可再生能源开发利用状况。

表 11-2　中国可再生能源开发利用量(2011)

分类	利用规模	年产能量	折合万吨标准煤
一、发电	28833 万千瓦	8103 亿千瓦时	26655
水电	23051 万千瓦	6940 亿千瓦时	22903
并网风力发电	4784 万千瓦	732 亿千瓦时	2415
光伏发电	295 万千瓦	9 亿千瓦时	30
生物质发电	700 万千瓦	420 亿千瓦时	1302
地热海洋发电	3 万千瓦	2 亿千瓦时	5
二、供气(沼气)	—	162 亿立方米	1157
三、供热	—	—	2372
太阳能热水器	19360 万平方米	—	2226

---

① 张生玲，等. 能源资源开发利用与能源安全研究. 北京：经济科学出版社，2011.
② 王仲颖，任东明，秦海岩，等. 世界各国可再生能源法规政策汇编. 北京：中国经济出版社，2013：23.

分类	利用规模	年产能量	折合万吨标准煤
太阳灶	200 万台	—	46
地热利用	13090 万平方米	—	460
四、燃料	—	—	422
生物质固体成型燃料	350 万吨	—	175
燃料乙醇	190 万吨	—	190
生物柴油	40 万吨	—	57
总计	—	—	30966
可再生能源占一次能源消费的比例	—	—	8.9%

说明：本表引自王仲颖、任东明、秦海岩等编译，《世界各国可再生能源法规政策汇编》，北京：中国经济出版社，2013 年，第22 页。

如表 11-2 所示，2011 年中国可再生能源快速发展：在可再生能源发电方面，全国水电装机达到 2.31 亿千瓦，年发电量 6940 亿千瓦时。并网风电装机 4784 万千瓦，年发电量 732 亿千瓦时。光伏装机 295 万千瓦，年发电量 9 亿千瓦时；生物质能发电装机 700 万千瓦，年发电量 420 亿千瓦时。地热海洋发电装机 3 万千瓦，年发电量 2 亿千瓦时。可再生能源发电装机总量 2.88 亿千瓦，发电量 8103 亿千瓦时，约占当年电力消费总量的 16.3%；在生物燃料方面，固体成型燃料产量 350 万吨，折合约 175 万吨标准煤。燃料乙醇利用量 190 万吨，折合约 190 万吨标准煤。生物柴油利用量 40 万吨，折合 57 万吨标准煤。

根据国家统计局官方网站发布的数据显示，2013 年，中国能源消费总量为 37.5 亿吨标准煤，其中：煤炭消费量 24.75 亿吨标准煤，占 66%；石油消费量 6.9 亿吨标准煤，占 18.4%；天然气消费量 2.18 亿吨标准煤，占 5.8%；其他 9.8% 来自于核电、水电、风电、生物质等新能源和可再生能源。如表 11-3 所示。

表 11-3　中国水电、核电、风电消费量及其占比（2000—2013）　　单位：万吨标准煤

年份	能源消费总量	水电、核电、风电消费量	水电、核电、风电在能源消费总量的比例
2000	145530	9313	6.4
2001	150405	11280	7.5
2002	159430	11638	7.3
2003	183791	11946	6.5
2004	213455	14301	6.7
2005	235996	16047	6.8
2006	258676	17331	6.7
2007	280507	19074	6.8
2008	291448	22441	7.7
2009	306647	23918	7.8
2010	324939	27944	8.6

年份	能源消费总量	水电、核电、风电消费量	水电、核电、风电在能源消费总量的比例
2011	348001	27840	8.0
2012	361732	34002	9.4
2013	375000	36750	9.8

资料来源：来自于国家统计局官网发布年度查询数据，[DB/OL] http：//data. stats. gov. cn/workspace/index？ m＝hgnd，最后访问时间：2014 年 10 月 8 日。

2. 支持可再生能源发展的政策框架基本形成

中国于 2006 年开始颁布实施《可再生能源法》，2009 年又进一步修订，新修订后的《可再生能源法》提出了五项重要制度，即总量目标制度、强制上网制度、分类电价制度、费用补偿制度和专项基金制度，这标志着中国支持可再生发展的政策框架基本形成[①]。

从法律层面看，继《可再生能源法》之后，又出台了一些专门的部门规章和指导文件，如国家发改委与财政部联合下发的《促进风电产业发展实施意见》《关于加强生物燃料乙醇项目建设管理，促进产业健康发展的通知》，财政部等五个部委联合下发的《关于发展生物能源和生物化工财税扶持政策的实施意见》，财政部与住建部联合下发的《可再生能源建筑应用专项资金管理暂行办法》和《可再生能源建筑应用示范项目评审办法》等。

从基本制度层面看，主要有五项措施：一是总量目标制度。是指用法律形式对可再生能源的总量或者在能源结构中的比例做出的规定，这一目标既有绝对量又有相对量。二是全额保障性收购制度。是指国务院能源主管部门会同国家电力监管机构和国务院财政部门，按照全国可再生能源开发利用规划，确定在规划期内应当达到的可再生能源发电量占全部发电量的比重，制定电网企业优先调度和全额收购可再生能源发电的具体办法，并由国务院能源主管部门会同国家电力监管机构在年度中督促落实。三是固定电价与费用补偿制度。为鼓励可再生能源并网发电，国家将对上网可再生能源电力给予价格优惠，主要体现为保证上网与实行高电价优惠政策。四是目标考核与信息公开制度，按照《可再生能源法》的要求，各级政府要把发展可再生能源纳入国民经济与社会发展规划当中，大型能源生产企业和消费企业应明确发展可再生能源的社会责任，国家能源主管部门负责目标考核与信息发布。五是生态税制度，建立生态税的目的是增加化石能源的使用成本，同时奖励新能源的开发与应用，已经实施或着手研究的有资源税、环境税等。

从规划的层面来看，中国与可再生能源相关的规划包括：已经制定发布的《可再生能源中长期发展规划》《可再生能源发展“十一五”规划》《高技术产业发展“十一五”规划》《可再生能源发展“十二五”规划》《新兴能源产业发展规划》等。此外，针对风电、光伏等各类可再生能源资源和技

[①]　王仲颖，任东明，秦海岩，等. 世界各国可再生能源法规政策汇编. 北京：中国经济出版社，2013：27—29.

术，中国还出台了各项专业规划。各类规划目标的提出已经或即将成为推动可再生能源产业快速发展的市场信号。

从经济激励政策的层面来看，为了鼓励发展非化石能源，中国还实行了税收优惠政策、价格优惠政策、投资补贴政策和研发投入政策等激励政策。

专栏二十二　广泛采用可再生能源——芬兰治理雾霾的"坦佩雷经验"之一

芬兰地处北欧，三分之一国土位于北极圈内，一直以来以空气清新、湖水清澈而著称。这样一个清静之地，论人口，不及中国一个大城市，论面积，不及云南省，如何懂得治理雾霾之道？这是去年6月中国和芬兰启动"美丽北京"项目后，记者心中的一个疑问。根据项目规划，来自中芬两国的技术专家将举行多轮研讨，借助芬兰企业和科研机构在清洁技术方面的能力和经验，探讨改善北京空气质量的途径。怀揣这个疑问，记者一有机会就去试图寻找答案。芬兰与中国中部、北部地区有几点相似之处：冬季气候寒冷，供暖耗能较大；能源紧缺，需要进口能源来满足本国需求，因而急需提高能效比；都拥有造纸、钢铁等高耗能产业，且占比较高。原来，芬兰与中国有这么多相像的地方。为何芬兰几乎看不到空气污染呢？

从重污染"变身"最宜居

在谈到芬兰治污历史时，接受采访的专家们最喜欢提的一个例子是坦佩雷。坦佩雷位于首都赫尔辛基以北约200公里，是芬兰第三大城市，也是一座重工业中心。19世纪70年代起，坦佩雷造纸等工业蓬勃发展，河边聚集了大批工厂，成为芬兰重要的工业中心，被誉为欧洲"北方的曼彻斯特"。20世纪后，随着工业的不断发展，坦佩雷的环境污染问题也日益严重。坦佩雷环境保护局长哈里·维尔贝格告诉记者，以前坦佩雷的居民主要靠烧柴取暖，工厂则使用重油作为燃料，导致空气质量很差，硫含量和颗粒物浓度都相当高。随着全球环保意识的提高，坦佩雷政府受到公众强大压力，于是从制度、立法、技术等层面采取了一系列措施：首先，实施环境许可证制度，工厂必须达到排放标准才能获准开工；其次，工厂弃用重油，一律采用天然气作为燃料。民宅不再各家各户分散烧柴，而是纳入集中供暖系统。一些无法纳入集中供暖的偏远农村地区，则改为使用泥炭作为燃料。泥炭虽然算不上清洁能源，但是硫排放量非常低。能源厂采用热电联产技术，在发电的同时还生产热能。电生产出来后进入国家电网，热能则供给周边居民使用。热电联产大大提高了能源使用效率。

广泛采用可再生能源

芬兰清洁技术委员会执行董事赫尔恩贝格女士认为，空气质量的改善，主要得益于工厂不断改进废气排放的过滤技术，以及城市居民逐渐放弃石化能源，越来越多地使用清洁能源，或是可再生能源。如今，除天然气和核能外，芬兰还广泛采用地热、太阳能、风能等可再生能源，这也是芬兰保障空气质量的一个"窍门"。芬兰的于韦斯屈莱地区正是采用可再生能源的典型地区。于韦斯屈莱位于芬兰中南部，周边都是森林和湖泊。这里的居民，很早就有使用生物燃料的传统。早期是烧柴，后来渐渐采用泥炭和沼气。

在于韦斯屈莱郊外的一家农场，农场主老卡尔马里的儿子小卡尔马里向记者介绍了利用沼气发电的经验。小卡尔马里今年 40 多岁，专科大学毕业，英语流利。父子俩拥有约 40 公顷田地，25 头奶牛，还有一些林地。卡尔马里农场还有另一份产业——沼气能源站。记者看到，沼气站就设在牛棚外围，占地面积并不大，但技术含量不低。这一整套设备包括：两个沼气池、一个沼气加气站和一个中控室，中控室内装有一台40 千瓦发电机和一个热锅炉。

小卡尔马里介绍，沼气池产生的沼气经过转化，可以用于发电和供热，足够农场使用，有时还会节余一点电卖给政府电网。最主要的是，沼气经过再处理，输入加气站，可以给汽车加气。他们的加气站现在每天都有 10 至 20 辆车来加气，也是一笔不小的收入。

卡尔马里父子的沼气池建于 15 年前，当时只是为了自己生产电能和热能，现在技术逐渐成熟，已经成立了一个小公司，专门负责设计、建造沼气站，以及提供检测沼气能量等配套服务。目前这个公司在芬兰已经承建了 11 家沼气站，并开始向中国、英国、爱沙尼亚出口技术。

资料来源：李骥志，张璇，芬兰治理雾霾的"坦佩雷经验"，《参考消息》，2014 年 2 月 24 日，转引自新华网［DB/OL］http://news.xinhuanet.com/cankao/2014－02／24/ c_133139339.htm，最后访问时间：2014 年 10 月 15 日，有删改。

3. 中国可再生能源的利用前景

未来中国能源需求还将持续增长，但增速将取决于经济增长速度、经济结构的转变以及节能减排的执行效果，2020 年，中国能源需求预期将达到 45 亿至 55 亿吨标准煤，因此，实现《可再生能源中长期发展规划》中提出的 2020 年可再生能源占比达 15％的战略目标，届时需要可再生能源的贡献量为 6.75 亿至 8.25 亿吨标准煤。而如果从化石能源需求控制角度考虑，则可再生能源的贡献量至少需要 10 亿吨标准煤，这就意味着对各项可再生能源技术及其开发规模等提出了更高的要求，到 2020 年，在风电领域，风电并网、输送和消纳问题需要解决，风电的利用规模要达到 1.6 亿至 2.5 亿千瓦；在太阳能发电领域，成本和经济性仍是主要制约因素，光伏发电也需要考虑并网、输送和消纳问题，太阳能利用规模达到 5000 万至 1 亿千瓦。如果能在 2015 年前后实现成本的进一步下降，可以再提高太阳能发电的规模，如达到 2 亿千瓦左右；在太阳能热利用领域，需要从政策上加以引导，以进一步扩大应用领域和应用范围，到 8 亿平方米甚至更高的利用规模；在生物质能领域，需要考虑资源、经济性、技术选择、生态影响，环境影响等，协调发展多项技术，使其能源贡献量达到 1 亿吨标准煤以上①。

本章主要参考文献

[1] 能源发展"十二五"规划辅导读本[M]. 北京：中国市场出版社，2013.

[2] 国土资源部. 页岩气第三轮招标近期启动[N]. 经济参考报，2014－09－18.

[3] 张玉清. 努力促进天然气产业发展[M]. 能源发展"十二五"规划辅导读本. 北京：中国市场出版社，2013.

[4] 张生玲，等. 能源资源开发利用与能源安全研究[M]. 北京：经济科学出版社，2011.

[5]王仲颖，任东明，秦海岩. 世界各国可再生能源法规政策汇编[M]. 北京：中国经济出版社，2013.

----

① 王仲颖，任东明，秦海岩，等. 世界各国可再生能源法规政策汇编. 北京：中国经济出版社，2013：38.

是以阴阳调而风雨时，群生而万民殖，五谷熟而草木茂，天地
之间被润泽而大丰美。

——班固《汉书》

第十二章

消费革命：绿色食品与现代服务

　　大力发展节能环保产业，努力推进能源结构调整，都离不开终端消费者的需求，这是根植
于每一位居民、每一个家庭日常生活中的，比如居民偏好节能环保型的绿色产品，家庭更习惯
于用天然气做饭而不是电磁炉。因此，消费者的偏好与选择对一个国家的经济结构和发展质量
影响深远，中国要实现经济与环境的共赢，一场大的"消费革命"在所难免，即动用各方力量、
各种手段，撬动一个拥有超过 13 亿位潜在客户的绿色食品市场和现代服务市场。

>>一、消费革命的背景<<

　　消费革命的背景有广义和狭义之分，中国开展消费革命的广义背景就是全球、尤其是国内
的宏观经济社会发展形势，资源与环境压力加大，经济增速放缓进而步入"新常态"，政府持续
推进经济结构调整与优化，其中一个重要的内容就是刺激与扩大国内居民消费，平衡消费、投
资与出口之间的关系。狭义的背景就是中国城乡居民的收入和消费支出水平大幅增加，表 12-1
给出了 2000 年至 2013 年中国城乡居民的收支状况。

表 12-1　中国城乡居民收支状况和恩格尔系数①(2000－2013)

年份	城镇居民人均可支配收入(元)	农村居民人均纯收入(元)	城镇居民人均现金消费支出(元)	农村居民人均现金消费支出(元)	城镇居民家庭恩格尔系数(%)	农村居民家庭恩格尔系数(%)
2000	6280.0	2253.4	NA	1284.7	39.4	49.1

---

　　①　恩格尔系数(Engel's Coefficient)是食品支出总额占个人消费支出总额的比重。19 世纪德国统计学家恩格尔
根据统计资料，对消费结构的变化得出一个规律：一个家庭收入越少，家庭收入中(或总支出中)用来购买食物的支
出所占的比例就越大，随着家庭收入的增加，家庭收入中(或总支出中)用来购买食物的支出比例则会下降。推而广
之，一个国家越穷，每个国民的平均收入中(或平均支出中)用于购买食物的支出所占比例就越大，随着国家的富裕，
这个比例呈下降趋势。

年份	城镇居民人均可支配收入（元）	农村居民人均纯收入（元）	城镇居民人均现金消费支出（元）	农村居民人均现金消费支出（元）	城镇居民家庭恩格尔系数（%）	农村居民家庭恩格尔系数（%）
2001	6859.6	2366.4	NA	1364.1	38.2	47.7
2002	7702.8	2475.6	6029.9	1467.6	37.7	46.2
2003	8472.2	2622.2	6510.9	1576.6	37.1	45.6
2004	9421.6	2936.4	7182.1	1754.5	37.7	47.2
2005	10493.0	3254.9	7942.9	2134.6	36.7	45.5
2006	11759.5	3587.0	8696.6	2415.5	35.8	43.0
2007	13785.8	4140.4	9997.5	2767.1	36.3	43.1
2008	15780.8	4760.6	11242.9	3159.4	37.9	43.7
2009	17174.7	5153.2	12264.6	3504.8	36.5	41.0
2010	19109.4	5919.0	13471.5	3859.3	35.7	41.1
2011	21809.8	6977.3	15160.9	4733.4	36.3	40.4
2012	24564.7	7916.6	16674.3	5414.5	36.2	39.3
2013	26955.1	8895.9	18022.6	6112.9	35	37.7

说明：2013 年数据及历年城乡居民现金消费支出数据均来自于国家统计局官网发布年度查询数据，［DB/OL］http：//data.stats.gov.cn/workspace/index？m＝hgnd，最后访问时间：2014 年 10 月 9 日；其余数据来自于《中国统计年鉴 2013》；"NA"表示数据尚未获得。

从表 12-1 可知，2000 年以来，中国城镇居民家庭的人均可支配收入以年均 11.9％的速度持续增长，从 2000 年的 6280 元增加到 2013 年的 26955.1 元。农村居民家庭的人均纯收入从 2000 年的 2253.4 元增加到 2013 年的 8895.9 元，年均增速为 11.2％，与城镇居民人均可支配收入增速基本相等，均超过同期 GDP 增速。与此同时，中国城乡居民的消费支出水平也大幅增加，城镇居民人均现金消费支出从 2002 年的 6029.9 元增加到 2013 年的 18022.6 元，年均增速为 10.5％。农村居民人均现金消费支出从 2000 年的 1284.7 元增加到 2013 年的 6112.9 元，年均增速为 12.8％。

因此，21 世纪以来，尽管从绝对数量上来看，中国城镇居民的收入和支出水平悬殊，说明城乡差距仍然客观存在并有逐步扩大的趋势，但动态视角来看，中国城乡居民收入和支出都持续快速增加，而且单凭年均增速判断，城乡居民收入增速基本持平，农村居民的人均现金消费支出增速（12.8％）超过同期城镇居民人均现金消费的年均增速（10.5％）。与此同时，随着国家越来越富，城乡居民的生活方式和质量有了显著变化，表现为家庭收入中用于食物支出的比例越来越低，城乡居民家庭恩格尔系数越来越小，城镇家庭的恩格尔系数从 2000 年的 39.4％降到 2013 年的 35％，农村家庭的恩格尔系数从 2000 年的 49.1％下降到 2013 年的 37.7％。

>>二、消费革命的内容<<

消费革命的内容主要包括两个方面：一是刺激和扩大绿色食品消费；二是刺激和扩大现代服务消费。

首先是刺激和扩大绿色食品消费。绿色食品，顾名思义就是指尽可能少用化肥、农药、防腐剂、添加剂等元素和成分的食品，包括所谓的纯天然食品、有机食品、生态食品，等等。尽管随着居民环保意识的提高，绿色消费的理念开始逐渐被人们接受，但总体来看，至少在饮食行业，消费者对绿色食品的购买并不踊跃。依据现有的官方统计口径，尚无法获得关于绿色食品消费及其占比的客观数据，但是当你随便走进一家大型超市的蔬菜、鲜肉窗口，可以发现，绝大多数"经济理性"的消费者会在有机绿色食品和普通食品（多用了大量化肥、农药）前面、尤其是价格标签面前稍作犹豫和权衡，进而果断地选择了后者，从这个意义上来看，中国居民的食品消费领域需要一场革命，刺激和扩大绿色食品消费。

其次是刺激和扩大现代服务消费。这里的"现代服务"主要指居民家庭购买的服务型产品，既包括已经较受欢迎的文化娱乐和科技通讯，也包括仍有待大力挖掘的消费市场，如生态旅游（农场、农庄、农家乐等）和医疗保健护理（上门服务式的私人医生、心理治疗师、医院护工、临终关怀等）。

>>三、消费革命的意义<<

从上文对消费革命内容的介绍可以看出，本书倡导的"消费革命"实际上是一个比"绿色消费"更小的概念，也可以被视作推进节能环保产业发展的重要途径之一。之所以单独成章论述，是因为当前中国开展消费革命意义重大。

首先，从供给侧来看，开展消费革命有利于促进节能环保产业发展和优化经济结构，大大激活国内劳动力市场，创造更多就业岗位。21世纪以来的中国经济神话很大程度上是一部以房地产为支柱产业的联动经济故事，各地政府通过争相卖地推动房地产市场的虚假繁荣，既能获得预算外财政收入，又能带动家居、装饰、建材、钢铁、水泥、玻璃、广告等相关产业发展、增加GDP和税收，还能创造就业。但这种粗放的模式是不可持续的，并且"危机四伏"：房地产市场剧烈动荡，钢铁、水泥、玻璃等传统高能耗和高污染行业产能严重过剩且在外需疲软和国内环境压力骤增的情况下几乎没有太大的发展空间，亟需新的产业引擎——节能环保产业来重塑和优化经济结构。绿色食品、现代服务都属于典型的节能环保产品，开展消费革命、撬动这个庞大的内需市场，显然能够吸引更多的企业投资到这个领域中来，进而在提升经济增长质量的同时、创造更多的就业岗位。

专栏二十三　住房过度商品化暗含三大风险

为了立锥之居而挣扎奋斗的年轻人仍占多数，当住房这种基本的需求都无法满足的时候，年轻人传统的价值体系容易扭曲，注重个人利益而基本忘却集体主义。

没有谁会相信，一个国家或地区仅仅通过简单的买卖土地和房子就可以实现经济腾飞。大到一个国家，小到一个地区、城市，如果经济发展速度很快，就业和创业机会很多，才会增强这个地区或城市竞争力，进而凝聚更广范围内的资金、技术和人才，房地产市场才会因此繁荣，换句话说，房地产繁荣是经济发展的结果而非原因，中国亦不例外。

但是，认为房地产是支柱产业、可带动经济发展的观点在当下中国却颇有市场。在这种用房地产带动经济发展的错误观念指导下，目前中国房地产市场已经存在过度商品化的风险。

所谓住房过度商品化，是指将住房作为一种纯粹的商品，企业和居民作为供需双方通过市场上的租售买卖来交易住房，政府保障服务缺失或力度明显不够。

中国住房商品化改革只是一种临时性举措，不能固化为长期策略。从中国发展房地产业的初衷来看，并非因为它是支柱产业才发展，而是把其作为一种刺激消费、应对 1998 年国内严峻经济形势的临时性举措。1998 年，国内发生严重的洪涝灾害，GDP "保 8" 形势严峻，为了积极扩大内需，刺激消费，政府接连推出并深化住房商品化、教育产业化、医疗卫生市场化三项主要改革。因为长期以来，中国居民的储蓄率偏高，而边际消费倾向很低，这是一种基于文化、收入等多种因素综合形成的习惯，要想在短期内能够切实让居民增加消费，只能从人们最迫切的住房、教育、医疗三个领域寻找突破口。

在当时，很多官方和半官方的智库、甚至外资类的研究机构纷纷向政府递交简报，建议推行以上三项改革，方向是产业化运行。截至目前，教育和医疗卫生领域产业化取向的改革已经进行重新反思，而房地产领域的商品化、货币化取向渐趋增强，显然这是一种错误，不能把临时性举措固化为中长期的发展策略。一个很简单的问题是，如果房地产是中国经济的支柱产业，那么为何自 1978 年改革开放以来，20 多年政府没有进行此项改革呢？是政府没有意识到，还是意识到了但改革的时机不对，只有特殊的 1998 年是最佳改革时机，抑或是以前房地产不是支柱产业，1998 年才成为支柱产业？如果一定要住房商品化才能促进经济发展，为何 1978 年至 1998 年的二十多年间，在实行福利保障住房的年代，中国经济同样能够保持高速增长呢？答案不言自明。

中国住房已经过度商品化，政府保障力度甚微。地方政府的土地财政、权贵资本的私募基金、地产企业的寻租谋利、投机力量舆论误导，等等，共同造就了中国房地产市场的非理性繁荣，也让任志强之流的言论得以四处传播。房价飙升，而收入、工资增长缓慢，注定要几代人倾其所有或一代人终其一生去购买一套住房，让房子成为人们茶余饭后主要谈资，这显然是泡沫畸形膨胀的社会。增加政府保障性住房，如经济适应房、限价房、政府廉租房，等等，只是最近几年的事情，而且力度远远不够。否则，蜗居、蚁居、厢居现象也不会"蔚然成风"。当重庆市、江苏南通市等为新毕业大学生提供政府廉租房时，京沪只是短暂地表示也要研究相关项目的可行性，但很快就没有下文。

住房过度商品化至少有三大风险。一是容易激发群体性事件，增加政府维稳工作难度。近年来，中国社会中无论城市，还是农村的群体性事件频发，其主要原因还是在于暴力拆迁房屋、强行征用土地、补偿标准过低，住房过度商品化就使得政府、企业以及城乡居民都把房屋和土地视为珍宝，矛盾自然由此而起。2004年万州事件、汉源事件等都标志着群体性社会冲突已经具有明显的"无直接利益冲突"特征，可能这是一种社会积怨的凸显。二是容易强化收入再分配效应，使得居民收入和财产分布差距进一步扩大。恶性通货膨胀的危害主要是增加交易成本、强化群体间的收入再分配效应，而后者极易造成社会不稳定，因为它使债务人受益而债权人及领取固定货币收益的群体受损。同样，住房过度商品化的中国，强势群体舆论误导促成了房价飙升。不妨假设收入同等水平的群体之间分为A、B两个群体，其中A群体家庭富裕先买房，B群体家庭相对贫穷后买房或仍未买房，显然会仅仅因为市场的炒作、房价暴涨使得A、B两个群体间的收入和财产分布差距严重扩大，值得强调的是，这并非群体之间投资决策英明程度的差异。三是容易扭曲社会价值体系，注重个人利益而淡化集体意识。住房过度商品化，意味着政府对住房服务的保障缺失或力度严重不足，为了立锥之居而挣扎奋斗的年轻人仍占多数，当住房这种基本的需求都无法满足的时候，年轻人传统的价值体系容易扭曲，注重个人利益而基本忘却集体主义。早先人们认为，个人与集体是一致的，集体所做的都是为了自己，彼此间不用把账算得过于清楚；现在许多人才发现，原来自己付出太多，自己的权利并没有得到集体充分的保障，于是开始格外注重自我利益，社会氛围因此发生了微妙的变化。而我们则突然发现，无论是政府、企业、还是高校，百姓、员工和下属，似乎突然变得不那么听话了。

资料来源：林永生，住房过度商品化暗含三大风险，2010年7月28日，搜狐财经，［DB/OL］http://business.sohu.com/20100728/n273820593.shtml，最后访问时间：2014年10月10日。

其次，从需求侧来看，开展消费革命有利于扩大内需，促进中国消费、投资、出口三驾马车之间的平衡，从根本上扭转国内经济过度依赖外需和政府投资的局面。有理由相信开展消费革命，撬动居民对绿色食品和现代服务的消费市场能够刺激和扩大内需。一是绿色食品消费的潜在空间很大。2013 年，中国城镇家庭的恩格尔系数是 35%，农村家庭的恩格尔系数是 37.7%，这也就意味着中国平均每人大概会将其消费支出的 40% 左右用于食品消费，这还不包括政府和企事业单位的公款吃喝，保守估计，食品消费支出会占全国居民收入总额的一半。由于绿色食品的生产较之非绿色食品成本更高，价格相应就会更高，居民用于绿色食品的消费总额还会进一步增加，正是从这个意义上来说，中国绿色食品消费的潜在空间很大。二是现代服务消费的潜在空间也很大，遑论私人医生、心理治疗师、临终关怀等领域，单就医疗服务而言，国际上通常的医护比是 1∶3.5 至 1∶4，澳大利亚、新西兰等国高达 1∶6.1，而中国的医护比是 1∶0.9。据国家卫生部公布数据，中国有 240 万医生、224 万护士，即使医生一个也不增加，要达到国际平均水平，护士就要增加 700 万，如果医生再增加 100 万，护士还要再增加 400 万，这个行业就可以至少创造 1200 万人的就业[1]，无论是新增加就业人员的消费支出，还是病人对这些医护人员服务的付费，都会是一笔不小的数字。

最后，从经济社会发展的最终目的来看，开展消费革命有利于提升居民的消费层次和生活质量，最终让人民过上幸福的生活。经济社会发展的最终目的肯定是让人民过上幸福的生活，尽管每个人对于幸福都有各自的定义，但几乎没有人会否认居民消费层次和生活质量的提升肯定是幸福的一部分。老百姓购买绿色食品意味着对食物的需求从"吃得饱"向"吃得好"转变，家庭消费医疗保健护理服务意味着生活便捷和质量提升，所以，开展消费革命是居民追求幸福的重要途径。

>>四、消费革命的对策<<

中国的消费革命并不是尚未开展，而是已经在路上。越来越多的年轻人开始利用假期去郊区采摘价格昂贵的生态水果，去消费农家乐，去自然风景优美的地方旅游……食品、文教娱乐、交通通信、医疗保健这四个领域的消费在居民消费总量中的份额持续上升，表 12-2 给出了 2000 年以来，中国城镇居民人均消费支出的构成情况。

表 12-2　中国城镇居民家庭人均现金消费支出构成（%）

消费项目＼年份	2000	2010	2011	2012
食品	39.44	35.67	36.32	36.23
交通通信	8.54	14.73	14.18	14.73
文教娱乐	13.40	12.08	12.21	12.20

---

① 林永生，夏汛鸽. 全面深化改革：政府、市场、资源. 经济要参，2014(8)：23.

续表

年份 消费项目	2000	2010	2011	2012
医疗保健	6.36	6.47	6.39	6.38
四类项目的消费总份额	67.75	68.94	69.10	69.53

说明：数据来源于《中国统计年鉴 2013》。从 2002 年起，城镇住户调查对象由原来的非农业人口改为城市市区和县城关镇住户。

从表 12-2 可知，2000 年以来，在中国城镇居民家庭平均每人现金消费中，食品、交通通信、文教娱乐、医疗保健这四类项目消费份额逐渐增加，从 2000 年的 67.75％增加到 2012 年的 69.53％。依据《中国统计年鉴 2013》相关数据测算，2012 年中国按收入五等份分农村居民家庭平均每人消费支出中这四类项目的平均消费份额为 64.3％，与城镇居民相差无几。

当然，这些统计数据中的食品包括了很多非绿色食品、其余的服务项目并非全是文中所指的"现代服务"，所以还需要进一步开展消费革命去促进这种消费结构的转换和升级，未来需要加强以下四个方面的重点工作。

一是政府需要加强对绿色食品信息追踪与发布、现代服务规范与标准制定等领域建设的支持力度。消费者愿意购买绿色食品和现代服务，首要前提是知道究竟哪些产品是真正绿色而不仅仅是"看起来很美"、现代服务真正规范和高素质而不是"专门骗人的"。产品市场上的信息不对称问题和较为普遍的消费者不信任是中国当前阻碍刺激和扩大内需的重要因素，尤其是食品、医疗保健服务、医药等领域。解决这些问题通常无法单纯依靠市场机制，追求利润最大化的企业和效用最大化的消费者难以在产品信息追踪、披露和服务规范标准制定过程中保持客观与中立，较为通行的做法是由政府或非营利性团体作为第三方，充当产品和服务质量监督者的角色，向全社会传递信号，迎合消费者愿意且放心购买。因此，开展消费革命，政府要么直接参与建立绿色食品信息发布平台和现代服务规范标准的制定，要么就是改革体制机制，鼓励并大力支持 NGO 参与其中。

二是政府需要在立法、特别是司法和执法环节中严惩绿色食品和现代服务市场上的商家欺诈行为。消费者较之于厂商是处于相对弱势群体，主要表现为消费者对产品与服务所拥有的信息远远少于厂商，即便政府或独立第三方的非盈利组织建立起了一整套良好的信息追踪发布平台和服务规范标准，问题在于，企业并不总是守约的，如果被查出刻意隐瞒产品和服务的负面信息，以次充好，又能怎样？也就是说，企业违法被查出和曝光的概率有多高、被查出并且又会被严惩的概率又有多高？这样的问题若不解决，一定会涌现大量"黑心"企业，严重扰乱市场秩序，消费者进一步丧失对商家及其产品和服务的信任，撬动这个庞大的消费市场也就会变得难上加难。这是一种经济学理念上的博弈，如果你要和平就必须时刻准备好战争。因此，如果要想让绿色食品与现代服务市场上的企业遵守规则、规范生产经营，就必须让他们充分认识到违约的严重性。否则，空洞的倡导与号召在现实的利润面前脆弱不堪。

三是企业需要从更为宏观和长远的视野审视投资决策，进入绿色食品、现代服务领域，寻求更有前景、更为可持续的回报。消费革命不是一厢情愿，政府、企业与消费者需要各司其职，其中企业家愿意进入到这个行业投资经营尤为重要。在一个发展中的经济体制内，规则的执行力往往比较差，通过权力寻租和腐败，低调的企业家容易勾结政府官员，寻求非正式合约，各取所需形成一种灰色的双赢格局，这在 2000 年以来的中国房地产市场上屡见不鲜，只要用尽手段从政府那里拿到一块地，然后盖起一层层"火柴盒"，金子就会纷至沓来。反腐、房地产与地方债调控、压缩高能耗和高污染行业产能、加强环境审批……这些或宏观或中观的政策调控不会是一阵风，料将在未来相当长的时期内仍会持续，必须寻找新的投资领域和增长空间。有些敏锐的企业家早已有这样的嗅觉，先行先试，寻找最优前景的投资领域——绿色食品与现代服务，比如实现从"烟王"到"橙王"华丽蜕变的褚时健，北京大学学生邹子龙、杨舒春毕业后各自去不同的地方种菜①，等等。

专栏二十四　从烟王到橙王：褚时健的闲不住和不甘心

如果不是被媒体曝出褚时健在云南山中种橙的消息，人们或许都快要忘记这位曾经轰动一时的老人。与他的名字一同被回忆起来的，还有"红塔山""烟草大王""贪污公款"和"争议"等字眼。但他用"橙王"和"褚橙"刷新了人们的记忆。

种橙十年，这位已经鲜少接受媒体采访的 85 岁老人在他一手创立的果园中，与本报记者分享了他现在的生活，也谈起了曾经的人生。

"今年估计 10 月下旬就能收了，比往年早，叫市场准备吧。"9 月初的一天下午，在云南省玉溪市新平县嘎洒镇的一座海拔近千米的高山上，褚时健站在自己的果园里，一边看树上挂满的果子，一边吩咐身边的管理人员。

此时的褚时健，头戴一顶遮阳草帽，身穿一件白色圆领衫和黑色长裤，脚踩一双运动鞋，肤色黝黑的他有着这个年纪难得的好气色。他说起话来三句不离橙子。

种橙缘起：闲不住和不甘心

没人料到，曾经风光一时又饱受争议的财经人物——褚时健，从"烟王"的塔尖跌落，却在"橙王"的山头重新站稳脚跟。2002 年，原红塔山集团董事长、因贪污入狱被判无期徒刑的褚时健在减刑至 17 年后，因被检出患有严重糖尿病而保外就医。此后，他在云南哀牢山下承包了 2000 余亩果园，种起了冰糖橙。

广州日报：你可以颐养天年，却在家和果园之间奔波。

① 详情可参阅：北大毕业生回家乡种地 海归致力让人吃上放心菜，2013 年 7 月 23 日，引自中国江苏网，[DB/OL] http://jsnews.jschina.com.cn/system/2013/07/23/018021579.shtml，最后访问时间：2014 年 10 月 11 日。

褚时健：我性格的养成，不管逆境顺境，都要有事做，日子才好打发。一旦开始做了，做得不好也不甘心。

广州日报：为什么想到要种橙子？

褚时健：开始我们受的启发是美国的新奇士，新奇士在我们国家卖价很高。我们就想，水果行业将来的竞争会很激烈，如果没有品质特色就不行。

广州日报：那"褚橙"的品质特色是什么？凭什么高价？

褚时健：我们的果子在成熟的时候，和别人的味道不同。我们管理得细，好果子是要有条件的，从空气、水和土壤都要讲究。我们这边附近都没有烟囱，空气是最优的。我们的水是从哀牢山上引来的山泉水，不会受地表水污染。而这个海拔的土壤也很肥厚，很适合种橙。

广州日报：怎么实现？

褚时健：这3年云南很干旱，但我们的水能满足果树需要，这需要提前储备三四十万立方米的水，够用100天。

广州日报：你投入多少做这些基础建设？

褚时健：从哀牢山引水，一条水管一百七八十万，我们架了5条管道，普通农户不可能承担。当时启动时，资金还是很困难，我只有一百多万块钱，只能向朋友借。他们没有一个不借的，我说赔不起咋整？他们就说，你是稳稳当当的，没有把握不会向人借钱。所以借了三四年，现在全部还清了。

广州日报：果园规模多大？

褚时健：现在果园一共有2800亩，我们分成4个作业站，一个作业站管理30多户人家，目前有115户人家，一户两个劳动力。一户人家管着2500株果树，他们是相对稳定的合同工。负责管理的是26个人，以技术为主的队伍。

农户们很愿意到我这里来，他们做得好一年有六七万，一个人月收入有两千多元。

广州日报：果园现在的收益怎样？

褚时健：我们一年的销售额是六千多万，成本扣掉三分之二，还有两千多万。

资料来源：杨洋，褚时健，从"烟王"塔尖跌落到站稳"橙王"山头，《广州日报》，2012年9月6日第A8版，有删改。

四是居民需要形成绿色消费的理念，把更多的消费支出用于绿色食品和现代服务。长期以来，或许源于媒体网络的大肆宣传，或许出自80年代以来很多反映都市生活题材电视剧中某些画面的错误引导，很多居民把汽车、洋房、大别墅等看成是高品质生活的象征，这是一种危险的消费理念，也是一种误导。实际上多数发达经济体中的居民消费理念和方式并非如此，而是消费者通常选择步行、自行车、公共交通、地铁或飞机出行，大量使用私家车现象主要适用于铁路系统建设相对滞后、洲际公路发达且地域辽阔的美国；从牛奶、面包到自来水、各种肉制品，都有较高的质量标准，多数家庭会列支可观的一笔用于购买诸如医疗保健护理类的现代服务；农民和从事农业不是身份的象征，仅仅是职业的差别，相反，拥有一个农场或农庄，成为一个农民，恰恰是尊贵的象征，远比一般的市民更富足；一般而言，越靠近市中心的楼房越便宜，有钱人会追求低密度的远郊住宅或者农场。反观国内，新形势下重新呼吁"到广阔的农村去，那里一定大有可为"，会别有意味。总之，不要再醉心于多套越来越靠近市中心的"火柴盒"、不要再迷恋于耗油量越来越高的 SUV、不要再钟情于屏幕越来越大的 note 或 iPhone，更为理性的消费者需要把钱花在更为健康的绿色食品、更为节能环保的现代服务领域。

本章主要参考文献

[1] 中华人民共和国国家统计局，《中国统计年鉴 2013》[M]. 北京：中国统计出版社，2013.

[2] 林永生，夏汛鸽，全面深化改革：政府、市场、资源[J]. 经济要参，2014.8.

孟春之月，禁止伐木，毋杀虫胎、夭飞鸟，毋麛毋卵，仲春之月，毋竭川泽，毋漉波池，毋焚山林。

——《礼记》

第十三章

发展理念：中国经济绿色转型

经济发展的政策、方式与绩效很大程度上取决于政府的发展理念：唯 GDP 主义通常意味着牺牲资源与环境为代价的、粗放式、不可持续的经济增长；致力于实现经济与环境的共赢、环境保护优先的发展理念注定有利于培育和增强地区、国家的绿色竞争力，实现可持续发展。当然，对目前的中国而言，实现可持续发展，要做很多方面工作，比如缩小不同行业、地区以及城乡间多维层次的居民收入分配差距，比如积极建设和完善包括住房、教育、医疗、养老等在内的社会保障制度体系，等等。但若从经济与环境共赢的这个相对较为简单的目标来看，大力发展绿色经济，推动中国经济绿色转型是必由之路。

>>一、绿色经济与绿色增长的提出<<

所谓绿色经济，主张建立一种"可承受的经济"，摒弃盲目追求发展而造成生态危机、资源枯竭和社会分裂的传统发展模式，通过正确地处理人与自然及人与人之间的关系，高效地、文明地实现对自然资源的永续利用，使生态环境持续改善和生活质量持续提高的一种生产方式或经济发展形态。其核心是经济和社会的可持续发展，从而使得人类社会得以发展延续。目前在中国被最为广泛引用的绿色经济概念则更为具体：绿色经济主要指采用资源节约、环境友好型技术，实现人与自然和谐发展，统筹经济与社会发展的一种经济增长方式。侧重环保和清洁生产，强调经济发展的可持续性[①]。

英国经济学家皮尔斯（David Pearce）在 1989 年出版的《绿色经济蓝皮书》（Blue print for a Green Economy）中首先提出"绿色经济"的概念，即绿色经济主张：经济发展必须从社会及其生

---

① 林永生. 达沃斯或助推中国经济转型. 2010 年 9 月 14 日，引自搜狐财经，[DB/OL] http：//business. sohu. com/20100914/n274922015. shtml，最后访问时间，2014 年 10 月 12 日。

态条件出发，使之"可承受"，自然环境和人类自身可承受，不会因盲目追求生产增长而造成社会失衡和生态危机，不会因为自然资源耗竭而无法持续发展。但在实践领域，绿色经济、绿色增长等理念引起世界各国重视则要晚得多，主要源自联合国及其相关国际机构的倡导与呼吁。1992 年里约地球峰会提出可持续增长理念。2008 年，联合国环境规划署（UNEP）提出"绿色经济"的理念，强调绿色经济旨在提高人类和社会平等的同时，大大降低对环境和生态的破坏，并在亚太发起"绿色经济计划(GEI)"，GEI 是 UNEP 支持的一个研究项目，通过分析经济、社会、融资等各方面的绿色发展潜力，为各国提出建议，改进政策框架和投资环境，拉动更多资本投向绿色经济领域[①]。

2008 年 8 月，韩国总统李明博提出"低碳和绿色增长"的国家发展战略。2010 年 6 月，韩国发起成立全球绿色增长研究院(GGGI)并吸收各国和国际组织的高层发展壮大，成为一个全球性专业从事绿色增长研究的机构，先后又在丹麦哥本哈根、阿联酋阿布扎比设立分支机构，并组织召开全球绿色增长峰会(Global Green Growth Summit)。2011 年 5 月经合组织发布了《走向绿色增长报告》(Toward Green Growth)，指出绿色增长意味着经济和环境的和谐共存，同年，丹麦、韩国和墨西哥共同发起全球绿色增长论坛(3GF)，旨在为各国政府部门、公共部门和私有部门搭建互动沟通并能付诸行动的高层对话平台共同推进全球绿色经济发展和绿色增长。2012 年 1 月，联合国环境署、世界银行、经合组织和全球绿色增长研究院共同签署了一项备忘录，正式宣布成立绿色增长知识平台(Green Growth Knowledge Platform，GGKP)，旨在找出各国绿色增长中存在的问题，提出政策建议和涉及解决方案。北京师范大学经济与资源管理研究院成为 GGKP 在中国的知识型合作伙伴，2012 年 10 月，丹麦第一个发布了《绿色产业报告》。

>>二、绿色浪潮席卷全球[②]<<

全球气候谈判的理论基础是当大气中 CO_2 当量浓度从 280ppmv 上升一倍后，全球气温将上升 2～3℃，进而给人类带来灾难性后果，表现为海平面上升、物种灭绝、极端气候增加、热带传染病北上、粮食短缺、地区冲突增加等。因此要求世界各主要国家必须减排，完成 2050 年将大气 CO_2 浓度控制在 500ppmv 的目标。全球气候谈判在 2009 年达到一个新的高潮，同年 12 月 7 日至 18 日，全球近 190 个国家的元首齐聚丹麦哥本哈根，在联合国的主持下，举行《联合国气候变化框架公约》第 15 次缔约方会议暨《京都议定书》第 3 次缔约方会议。此后，2010 年的坎昆气候大会、2011 年的德班气候大会、2012 年的多哈气候大会、2013 年华沙气候大会相继召开，均不同程度上讨论了后《京都议定书》时代国家之间如何协调采取行动，应对全球气候变暖。尽

---

① 联合国环保署官网. [DB/OL]http://www.unep.org/greeneconomy，最后访问时间：2014 年 10 月 12 日。
② 林永生. 绿色浪潮席卷全球. 中国经济时报，2009—12—08.

管这些气候大会取得成效有限，但各个国家已经开始采取行动，加大对清洁、可再生能源以及环境友好型技术的投入和研发力度，积极发展本国的绿色经济。

2008 年至 2009 年，在国际金融危机与气候谈判的大环境下，各国关于绿色经济和绿色增长的讨论日益升温，一方面借此摆脱经济衰退；另一方面寻求新的发展机遇，全球范围内兴起了绿色浪潮。美国总统奥巴马提出"绿色新政"，细分为节能增效、开发新能源、应对气候变化等多个方面，其中新能源的开发是"绿色新政"的核心；英国正在要求并采取行动，促使经济发展向低碳经济转型；新西兰正以"一个温暖的家园和一个凉爽的星球"(a warm home and a cool planet)为口号，出台"绿色新政"刺激计划，在未来 3 年共提供 33 亿美元的刺激计划，并且保持城市和农村地区的均衡发展和转型；日本则已经在太阳能发电、低油耗汽车、电动汽车等方面具备世界领先技术；中国也以科学发展观为指导，致力于推动以节能、减排、降耗等为主要特征的经济社会可持续发展，绿色经济也在中国开始兴起。

专栏二十五　李晓西：用绿色发展指数否定"黑色发展"

如何解决资源、环境与经济发展之间日益突出的矛盾，实现经济发展方式转变和中国经济可持续发展？如何应对气候变化的挑战，为民族和人类生存发展做出贡献？如何通过绿色新政摆脱金融危机影响，把握新发展机遇？

这是各方关注、国内外关注的大问题。2010 年，著名物理学家史蒂芬·霍金在接受访谈时爆出惊人言论，说："由于人类基因中携带的'自私、贪婪'的遗传密码，人类对地球的掠夺日盛，资源正在一点点耗尽，人类很难避免生存的灾难。地球将在 200 年内毁灭。"霍金预言更使问题变得急迫与尖锐。

有需求就会产生供给。一种绿色发展的指数测度及评估应运而生，力求以新的视角和数量化的指标来促进这些问题的解决或缓解。《2010 中国绿色发展指数年度报告——省际比较》一书，正是这样由北京师范大学科学发展观与经济可持续发展研究基地、西南财经大学绿色经济与经济可持续发展研究基地、国家统计局中国经济景气监测中心等三家单位、近 40 位专家学者和若干研究生，聚力报国，合作攻关的一种努力。北京师范大学李晓西教授和国家统计局中国经济景气监测中心副主任潘建成先生是课题组的总负责人。

在报告中我们看到，中国绿色发展指数有三个一级指标，即经济增长绿化度、资源环境承载潜力和政府政策支持度。

经济增长绿化度反映的是生产对资源消耗和环境的影响程度，资源环境承载潜力体现的是自然资源与环境所能承载的潜力，政府政策支持度反映的是社会组织者解决资源、环境与经济发展矛盾的水平与力度，有 9 个二级指标和 55 个三级指标。

测度的结果产生了省区绿色发展的排序：排在前 10 名的大多是经济发展水平较高

或自然资源丰富的省区，前两名分别是北京和青海。从测算结果看，绿色与发展并不矛盾，实现绿色发展是可能的、必要的，反映经济增长中资源和环境使用效率的绿色增长水平与经济发展水平密切相关。本报告的 10 个专题则从消费、历史、科技、操作、法规、方法论等多个角度论述了中国绿色经济发展情况。

从成果的效果看，似乎可以说，中国绿色发展指数研究适合中国特色发展的道路。

首先，中国绿色发展指数为引导各地区深入贯彻落实科学发展观、实现经济发展方式转变提供了决策参考。绿色发展指数的推出就是要用可衡量的指数来否定黑色发展，用具体化的数量指标来判断经济绿色发展的程度与进程。

其次，中国绿色发展指数可以为国内外投资者准确、便捷地寻找到恰当的投资机会，为企业家提高决策效率提供有效的帮助，促使企业在生产经营活动中不仅仅要考虑企业的成本收益，还要考虑企业的社会责任。

最后，中国绿色发展指数有助于聚焦社会公众对生态环境的关注，鼓励大众积极参与绿色发展。

2010 报告发布后，引起了各界的密切关注，产生了广泛而深刻的影响。在 2010 报告的基础上，课题组又吸纳各方建议，在合作三方的大力支持下，完成了《2011 中国绿色发展指数报告——区域比较》，并于今年 9 月 24 日举行了发布仪式。2011 报告继续完善了省际比较框架，并加入了对 34 个城市的绿色发展水平的测度。报告入选了国家新闻出版总署 2011 年度"经典中国国际出版工程"资助项目。

资料来源：李晓西，用绿色发展指数否定"黑色发展"，2011 年 12 月 8 日，第一财经日报。

>>三、中国经济绿色转型的必要性及相关进展<<

中国经济绿色转型的必要性源自逐渐凸显的资源与生态环境压力，在推进绿色转型的过程中要合理界定政府与市场的分工，尤其是需要发掘企业的生力军作用。六类代表性企业早已开始了积极探索，为中国的绿色转型作出了积极贡献，全国各个省区及重要城市的绿色经济取得了不同程度的进展。

1. 资源与生态环境压力倒逼中国经济绿色转型

中国经济增长过程中资源与环境约束凸显、亟待发展绿色经济、实现绿色转型。首先是能源资源供求形势严峻。目前中国石油对外依存度已达到 55％，据估计，到 2015 年，中国所需石油的 2/3 将依靠进口。同时，中国已从煤炭的出口国变成了净进口国，能源供应愈加紧迫。而在能源储备方面，石油、天然气可开采储量仅为世界人均水平的 7.7％和 4.1％；其次是生态环境状况迅速恶化。中国生态环境的基本状况是，生态与环境资源有限，区域差异显著，近几年来许多地方局部有所改善，但治理效益难以均衡破坏结果，生态赤字仍不断扩大。人均当地水资源供给量不断下降、水体污染现象严重。土地沙化和水土流失状况这几年虽有改善，但成效不大。全国整体城市质量尚可，但部分地区的雾霾、酸雨污染现象仍然较为严重。同时，由于中国在工业化和城市化发展过程中，存在过度利用生物资源并对生态系统过程形成强烈影响的问题，直接或间接地威胁着中国物种和生态系统多样性[①]。

2. 绿色转型要合理界定政府与市场分工

推进中国经济的绿色转型必须合理界定政府与市场的分工，并以市场为主。当前中国存在一种把绿色经济当成"官办经济"的风险，政府越俎代庖显然会严重扭曲市场功能。政府之所以需要干预绿色经济，是因为在绿色市场上，存在诸如纯生态旅游服务产品的外部性、信息不对称、公共产品等市场失灵情形，这说明政府在绿色经济发展过程中，着力于纠正市场偏差和市场失灵，主力军仍然是微观市场中的生产经营主体——企业。企业是产品和服务的主要创造者，也是社会发展的源动力和经济增长的基石。随着经济全球化的不断深入，企业在经济社会发展中的重要性越来越高。现在人们在论及经济与社会变革动力的时候，动辄把全部责任推给政府，而往往容易忽略企业的角色，这显然有失偏颇。在中国绿色经济兴起和初步发展的过程中，一批优秀的企业，贡献很大，它们积极探索，充当生力军，助推中国经济向绿色转型。这些企业之所以要进行绿色转型，积极进行绿色技术革新，原因有三：一是坚持正确的价值观，积极参与绿色变革，已经成为社会各界对它们的普遍期望和要求；二是它们在追求经济利益的同时，承担对社会、环境及公众应该承担的责任和义务，不仅有利于提升企业形象，也有利于企业获得长久的公信力；三是企业生存与发展所面临的资源和环境瓶颈凸显，必须采用更为节能和环保的技术，以赢得更稳定的竞争力。

如果从全球产业价值链的视角来分析国际生产分工格局，可以发现一些比较明显的新变化，比如社会分工已经取代自然分工，占据主导地位，生产要素质量的差异决定着利润和报酬的分配；再比如大型跨国公司主导价值链分配，等等。尽管在传统行业里，中国企业尚处于跟随地位，存在后发劣势，但在发展绿色产业和低碳经济的国际竞争市场上，中国企业并不落后，而且极有可能占得先机。

3. 中国企业扮演绿色转型生力军

在中国绿色经济兴起的画卷中，我们竭尽所能，希望尽力勾勒出中国各个行业里那些优秀企业和企业家们的形象，至少有六类代表性企业已经进行绿色转型的积极探索[②]：

---

①　林永生. 达沃斯或助推中国经济转型. 2010 年 9 月 14 日，引自搜狐财经，［DB/OL］http：//business. sohu. com/20100914/n274922015. shtml，最后访问时间，2014 年 10 月 12 日。

②　林永生. 发展绿色经济：企业才是生力军. 能源，2009(12).

一是传统能源行业，以中国神华为代表。作为中国最大的煤炭生产商和出口商，中国神华——这家"黑色"的央企，当前已经开始从煤炭清洁化和积极发展风能两个方向上尝试进行绿色的探索。

二是新能源行业，以新奥集团为代表。新奥集团是中国一家集清洁能源技术开发、应用与服务为一体的综合性民营企业，在煤炭资源清洁利用技术研究和二氧化碳减排技术方面在中国居于领先地位，2009年7月17日美国能源部长朱棣文专程访问了位于河北廊坊的这家民营清洁能源企业，对其近年来不断开展的绿色实践给予充分肯定。

三是先进制造业，以吉利汽车为代表，吉利汽车近年来着力推进汽车生产全过程的绿色化建设，即绿色生产材料、绿色零部件、绿色生产过程，尽力用四个轮子来承载绿色标准。

四是生产性服务业，以东软集团为代表。作为中国最大的离岸软件外包提供商，东软集团通过在为客户设计软件系统过程中集中体现了资源最优化使用的绿色理念。

五是金融行业，以工商银行为代表。中国工商银行推出绿色信贷，贯彻有进有退，结构调整的战略，不断优化信贷结构，主观上是促进业务转型，保持可持续增长；客观上减少或避免了政府在大规模刺激经济增长过程中，对环境和资源利用可能产生的负面效应。

六是环保类中介结构，以三大环境交易所为代表。2008年下半年，京、津、沪三地几乎同时成立了环保类的中介结构，即北京环境交易所、天津排放权交易所、上海环境能源交易所。他们致力于服务绿色交易，推动个人、企业、甚至政府间各类污染物指标和排放权交易。

专栏二十六　绿色金融——绿色经济的突破点

期待尽快推动绿色金融（阳光凯迪新能源集团董事长　陈义龙）

目前，中国正处于发展绿色经济和城市化的进程中。然而，发展绿色经济把城市化带来的问题凸显出来了。一些西方企业家认为，中国的绿色经济发展得不算好，原因是城市化带来的挑战。他们认为，中国的城市规划并不完善，比如道路的拥堵和环境的污染，一些城市的电力和水源供应也存在问题，应该尽快出台解决方案，减少碳排放。在中国发展绿色经济和城市化的进程当中，企业应该如何找到突破点，助其一臂之力？

绿色经济就是低碳经济、循环经济和生态经济的结合，在发展绿色经济的过程中，需要打造全新的可持续发展模式。只有在找到这种发展方式的基础上，中国的城镇化建设才能破解经济发展和环境污染之间的矛盾。

目前，企业面临的问题是要建立发展理念和价值追求。企业要承担起技术创新和商业模式创新，打造绿色经济所需要的可持续发展的模型，这是发展绿色经济和加快中国城镇化的关键所在。作为一家新能源企业，我们将研究新型的材料以替代由化石能源制造的材料，这可以从根本上解决能源枯竭带来的问题，也将帮助我们在绿色经济的主战场上迎来新的时代。同时，新材料的研发也将改变传统的生活和消费方式。在没有向化石能源企业征收碳税时，我们的产品在价格上没有优势。因此，政府尽快推动绿色金融是企业所期待的。如果执行碳税和碳交易，那么绿色经济就会迅速兴起。真正全面推进化石能源企业进行碳税、碳交易时，绿色经济的企业也变为巨大的低碳库。而低碳是资源，各种金融产品就会丰富起来，它们不会按照传统的方式进行放贷，年年都可以增值。在法律层面和发展体制上，绿色金融中的碳税和碳交易问题正在解决，中国也制定了一系列的政策。只要能够认真执行碳税和碳交易，发展绿色经济的企业有足够的信心把市场做大，并且持续发展。

用碳交易推动绿色经济（章新胜，世界自然保护联盟理事会主席）

只有政府真正启动绿色金融，才能令绿色经济发展。而启动绿色金融，就必须要强化碳交易的执行。城镇化主要是生产生活方式、价值的取向、可持续消费，每个市民每天都可以通过采购等方式进行表达和投票。比如，人们每天采买的产品是不是绿色的就可以作为一个指标。但是，低碳并不仅仅是社会责任，绿色城镇化是一个巨大的机遇，通过碳交易，就可以让参与者受益。

资料来源：绿色经济如何寻找突破点，中国环境报，2014 年 10 月 9 日第 11 版，有删改。

关于中国绿色经济的整体发展进程，自 2010 年开始，在李晓西教授带领下，由北京师范大学、西南财经大学、国家统计局三家单位联合，每年发布一本《中国绿色发展指数报告》（以下简称《绿指报告》），测度评价并动态跟踪监测中国各省区及重要城市的绿色发展水平，引起国内外广泛关注，这里重点介绍中国省际绿色发展的现状、实现路径与政策选择。

四、中国省际绿色发展的实现路径与政策选择[①]

中国的经济结构调整一直在路上，增长方式仍显粗放化，资源与环境压力巨大，已经接近或达到环境负荷的上限。这也就意味着，无论全国，还是省际层面，都要积极主动促进经济转型，实现绿色发展。中国省际绿色发展需从横、纵两个维度进行剖析。横向来看，2012 年省际绿色发展区域间的梯度差异明显。东部省份优势明显，北京遥遥领先。西部省份水平悬殊，青海仍为翘楚。中部和东北地区省份的绿色发展水平相对较低。纵向来看，2008 年至 2012 年的 5年间，绿色发展指数排名前十和后十的省份基本没变，尽管"阵营"相对稳定，但在阵营内部，

[①] 该部分主要引自：林永生. 中国省际绿色发展的实现路径与政策研究，被收录进北京师范大学经济与资源管理研究院，西南财经大学发展研究院，国家统计局中国经济景气监测中心著. 2014 中国绿色发展指数报告－区域比较. 北京：科学出版社，2014：53－64.

有些具体省份的排名则变化显著，这也说明中国省际绿色发展兼具历史一致性和动态演化特征。依据中国省际绿色发展指数综合排名及其指标体系中 3 个一级指标的排名情况，可把中国绿色发展水平较高的省份分为三种类型，即"单轮"支撑型、"双轮"驱动型、"三轮"协调型。由于经济增长绿化度、资源环境承载潜力、政府政策支持度这 3 个一级指标权重基本相等，但影响每个决策单元的三级指标数量众多，如果有所侧重的话，政府可能无法找准发力点，因此，本部分利用主成分分析法试图找到分别影响 3 个一级指标的主要因素。

那么，具体而言，中国目前各省的绿色发展状况如何，受什么因素影响，怎样才能从省级政府的层面上推动本地区的绿色发展呢？接下来则重点回答这些问题，具体分为三个部分：第一部分介绍中国省际绿色发展的基本情况；第二部分为中国省际绿色发展的影响因素与实现路径；第三部分为中国省际绿色发展的政策选择。

1. 中国省际绿色发展的基本情况

《绿指报告》运用绿色发展指数动态监测中国 30 个省份(西藏数据缺失)的绿色发展水平，其中省际绿色发展指数由经济增长绿化度、资源环境承载潜力和政府政策支持度 3 个一级指标、9 个二级指标、60 个三级指标构成，基于 2010 年至 2014 年的 5 本《中国绿色发展指数报告》，可知 2008 年至 2012 年中国省际间的绿色发展水平及其历史演化情况。

(1)纵向来看，省际绿色发展水平兼有历史一致性和动态演化特征

表 13-1 分别给出了 2008 年至 2012 年中国绿色发展指数排名前十和后十的省份。

表 13-1　中国绿色发展指数排名前十和后十的省份(2008—2012)

排名 \ 年份	2008	2009	2010	2011	2012
1	北京	北京	北京	北京	北京
2	青海	上海	天津	青海	青海
3	浙江	青海	广东	海南	海南
4	上海	天津	海南	上海	上海
5	海南	海南	浙江	浙江	浙江
6	天津	浙江	青海	天津	内蒙古
7	福建	云南	云南	福建	福建
8	江苏	福建	福建	内蒙古	天津
9	广东	江苏	上海	江苏	江苏
10	山东	广东	山东	陕西	陕西
……					
21	吉林	重庆	四川	安徽	湖南
22	湖北	湖北	安徽	广西	黑龙江
23	辽宁	吉林	辽宁	吉林	安徽
24	广西	广西	湖北	辽宁	吉林

续表

排名 \ 年份	2008	2009	2010	2011	2012
25	重庆	辽宁	甘肃	河北	湖北
26	河北	湖南	广西	山西	山西
27	湖南	宁夏	湖南	湖南	河北
28	宁夏	山西	宁夏	甘肃	宁夏
29	河南	甘肃	山西	宁夏	甘肃
30	山西	河南	河南	河南	河南

说明：本表 2008 年至 2012 年各省绿色发展指数排名分别来自于 2010 年至 2014 年《中国绿色发展指数报告》。

从表 13-1 中可以发现，《绿指报告》的测算结果具有历史一致性：2008 年至 2012 年间绿色发展指数排名前十和后十的省份都基本没变。北京、青海、海南、上海、天津等省份的绿色发展水平一直名列前十，河南、宁夏、山西、湖南等省份的绿色发展水平则长期居于最后十位。这也从某种程度上反映了《绿指报告》构建的测度指标体系的科学性与稳定性。

此外，课题组研究和发布《绿指报告》的目的之一就是推动各个地区的绿色发展，从而助推中国经济转型，如果年度间的省际绿色发展水平及排名完全相同，就失去了动态演化的特征，各个地方政府也就没有动力去实施相关政策措施、推动绿色发展。从表 13-1 中就可明显发现中国省际绿色发展还具有动态演化特征，比如，江苏省在 2008 年、2009 年的绿色发展水平分别是全国第 8 名和第 9 名，但 2010 年跌出前 10，排在第 12 名，此后两年又重新进入前十，排名第 9；又比如广东省的绿色发展水平波动很大，2008 年至 2010 年一直跻身前十，分别为第 9 名、第 10 名、第 3 名，但 2011 年和 2012 年均跌出前十，排名第 12 和第 11；与此同时，内蒙古和陕西两省的绿色发展水平则显著提升，2008 年两省的绿色发展水平分别排在第 11 和第 15 名，到了 2012 年，则分别提升了 5 个名次，排在全国第 6 名和第 10 名。

绿色发展水平排名后十的省份亦有所变动，2008 年和 2009 年，重庆分别排名全国第 25 和第 21，此后 3 年均跳出后十，依次排在第 19 名、第 17 名、第 19 名。山西省近年力推经济转型，绿色发展水平也有所提高，从 2008 年的全国垫底升至 2012 年的第 26 名，增加了 4 个名次。甘肃、宁夏、河南三省的绿色发展基本停滞、甚或略有下降。

(2)横向来看，省际绿色发展水平区域间梯度差异明显

依据 2014 年的《绿指报告》，可知 2012 年中国 30 个省份的绿色发展指数、经济增长绿化度、资源与环境承载潜力、政府政策支持度三个分指数的结果，见表 13-2。

表 13-2　中国省际绿色发展指数及排名(2012)

省份	绿色发展指数		一级指标					
			经济增长绿化度		资源环境承载潜力		政府政策支持度	
	指数值	排名	指数值	排名	指数值	排名	指数值	排名
北京	0.7421	1	0.4900	1	0.0700	6	0.1821	1
青海	0.3009	2	−0.1728	28	0.5545	1	−0.0808	25
海南	0.2331	3	−0.0044	11	0.0654	8	0.1721	2
上海	0.2204	4	0.3296	2	−0.0770	22	−0.0322	22
浙江	0.2001	5	0.1541	5	−0.0197	17	0.0657	7
内蒙古	0.1355	6	0.0095	10	0.0663	7	0.0596	8
福建	0.1323	7	0.0874	7	0.0065	11	0.0384	10
天津	0.1158	8	0.2981	3	−0.1443	27	−0.0380	23
江苏	0.1090	9	0.1553	4	−0.1296	25	0.0834	5
陕西	0.0804	10	−0.0233	13	0.0013	14	0.1024	3
广东	0.0743	11	0.1063	6	−0.0586	19	0.0266	13
四川	0.0311	12	−0.0833	22	0.1311	4	−0.0167	18
云南	0.0118	13	−0.1885	30	0.1619	3	0.0384	9
山东	−0.0033	14	0.0757	8	−0.1467	28	0.0677	6
江西	−0.0408	15	−0.0809	20	0.0043	12	0.0357	11
新疆	−0.0467	16	−0.1031	25	−0.0334	18	0.0898	4
广西	−0.0603	17	−0.0887	24	0.0514	9	−0.0230	21
贵州	−0.0922	18	−0.1769	29	0.1769	2	−0.0922	26
重庆	−0.1005	19	−0.0626	17	−0.0157	16	−0.0221	20
辽宁	−0.1034	20	0.0188	9	−0.1105	24	−0.0117	17
湖南	−0.1074	21	−0.0821	21	−0.0053	15	−0.0201	19
黑龙江	−0.1235	22	−0.0583	16	0.1170	5	−0.1822	29
安徽	−0.1366	23	−0.0664	18	−0.0653	20	−0.0048	16
吉林	−0.1614	24	−0.0202	12	0.0025	13	−0.1437	28
湖北	−0.1663	25	−0.0482	15	−0.0693	21	−0.0489	24
山西	−0.1685	26	−0.0872	23	−0.1017	23	0.0204	14
河北	−0.1791	27	−0.0381	14	−0.1475	29	0.0065	15
宁夏	−0.2825	28	−0.1062	26	−0.2030	30	0.0267	12
甘肃	−0.2987	29	−0.1662	27	0.0504	10	−0.1829	30
河南	−0.3156	30	−0.0675	19	−0.1320	26	−0.1161	27

注：1. 本表根据省际绿色发展指数测算体系，依各指标 2012 年数据测算而得；2. 本表各省(区、市)按照绿色发展指数的指数值从大到小排序。3. 本表中绿色发展指数等于经济增长绿化度、资源环境承载潜力和政府政策支持度三个一级指标指数值之和。4. 以上数据及排名根据《中国统计年鉴 2013》《中国环境统计年鉴 2013》《中国环境统计年报 2012》《中国城市统计年鉴 2013》《中国水利统计年鉴 2013》《中国工业经济统计年鉴 2013》《中国沙漠及其治理》等测算。

　　从表 13-2 中可以看出中国省际绿色发展水平区域间梯度差异明显。

首先，东部省份绿色发展优势明显，北京遥遥领先。绿色发展指数排名靠前的 10 个省份中有 7 个属于东部地区，依据排名由高到低的顺序，这 7 个省份分别是北京（第 1 名）、海南（第 3 名）、上海（第 4 名）、浙江（第 5 名）、福建（第 7 名）、天津（第 8 名）、江苏（第 9 名），也可以说，2012 年绿色发展指数最高的 5 个省份中有 4 个来自于东部。需要强调的是，尽管北京的雾霾、拥堵、垃圾等问题广受社会各界诟病，但从总体来看，其绿色发展水平仍然遥遥领先于全国其他省份，北京市绿色发展指数为 0.7421，排名第 1，而排名第 2 的青海省绿色发展指数为 0.3009，第 1 名的绿色发展指数值是第 2 名的两倍以上，即便为指数相对值而非绝对值排名，也能大致看出北京的绿色发展水平遥遥领先。至于如何解释这和北京雾霾频发的客观事实间的不一致性，一个可能的原因就是表 13-2 测算的是 2012 年的数据，而雾霾现象引起重视并首度进入公众视线是 2013 年伊始。

其次，西部省份绿色发展水平悬殊，青海仍为翘楚。中国西部地区间的绿色发展水平差距很大，绿色发展指数排名前十的省份中，除了上述东部 7 省，其余 3 个均来自西部地区，分别是青海（第 2 名）、内蒙古（第 6 名）和陕西（第 10 名），同时绿色发展指数排名倒数第 2 和第 3 的省份属于西部地区，分别是甘肃（第 29 名）和宁夏（第 28 名）。青海省的绿色发展指数排名同《2013 年中国绿色发展指数报告》中的省际排名一致，仅次于北京，居全国第 2 位，仍为西部翘楚。

最后，中部和东北地区省份的绿色发展水平相对较低。从表 13-2 中可以看出，中部和东北部地区省份的绿色发展水平相对落后，基本排在第 20 名以后。

2. 中国省际绿色发展的影响因素与实现路径

中国省际绿色发展指数指标体系是由经济增长绿化度、资源环境承载潜力、政府政策支持度三个一级指标，按照 3∶4∶3 的权重构成，因此，探究影响省际绿色发展水平的因素就要围绕这三个一级指标进行深入剖析。本部分首先依据 2012 年的一级指标值将参与测度的 30 个省进行归类，然后分别对三个一级指标进行主成分分析，运用降维的方法聚焦影响省际绿色发展水平的重要因素。

(1)从一级指标看中国省际绿色发展

由于三个一级指标的权重基本相等，因此，那些经济增长绿化度、资源环境承载潜力、政府政策支持度高的省份，其绿色发展水平也就必然会越高，图 13-1 给出了 2012 年中国 30 个省的一级指标情况。

如图 13-1 所示，2012 年，北京、上海、天津、江苏等省的经济增长绿化度全国领先，青海、贵州、云南、四川等省的资源环境承载潜力排名靠前，北京、海南、陕西、新疆等省的政府政策支持度最为突出。也就是说，很少有省份能够同时实现经济增长绿化度、资源环境承载潜力、政府政策支持度这三个方面协调均衡的绿色发展，绝大部分地区是依靠某一个或两个一级指标实现绿色发展。基于此，我们把绿色发展水平较高的省份分为三种类型，见图 13-2。

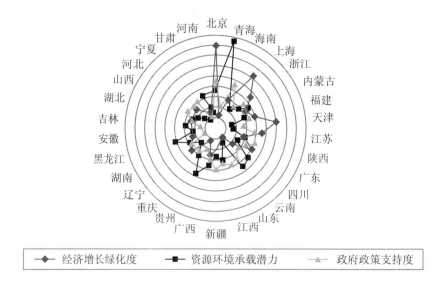

图13-1　中国省际绿色发展指数的一级指标及分布情况(2012)

说明：数据来源于表13-2。

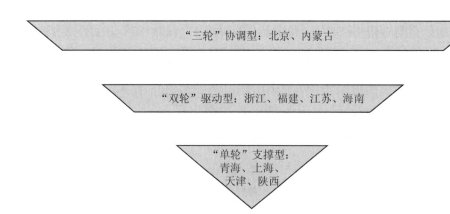

图13-2　绿色发展指数排名前十的三类省份(2012)

说明：数据来源于表13-2，本表所列省份均为2012年中国绿色发展指数排名前十的省份。其中："三轮"协调型是指三个一级指标值(经济增长绿化度、资源环境承载潜力、政府政策支持度)均排在全国前十；"双轮"驱动型省份是指只有两个一级指标排在全国前十；"单轮"支撑型是指只有一个一级指标排在全国前十。

　　从图13-2可以看出，北京、内蒙古属于"三轮"协调型省份，是经济增长、资源环境、政府政策三个方面协调均衡推动了地区绿色发展：在经济增长绿化度方面，北京排名第一，内蒙古排名第十；在资源环境承载潜力方面，北京排名第六，内蒙古排名第七；在政府政策支持度方面，北京排名第一，内蒙古排名第七。浙江、福建、江苏、海南属于"双轮"驱动型省份，虽然这四个省份绿色发展水平较高，但总存在一个短板，均依靠两个方面推动地区绿色发展：浙江、福建、江苏三省主要依靠经济增长绿化度和政府政策支持度推动绿色发展，资源环境承载力相对薄弱；海南的资源环境承载力和政府政策支持度较高，但经济增长绿化度仍待提升。青海、上海、天津、陕西四省属于"单轮"支撑型省份，主要依靠某单一方面的突出优势带动地区绿色发展：青海的资源环境承载潜力排在全国第一；上海、天津的经济增长绿化度分别在全国排名第二、第三；陕西省的政府政策支持度全国靠前，排在第 3 位，仅次于北京和海南两省。

（2）主成分分析：理论模型

如果对某一问题的研究涉及 p 个指标，记为 X_1，X_2，$\cdots$，X_p，由这 p 个随机变量构成的随机向量为 $X=(X_1$，X_2，$\cdots$，$X_p)'$，设 X 的均值向量为 μ，协方差矩阵为 Σ。设 $Y=(Y_1$，Y_2，$\cdots$，$Y_p)'$ 为对 X 进行线性变换得到的合成随机向量，即如式（1）所示：

$$\begin{bmatrix} Y_1 \\ Y_2 \\ \vdots \\ Y_p \end{bmatrix} = \begin{bmatrix} \alpha_{11} & \alpha_{12} & \cdots & \alpha_{1p} \\ \alpha_{21} & \alpha_{22} & \cdots & \alpha_{2p} \\ \vdots & \vdots & \ddots & \vdots \\ \alpha_{p1} & \alpha_{p2} & \cdots & \alpha_{pp} \end{bmatrix} \begin{bmatrix} X_1 \\ X_2 \\ \vdots \\ X_p \end{bmatrix} \qquad \text{——式（1）}$$

设 $\alpha_i=(\alpha_{i1}$，α_{i2}，$\cdots$，$\alpha_{ip})'$，$(i=1, 2, \cdots, p)$，$A=(\alpha_1$，α_2，$\cdots$，$\alpha_p)'$，则有式（2）

$$Y = AX \qquad \text{——式（2）}$$

且满足式（3）

$$\text{var}\,(Y_i) = \alpha'_i \Sigma \alpha_i \qquad i=1,2,\cdots,p$$
$$\text{cov}\,(Y_i,Y_j) = \alpha'_i \Sigma \alpha_j \qquad i,j=1,2,\cdots,p \qquad \text{——式（3）}$$

由式（2）和式（3）可以看出，可以对原始变量进行任意的线性变换，不同线性变换得到的合成变量 Y 的统计特征显然是不一样的。每个 Y_i 应尽可能多地反映 p 个原始变量的信息，通常用方差来度量"信息"，Y_i 的方差越大表示它所包含的信息越多。由式（3）可以看出将系数向量 α_i 扩大任意倍数会使 Y_i 的方差无限增大，为了消除这种不确定性，增加约束条件，如式（4）所示：

$$\alpha'_i \alpha_i = 1 \qquad \text{——式（4）}$$

为了有效地反映原始变量的信息，Y 的不同分量包含的信息不应重叠。综上所述，式（1）的线性变换需要满足下面的约束：

A　$\alpha'_i \alpha_i = 1$，即 $a_{i1}^2 + a_{i2}^2 + \cdots + a_{ip}^2 = 1, i=1,2,\cdots,p$。

B　Y_1 在满足约束 A 的情况下，方差最大；Y_2 是在满足约束 A，且与 Y_1 不相关的条件下，其方差达到最大；$\cdots\cdots Y_p$ 是在满足约束（1），且与 Y_1，Y_2，$\cdots$，Y_{p-1} 不相关的条件下，在各种线性组合中方差达到最大值。

满足上述约束得到的合成变量 Y_1，Y_2，$\cdots$，Y_p 分别称为原始变量的第一主成分、第二主成分、$\cdots$、第 p 主成分，而且各成分方差在总方差中占的比重依次递减，通常只挑选前几个方差较大的主成分，比如累计贡献率超过 80% 的前几个主成分。

（3）对省际绿色发展指数一级指标的主成分分析：实证研究

中国省际绿色发展指数指标体系由三个一级指标构成，见表 13-3。

表 13-3　中国省际绿色发展指数指标体系

一级指标	三级指标	
经济增长绿化度	1. 人均地区生产总值 2. 单位地区生产总值能耗 3. 非化石能源消费量占能源消费量的比重 4. 单位地区生产总值二氧化碳排放量 5. 单位地区生产总值二氧化硫排放量	6. 单位地区生产总值化学需氧量排放量 7. 单位地区生产总值氮氧化物排放量 8. 单位地区生产总值氨氮排放量 9. 人均城镇生活消费用电
	10. 第一产业劳动生产率 11. 土地产出率	12. 节灌率 13. 有效灌溉面积占耕地面积比重
	14. 第二产业劳动生产率 15. 单位工业增加值水耗 16. 规模以上工业增加值能耗 17. 工业固体废物综合利用率	18. 工业用水重复利用率 19. 六大高载能行业产值占工业总产值比重
	20. 第三产业劳动生产率 21. 第三产业增加值比重	22. 第三产业从业人员比重
资源环境承载潜力	23. 人均水资源量 24. 人均森林面积 25. 森林覆盖率	26. 自然保护区面积占辖区面积比重 27. 湿地面积占国土面积比重 28. 人均活立木总蓄积量
	29. 单位土地面积二氧化碳排放量 30. 人均二氧化碳排放量 31. 单位土地面积二氧化硫排放量 32. 人均二氧化硫排放量 33. 单位土地面积化学需氧量排放量 34. 人均化学需氧量排放量 35. 单位土地面积氮氧化物排放量	36. 人均氮氧化物排放量 37. 单位土地面积氨氮排放量 38. 人均氨氮排放量 39. 单位耕地面积化肥施用量 40. 单位耕地面积农药使用量 41. 人均公路交通氮氧化物排放量
政府政策支持度	42. 环境保护支出占财政支出比重 43. 环境污染治理投资占地区生产总值比重 44. 农村人均改水、改厕的政府投资	45. 单位耕地面积退耕还林投资完成额 46. 科教文卫支出占财政支出比重
	47. 城市人均绿地面积 48. 城市用水普及率 49. 城市污水处理率 50. 城市生活垃圾无害化处理率 51. 城市每万人拥有公交车辆	52. 人均城市公共交通运营线路网长度 53. 农村累计已改水受益人口占农村总人口比重 54. 建成区绿化覆盖率
	55. 人均当年新增造林面积 56. 工业二氧化硫去除率 57. 工业废水化学需氧量去除率	58. 工业氮氧化物去除率 59. 工业废水氨氮去除率 60. 突发环境事件次数

说明：本表内容由课题组在 2013 年多次专家研讨会上讨论确定，引自《2013 中国绿色发展指数报告——区域比较》，北京：北京师范大学出版社，2013 年。

　　从表 13-3 可知，中国省际绿色发展指数指标体系中的每个一级指标都是由众多三级指标构成：“经济增长绿化度”包括“人均地区生产总值”“单位地区生产总值能耗”等 22 个三级指标；“资源环境承载潜力”包括“人均水资源量”“森林覆盖率”等 19 个三级指标；“政府政策支持度”则由“环境保护支持占财政支出比重”“环境污染治理投资占地区生产总值比重”等 19 个三级指标构成。由此派生出来的一个问题就是，对于旨在推动绿色发展的省级政府而言，决策单元就是三个权重几乎相等的一级指标，但是影响每个决策单元的三级指标数量众多，如果有所侧重的话，政府无法找准发力点，因此，需要利用必要的方法（主成分分析）找到分别影响三个一级指标的主要因素，为政府决策提供参考。

这里基于 2014 年《绿指报告》2012 年 30 个省 55 个三级指标的原始数据[①]，利用 EVIEWS5.0 软件对省际绿色发展指数一级指标进行主成分分析：第一个步骤要求对 30 个省 55 个三级指标原始数据进行无量纲的标准化处理，即矩阵标准化，由于篇幅的原因，这里不再详述。下面分别给出省际绿色发展指数 3 个一级指标的主成分分析结果。

①“经济增长绿化度”的主成分分析

表 13-4 给出了对一级指标“经济增长绿化度”中去掉 3 个无数列表、共计 19 个有效三级指标的主成分分析结果。

表 13-4　“经济增长绿化度”一级指标组的主成分分析结果

		第 1 主成分	第 2 主成分	第 3 主成分	第 4 主成分	第 5 主成分	第 6 主成分
特征向量	人均地区生产总值	0.299	0.122	−0.164	−0.202	0.014	−0.094
	单位地区生产总值能耗	0.260	−0.288	−0.045	0.108	−0.102	−0.008
	单位地区生产总值二氧化硫排放量	0.298	−0.038	0.104	0.256	0.001	0.009
	单位地区生产总值化学需氧量排放量	0.303	0.029	−0.048	0.178	0.171	−0.072
	单位地区生产总值氮氧化物排放量	0.180	−0.411	0.155	−0.184	0.189	0.318
	单位地区生产总值氨氮排放量	0.302	0.137	−0.044	0.098	0.199	0.108
	人均城镇生活消费用电	−0.194	0.157	−0.382	0.327	−0.229	−0.192
	第一产业劳动生产率	0.214	−0.020	0.125	−0.409	−0.486	−0.122

---

① 非化石能源消费量占能源消费量的比重、单位地区生产总值二氧化碳排放量、规模以上单位工业增加值能耗、单位土地面积二氧化碳排放量、人均二氧化碳排放量这 5 个三级指标因数据缺失，因而课题组发布的《中国绿色发展指数报告》中为“无数列表”。

		第1主成分	第2主成分	第3主成分	第4主成分	第5主成分	第6主成分
特征向量	土地产出率	0.255	−0.122	0.026	0.052	−0.361	0.250
	节灌率	0.170	0.422	0.010	0.114	−0.167	0.152
	有效灌溉面积占耕地面积比重	0.208	−0.041	0.007	0.030	−0.549	−0.009
	第二产业劳动生产率	0.053	0.444	0.055	−0.471	0.116	−0.294
	单位工业增加值水耗	0.145	0.244	−0.281	−0.194	0.160	0.639
	工业固体废物综合利用率	0.197	−0.227	−0.314	0.097	0.092	−0.302
	工业用水重复利用率	−0.016	−0.073	−0.722	−0.079	−0.068	0.104
	六大高载能行业产值占工业总产值比重	0.179	−0.336	−0.135	−0.280	0.219	−0.270
	第三产业劳动生产率	0.286	0.148	−0.129	−0.075	0.066	−0.224
	第三产业增加值比重	0.261	0.124	0.119	0.387	0.154	−0.110
	第三产业从业人员比重	0.272	0.171	0.136	0.078	0.086	−0.050
特征值		9.251	2.637	1.454	1.273	0.956	0.847
贡献率		0.487	0.139	0.077	0.067	0.050	0.045
累积贡献率		0.487	0.626	0.703	0.769	0.820	0.864

表13-4中所示，在"经济增长绿化度"这个由19个有效三级指标构成的指标组中，只需要6个合成指标（主成分）就可以解释总指标的86.4%。按照主成分分析的通常步骤，是依据表13-4中19个有效三级指标的特征向量值作为合成系数、构造6个主成分再进行分析，这里做适度修正，不再合成所有三级指标，而分别依据各三级指标在第一主成分中的特征向量值、6个主成分中特征向量总值判断其相对重要性[①]，从而为省级政府促进本地经济增长绿化度提供路径支持和决策参考。

第一主成分能够解释经济增长绿化度的48.7%，其中：单位地区生产总值主要污染物排放强度最为重要，其特征向量值最高，都约为0.3，单位地区生产总值二氧化硫排放量的特征向量

[①] 对于单个主成分而言，某三级指标的特征向量值（取绝对值）越大，说明其对该主成分的影响就越大，因而就越重要。但从多个主成分来看，某单一指标的特征向量总值（取和的绝对值）越大，说明其对该多个主成分的整体影响就越大，下文对"资源环境承载潜力""政府政策支持度"的有效三级指标分析过程中同样采用此方法，不再说明。

值为0.298、单位地区生产总值化学需氧量排放量的特征向量值为0.303、单位地区生产总值氨氮排放量的特征向量值为0.302；人均地区生产总值和第三产业的发展质量对地区经济增长绿化度的重要性仅次于单位地区生产总值主要污染物排放强度，其特征向量值均超过0.26，人均地区生产总值、单位地区生产总值能耗的特征向量值分别为0.299、0.26，第三产业劳动生产率、第三产业增加值比重、第三产业从业人员比重的特征向量值分别为0.286、0.261、0.272。

6个主成分能够解释经济增长绿化度的86.4%，从19个三级指标在6个主成分中的特征向量总值来看，有9个三级指标的特征向量总值大于0.6，第三产业增加值比重的特征向量总值最高，为0.935，其次是工业用水重复利用率(0.854)、单位地区生产总值氨氮排放量(0.8)，然后依次是单位工业增加值水耗(0.713)、节灌率(0.701)、第三产业从业人员比重(0.693)、第一产业劳动产生率(0.69)、单位地区生产总值二氧化硫排放量(0.63)、六大高载能行业产值占工业总产值比重(0.623)。

②"资源环境承载潜力"的主成分分析

表13-5给出了对一级指标"资源环境承载潜力"中去掉2个无数列表、共计17个有效三级指标的主成分分析结果。

表 13-5　"资源环境承载潜力"一级指标组的主成分分析结果

		第1主成分	第2主成分	第3主成分	第4主成分	第5主成分
特征向量	人均水资源量	−0.289	0.332	0.061	−0.171	0.090
	人均森林面积	−0.298	0.021	−0.258	−0.018	−0.408
	森林覆盖率	0.128	0.325	−0.397	−0.042	−0.101
	自然保护区面积占辖区面积比重	−0.334	0.070	0.085	−0.078	−0.030
	湿地面积占国土面积比重	0.114	−0.136	0.346	−0.439	−0.419
	人均活立木总蓄积量	−0.179	−0.029	−0.378	0.043	−0.586
	单位土地面积二氧化硫排放量	−0.334	0.225	0.136	−0.183	0.081
	人均二氧化硫排放量	0.182	0.324	−0.016	−0.206	−0.079
	单位土地面积化学需氧量排放量	−0.341	0.171	0.222	−0.077	0.109
	人均化学需氧量排放量	0.158	0.226	0.374	0.367	−0.221
	单位土地面积氮氧化物排放量	−0.172	0.209	−0.419	0.247	0.291
	人均氮氧化物排放量	0.167	0.473	0.057	−0.048	−0.083
	单位土地面积氨氮排放量	−0.354	0.134	0.193	−0.089	0.087
	人均氨氮排放量	0.027	0.166	0.255	0.602	−0.176
	单位耕地面积化肥施用量	−0.300	−0.021	0.097	0.175	−0.293
	单位耕地面积农药施用量	−0.252	−0.225	0.063	0.295	0.068
	人均公路交通氮氧化物排放量	0.176	0.399	0.013	0.022	−0.040
特征值		6.411	2.946	2.479	1.733	1.136
贡献率		0.377	0.173	0.146	0.102	0.067
累积贡献率		0.377	0.550	0.0.696	0.798	0.865

表 13-5 中所示，在"资源环境承载潜力"这个由 17 个有效三级指标构成的指标组中，只需要 5 个合成指标（主成分）就可以解释总指标的 86.5%。

第一主成分能够解释资源环境承载潜力的 37.7%，其中 7 个三级指标在第一主成分中的特征向量值接近或超过 0.3，按照由大到小的顺序依次是：单位土地面积氨氮排放量（0.354）、单位土地面积化学需氧量排放量（0.341）、单位土地面积二氧化硫排放量（0.334）、自然保护区面积占辖区面积比重（0.334）、单位耕地面积化肥施用量（0.3）、人均森林面积（0.298）、人均水资源量（0.289）。

5 个主成分能够解释资源环境承载潜力的 86.5%，从 17 个三级指标在 5 个主成分中的特征向量总值来看，有 7 个三级指标的特征向量总值大于 0.5，按照由大到小的顺序依次是：人均活立木总蓄积量（1.129）、人均森林面积（0.961）、人均化学需氧量排放量（0.904）、人均氨氮排放量（0.874）、人均公路交通氮氧化物排放量（0.57）、人均氮氧化物排放量（0.566）、湿地面积占国土面积比重（0.534）。

③"政府政策支持度"的主成分分析

表 13-6 给出了对一级指标"政府政策支持度"中共计 19 个三级指标的主成分分析结果。

表 13-6　"政府政策支持度"一级指标组的主成分分析结果

		第1主成分	第2主成分	第3主成分	第4主成分	第5主成分	第6主成分	第7主成分
特征向量	环境保护支出占财政支出比重	−0.295	0.043	0.002	−0.254	0.058	−0.192	0.370
	环境污染治理投资占地区生产总值比重	−0.122	−0.090	−0.522	−0.189	−0.199	0.350	0.085
	农村人均改水、改厕的政府投资	0.106	−0.347	−0.161	0.221	0.326	−0.249	0.014
	单位耕地面积退耕还林投资完成额	−0.350	−0.149	0.078	−0.043	0.011	−0.402	−0.120
	科教文卫支出占财政支出比重	0.308	0.165	0.246	0.096	−0.201	0.085	−0.130
	城市人均绿地面积	0.092	−0.444	−0.169	−0.011	0.201	0.234	−0.186
	城市用水普及率	0.240	−0.252	0.011	−0.117	−0.394	0.064	0.140
	城市污水处理率	0.248	0.278	−0.308	0.058	0.109	0.014	0.145
	城市生活垃圾无害化处理率	0.260	−0.058	−0.237	0.013	−0.232	−0.408	−0.012
	城市每万人拥有公交车量	0.122	−0.290	0.213	−0.162	−0.399	−0.201	−0.077

		第1主成分	第2主成分	第3主成分	第4主成分	第5主成分	第6主成分	第7主成分
特征向量	人均城市公共交通运营线路网长度	0.101	−0.494	−0.093	−0.083	0.063	0.191	−0.115
	农村累计已改水受益人口占农村总人口比重	−0.101	0.157	−0.229	0.315	−0.105	−0.191	−0.666
	建成区绿化覆盖率	0.294	0.045	−0.184	−0.313	−0.157	−0.231	−0.065
	人均当年新增造林面积	−0.292	−0.099	−0.333	−0.007	−0.085	−0.338	0.231
	工业二氧化硫去除率	0.199	0.124	−0.297	0.464	−0.115	0.041	0.336
	工业废水化学需氧量去除率	0.280	0.152	0.106	−0.384	0.242	−0.101	0.065
	工业氮氧化物去除率	0.296	−0.109	0.125	0.204	0.052	−0.270	0.167
	工业废水氨氮去除率	0.161	0.209	−0.291	−0.423	0.253	−0.088	−0.274
	突发环境事件次数	−0.188	0.143	−0.068	−0.097	−0.453	0.102	−0.088
特征值		5.181	3.158	1.872	1.626	1.385	1.148	0.953
贡献率		0.273	0.166	0.099	0.086	0.073	0.060	0.050
累积贡献率		0.273	0.439	0.537	0.623	0.696	0.756	0.806

表13-6中所示，在"政府政策支持度"这个由19个有效三级指标构成的指标组中，只需要7个合成指标（主成分）就可以解释总指标的80.6%。

第一主成分能够解释政府政策支持度的27.3%，其中7个三级指标在第一主成分中的特征向量值接近或超过0.3，按照由大到小的顺序依次是：单位耕地面积退耕还林投资完成额（0.35）、科教文卫支出占财政支出比重（0.308）、工业氮氧化物去除率（0.296）、环境保护支出占财政支出比重（0.295）、建成区绿化覆盖率（0.294）、人均当年新增造林面积（0.292）、工业废水化学需氧量去除率（0.28）。

7个主成分能够解释政府政策支持度的80.6%，从19个三级指标在7个主成分中的特征向量总值来看，有9个三级指标的特征向量总值大于0.6，按照由大到小的顺序依次是：单位耕地面积退耕还林投资完成额（0.975）、人均当年新增造林面积（0.923）、农村累计已改水受益人口占农村总人口比重（0.82）、城市每万人拥有公交车量（0.794）、工业二氧化硫去除率（0.752）、环境污染治理投资占地区生产总值比重（0.687）、城市生活垃圾无害化处理率（0.674）、突发环境事件次数（0.649）、建成区绿化覆盖率（0.611）。

（4）省际绿色发展的实现路径

省际绿色发展的实现路径可概括为：从单轮支撑型绿色发展、到双轮驱动型绿色发展、再到三轮协调型绿色发展。每个省份都要视自身省情而定，首先基于各省静态比较优势，集中优势资源，重点培育这个比较优势，初步实现单轮支撑型的绿色发展，然后再发掘各自动态比较优势，渐进地突破瓶颈、改进短板，逐步实现双轮驱动型的绿色发展、三轮协调型的绿色发展。

绿色发展永无止境，好的更好、差的追赶。绿色发展水平已经较为领先的省份，比如北京、青海、海南、上海等，仍要看到自身仍然存在的问题，找到短板，再接再厉，这里重点强调发展水平相对落后省份的赶超路径和战略。具体来看，那些绿色发展水平相对落后省份（绿色发展指数排名后 20 位）的情况又各不相同，大致可把这 20 个省分两类：一类是三个一级指标排名均在 10 名之后的省份，比如江西、重庆、湖南、安徽、吉林、湖北、山西、河北、宁夏、河南 10 省；另外一类是一个、甚至是某两个一级指标排名进入前十，但其总体绿色发展水平仍未排进全国前十的省份，比如广东、辽宁二省的经济增长绿化度分别排在全国第 6 和第 9，四川、广西、贵州、黑龙江、甘肃 5 省的资源环境承载潜力分别位居全国第 4、第 9、第 2、第 5、第 10，新疆的政府政策支持度排名全国第 4，这 8 个省份的绿色发展水平均未进入全国前 10。云南省的资源环境承载潜力排名第 3、政府政策支持度排名第 9，但其经济增长绿化度全国垫底，受此拖累，云南的绿色发展水平仅居全国第 13 位。山东省的经济增长绿化度排名第 8、政府政策支持度排名第 6，但其资源环境承载潜力全国倒数第 3，受此拖累，山东的绿色发展水平仅居全国第 14 位。

这也就意味着，绿色发展相对落后的省份若要实现单轮支撑型或双轮驱动型的绿色发展，仍需齐头并进、有所侧重，除非该省在某个一级指标方面遥遥领先，像青海省的资源环境承载潜力排名全国第 1，即便其经济增长绿化度排名全国倒数第 3，政府政策支持度全国排名倒数第 6，其绿色发展水平仍能排在全国第 2 位。但对于同样资源环境承载潜力排名领先、居全国第 2 位的贵州，情况则明显不同，青海绿色发展指数排名全国第 2 而贵州排名第 18，原因在于其经济增长绿化度与政府政策支持度虽都与青海省接近，但资源环境承载潜力较第 1 位的青海差距悬殊，两省该一级指标的值分别为 0.5545、0.1769。

总之，一省推动绿色发展，需要瞄准经济增长绿化度、资源环境承载潜力、政府政策支持度这三大一级指标，可能不同省份在不同时期会有所侧重，但长远来看，三轮协调型的绿色发展都应是其最终目标。

3. 中国省际绿色发展的政策选择

对于省级地方政府而言，推动绿色发展，不仅是破解当地经济社会发展过程中资源与环境瓶颈的必然要求，也是未来地区间综合竞争的核心要素，还符合国内外的发展趋势和中央政策取向。经济增长绿化度、资源环境承载潜力、政府政策支持度都是内涵宽泛且较为抽象的概念，每个一级指标都包括 20 个左右三级指标，而且三个一级指标之间还存在相互交叉和影响的关系，比如各省主要污染物排放量的人均值和地均值是环境压力与气候变化指标的组成部分，从而算作资源环境承载潜力，各省主要污染物排放量除以地区生产总值则是绿色增长效率指标的组成部分，从而算作经济增长绿化度。因此，省级政府需要从数量众多的三级指标中去粗取精、找到关键因子并作为政策发力点，制定针对性的政策措施，推动本省绿色发展。除了发展本省经济、加强自然保护区建设、增加环保支出和环境污染治理投资这些已经达成基本共识性的政策途径以外，这里基于本章对省际绿色发展指数指标体系三个一级指标的主成分分析，给出3条政策建议供决策参考。

(1)以梳理现行政策为重点，削减本省主要污染物排放总量

二氧化硫、化学需氧量、氨氮、氮氧化物等主要污染物排放量直接或间接影响三个一级指标，进而影响地区绿色发展水平：首先，主要污染物排放量影响经济增长绿化度。第一主成分可解释总体方差的48.7%，6个主成分能够解释86.4%。19个有效三级指标解释经济增长绿化度的第一主成分时，单位地区生产总值二氧化硫排放量、单位地区生产总值化学需氧量排放量、单位地区生产总值氨氮排放量这三个三级指标的特征向量值最高，均接近或超过0.3。19个有效三级指标在解释经济增长绿化度的6个主成分时，共有9个三级指标特征向量值大于0.6，比如单位地区生产总值氨氮排放量(0.8)和单位地区生产总值二氧化硫排放量(0.63)；其次，主要污染物排放量影响资源环境承载潜力。第一主成分可解释总体方差的37.7%，5个主成分能够解释86.5%。17个有效三级指标解释资源环境承载潜力的第一主成分时，有7个三级指标特征向量值最高接近或超过0.3，地均主要污染物排放量指标贡献最大，如单位土地面积氨氮排放量(0.354)、单位土地面积化学需氧量排放量(0.341)、单位土地面积二氧化硫排放量(0.334)。17个有效三级指标在解释资源环境承载潜力的5个主成分时，共有7个三级指标的特征向量总值大于0.5，人均主要污染物排放量指标贡献较大，主要有人均化学需氧量排放量(0.904)、人均氨氮排放量(0.874)、人均公路交通氮氧化物排放量(0.57)和人均氮氧化物排放量(0.566)；最后，主要污染物排放量还影响政府政策支持度。第一主成分能够解释总体方差的27.3%，7个主成分能够解释80.6%。19个有效三级指标解释政府政策支持度的第一主成分时，共有7个三级指标的特征向量值接近或超过0.3，如工业氮氧化物去除率(0.296)和工业废水化学需氧量去除率(0.28)。19个三级指标在解释政府政策支持度的7个主成分时，有9个三级指标的特征向量总值大于0.6，如工业二氧化硫去除率(0.752)。因此，若其他条件(如经济发展水平、人口规模、土地面积等)不变，削减全省范围内的主要污染物排放总量，可以降低地均、人均以及单位地区生产总值的主要污染物排放强度，降低相应的三级逆指标值，改善3大一级指标，从而促进该省的绿色发展。

迄今，各省级政府已有很多旨在削减本省主要污染物排放总量的现行政策安排，除了自身主动、独立颁布实施的政策以外，还有一些由于贯彻落实国务院、中央各部委(主要是国家发改委、环保部、工信部、财政部、央行等部门)指示要求而被动颁布实施的配套政策。现行相关政

策可分四类。第一类是国家的绿色法律体系，如《大气污染防治法》(2000)、《清洁生产促进法》(2002)、《固体废物污染环境防治法》(2004)、《水污染防治法》(2008)《循环经济促进法》(2009)、新修订的《可再生能源法》(2009)、以及 2014 年刚刚通过的《环境保护法》。第二类是环保部会同国家发改委、工信部、财政部、中国人民银行、银监会、保监会、证监会等部门制定并实施的一系列绿色新政，除了要求各省推进产业结构调整、消化产能过剩、抑制"两高一剩"产业的发展，还包括绿色财政(绿色税收、绿色补贴、绿色采购等)和绿色金融(绿色信贷、绿色证券、绿色保险等)。第三类是国务院出台的一系列带有强制性的、关于节能减排的目标和任务。比如国家十一五规划中明确提出，较之 2005 年，2010 年要实现单位 GDP 能耗目标下降 20％左右、主要污染物排放总量减少 10％。国家十二五规划中又提出，较之 2010 年，2015 年要实现单位 GDP 能耗下降 16％、单位 GDP 二氧化碳排放量下降 17％、化学需氧量和二氧化硫这两类污染物排放总量分别下降 8％、氨氮和氮氧化物这两类污染物排放总量分别下降 10％。为确保实现这些目标，国务院专门印发了《"十二五"节能减排综合性工作方案》(2011)，综合考虑各省的经济水平、产业结构、节能潜力、环境容量及产业布局等因素对这些硬性节能减排目标进行分解，如天津、上海、江苏、浙江、广东下降 18％；北京、河北、辽宁、山东下降 17％，山西、吉林、黑龙江、安徽、福建、江西、河南、湖北、湖南、重庆、四川、陕西下降 16％，内蒙古、广西、贵州、云南、甘肃、宁夏下降 15％，海南、西藏、青海、新疆下降 10％[①]。第四类是国家正在推进的生态保护红线划定工作。生态保护红线是指在自然生态服务功能、环境质量安全、自然资源利用等方面，需要实行严格保护的空间边界与管理限值，这是中国环境保护领域的重要制度创新，是继"18 亿亩耕地红线"后，另一条被提到国家层面的"生命线"。继 2011 年中国首次提出要划定生态红线任务后，经过两年多的探索和实践，2014 年环境保护部出台《国家生态保护红线——生态功能基线划定技术指南(试行)》(以下简称《技术指南》)，成为中国首个生态保护红线划定的纲领性技术指导文件，并将内蒙古、江西、湖北、广西等地列为生态红线划定试点，2014 年计划完成全国范围内的生态保护红线划定任务[②]。此外，自党的十七大提出生态文明建设的新要求之后，环保部开始在全国范围内推进生态文明建设试点。截至 2013 年年底，已经开展了六批生态文明建设试点，全国范围内初步形成了梯次推进的生态文明建设格局，随后出台的《国家生态文明建设试点示范区指标(试行)》(2013)中对相关地区都提出了约束性且明确量化的主要污染物排放强度指标，如化学需氧量不超过 4.5 吨/平方公里、二氧化硫不超过 3.5 吨/平方公里、氨氮不超过 0.5 吨/平方公里、氮氧化物不超过 4 吨/平方公里。

　　既然已经存在这么多的法律、政策和指标体系，那么，省级政府如何制定政策削减全省范

[①]　朱剑红. 节能减排指标已分解到各地. 2011 年，引自人民网[DB/OL] http://politics.people.com.cn/GB/1026/15685830.html，最后访问时间：2014 年 6 月 23 日。

[②]　中国划定全国生态保护红线. 科技日报，2014-02-12.

围内的主要污染物排放？从目前来看，重点不是创新一些新的政策，而是要对来自于各方的现行相关政策进行归纳梳理，即相互矛盾的政策协调解决，相互重复的政策只取其一，以环境质量红线、污染物排放总量控制、强制性污染物排放标准或环境经济政策等方式，把削减污染物排放总量指标纳入对省辖区范围内各市县领导人的绩效考核体系中去。

(2)以产业结构提质增效升级为契机加快发展绿色三产

第三产业的发展质量直接影响经济增长绿化度、间接影响资源环境承载潜力和政府政策支持度，进而影响地区绿色发展水平。首先，第三产业发展质量直接影响经济增长绿化度。19 个有效三级指标解释经济增长绿化度的第一主成分时，第三产业劳动生产率、第三产业增加值比重、第三产业从业人员比重这 3 个三级指标的特征向量值分别为 0.286、0.261、0.272，其重要性仅次于单位地区生产总值主要污染物排放强度、单位 GDP 能耗强度和人均 GDP。19 个有效三级指标在解释经济增长绿化度的 6 个主成分时，共有 9 个三级指标特征向量值大于 0.6，第三产业增加值比重的特征向量总值最高，为 0.935。此外，第三产业从业人员比重的特征向量值也高达 0.693，也就是说从 6 个主成分总体来看，第三产业增加值比重对经济增长绿化度的影响最大。其次，第三产业发展质量间接影响资源环境承载潜力和政府政策支持度。人均和地均主要污染物排放量显著影响地区资源环境承载潜力，工业主要污染物的去除率显著影响政府政策支持度。通常而言，第三产业的能源消耗和主要污染物排放量远低于传统工业，优化第三产业发展质量，加快发展诸如生态旅游、金融、会展、物流之类的生产性服务业或者叫"绿色三产"，也有助于降低全省范围内的主要污染物排放总量，改善三大一级指标，从而促进该省的绿色发展。

加快发展绿色三产要以国家正在实施的工业转型升级"6＋1"专项行动计划[①]为契机，着力从提质增效升级出发，从整体上推动产业结构优化[②]。一是继续化解产能严重过剩矛盾以钢铁、电解铝、水泥、平板玻璃等行业为重点，提高并严格执行能耗、环保和安全等行业准入条件，推动建立长效机制。二是引导鼓励企业兼并重组。推动出台进一步鼓励企业兼并重组的意见，发挥产业政策引导作用。优化企业做优做强政策环境。三是加强工业节能减排落实大气污染防治行动计划。四是提升重大技术装备发展水平。五是推进产业转移和产业集聚。落实国家新型城镇化规划，推进产城融合，鼓励有条件的地方探索"产业新城"建设模式。

(3)以生态补偿为手段调动地方还林、造林积极性

在对 3 个一级指标的主成分分析框架中，地方还林、造林状况与经济增长绿化度并不直接相关，但却显著影响资源环境承载潜力、尤其是政府政策支持度。首先，还林、造林状况影响

---

① 国家工信部 2013 年实施转型升级行动计划"6＋1"专项行动：即工业质量品牌能力提升专项行动、工业强基专项行动、节能与绿色发展专项行动、扶助小微企业专项行动、宽带中国 2013 专项行动、两化深度统和创新推进专项行动、和改进作风年活动。

② 司建楠. 加快推进工业转型 着力提质增效升级. 中国工业报，2014－01－21.

资源环境承载潜力。17 个有效三级指标解释资源环境承载潜力的第一主成分时，有 7 个三级指标在第一主成分中的特征向量值接近或超过 0.3，人均森林面积即为其中之一，特征向量值为 0.298。17 个有效三级指标在解释资源环境承载潜力的 5 个主成分时，有 7 个三级指标的特征向量总值大于 0.5，排在前两位的分别是人均活立木总蓄积量(1.129)和人均森林面积(0.961)。其次，还林、造林状况还影响政府政策支持度。19 个有效三级指标解释资源环境承载潜力的第一主成分时，其中 7 个三级指标在第一主成分中的特征向量值接近或超过 0.3，除了特征向量值最高的单位耕地面积退耕还林投资完成额(0.35)，还包括建成区绿化覆盖率(0.294)和人均当年新增造林面积(0.292)。19 个有效三级指标在解释政府政策支持度的 5 个主成分时，有 9 个三级指标的特征向量总值大于 0.6，排在前两位的也分别是单位耕地面积退耕还林投资完成额(0.975)和人均当年新增造林面积(0.923)，此外还包括建成区绿化覆盖率(0.611)。因此，一个地区如果充分调动各方还林、造林的积极性，增加退耕还林面积和新增造林面积，增加绿化覆盖率和活立木蓄积量，会提高资源环境承载潜力和政府政策支持度，从而促进该省的绿色发展。而生态补偿是调动各方还林、造林积极性的一种重要手段，所谓生态补偿是指生态(环境)服务功能受益者对生态(环境)服务功能提供者付费的行为，国际上较为通用的、关于"生态补偿"的提法是生态(环境)服务付费(Payment for Ecological Services or Payment for Environmental Services，PES)。

国内外都已经对生态补偿机制建设进行了很多探索与实践。从国内来看，中国从 20 世纪 70 年代末期就开始积极探索开展生态补偿机制的实践，如 1978 年的三北防护林工程，到了 80 年代，在矿产领域的实践开始增多，1983 年云南省以昆阳磷矿为试点对每吨矿石征收生态补偿费，用于开采区生态环境的恢复。90 年代中期，广西、福建、江苏等地多县市开始试点收取生态补偿费。1996 年 8 月，《国务院关于环境保护若干问题的决定》指出要建立并完善有偿使用自然资源和恢复生态环境的经济补偿机制。1999 年中国开始启动退耕还林、天然林保护、退牧还草等一系列大型生态建设工程，生态补偿实践快速发展。2004 年建立的中央财政森林生态效益补偿基金制度，标志着中国生态补偿机制的正式启动。为进一步推动建立生态补偿机制建设，原国家环保总局于 2007 年 8 月发布了《关于开展生态补偿试点工作的指导意见》，提出将重点在自然保护区、重点生态功能区、矿产资源开发和流域水环境等四个领域实施生态补偿试点。从国外来看，较有代表性的是哥斯达黎加的森林生态补偿机制建设。哥斯达黎加以 1996 年新修订《森林法》的颁布为标志，正式确立了其森林生态服务补偿机制(简称 PES 机制)。该机制的实施使得哥斯达黎加在森林资源保护和经济发展方面获得了双赢。以森林覆盖率和人均 GDP 为例，根据国家森林基金(FONAFIFO)的统计，哥斯达黎加 1986 年的森林覆盖率为 21%，2012 年达到了 52%，1986 年的人均 GDP 为 3574 美元，2012 年则增至 9219 美元①。

---

① 朱小静，等. 哥斯达黎加森林生态服务补偿机制演进及启示. 世界林业研究，2012(12).

中国政府高度重视生态补偿机制建设。2013 年党的十八届三中全会通过了《中共中央关于全面深化改革若干重大问题的决定》(以下简称《决定》),明确提出"建设生态文明,必须建立系统完整的生态文明制度体系","用制度保护生态环境",并重点强调自然资源资产产权制度和用途管制制度、生态保护红线、资源有偿使用制度和生态补偿制度、生态环境保护管理体制这四大领域的生态文明制度建设。其中第三个领域主要就是针对生态补偿问题的,《决定》对于生态补偿制度建设提出了两大原则:一是"坚持使用资源付费和谁污染环境、谁破坏生态谁付费原则,逐步将资源税扩展到占用各种自然生态空间";二是"坚持谁受益、谁补偿原则,完善对重点生态功能区的生态补偿机制,推动地区间建立横向生态补偿制度"。

尽管目前中国省际间的横向生态补偿机制建设基本处于空白,但省内跨行政区的生态补偿已经进行了很多试点,主要集中在流域生态补偿。如福建省自 2003 年开始先后在九龙江和闽江等 3 个流域开展的生态补偿试点工作、山东省颁布的《关于在南水北调黄河以南段及省辖淮河流域和小清河流域开展生态补偿试点工作的意见》(2007)、《辽宁省跨行政区域河流出市断面水质目标考核暂行办法》(2008)、《江苏省环境资源区域补偿办法(试行)》(2008)和《江苏省太湖流域环境资源区域补偿方案(试行)》(2009)、《河南省沙颍河流域水环境生态补偿暂行办法的通知》(2008)、《浙江省跨行政区域河流交接断面水质监测和保护办法》(2008)、《陕西省渭河流域生态环境保护办法》(2009)、《河北省减少污染物排放条例》(2009)、《贵州省清水江流域水污染补偿办法》(2010)、《长沙市境内河流生态补偿办法(试行)》(2012)等。

1998 年修正后的《中华人民共和国森林法》明确提出"建立林业基金制度""国家设立森林生态效益补偿基金",但 2001 年国家制定补偿标准是每年每亩 5 元,2010 年有所提高,集体林补偿每年每亩 10 元、国有林每年每亩 5 元,2013 年又提高到集体林补偿每年每亩 15 元、国有林每年每亩 5 元[①]。即便如此,补偿标准仍然太低,无法充分调动居民护林、还林、造林的积极性。所以,进一步探索、建立与完善省内跨行政区的横向森林生态补偿机制,既符合国家生态文明建设要求和《决定》精神,又能扩展和完善中国生态补偿的试点领域,还能调动省内各地方还林、造林积极性、推动本省绿色发展。

本章主要参考文献

[1] 北京师范大学经济与资源管理研究院,西南财经大学发展研究院、国家统计局中国经济景气监测中心著. 2014 中国绿色发展指数报告—区域比较[M]. 北京:科学出版社,2014.

[2] 北京师范大学科学发展观与经济可持续发展基地,西南财经大学绿色经济与经济可持续发展研究基地,国家统计局中国经济景气监测中心著. 2013 年中国绿色发展指数报告—区域比较[M]. 北京:北京师范大学出版社,2013.

---

① 姚伊乐,李军. 提高森林生态补偿标准. 中国环境报,2014-03-11(6).

［3］北京师范大学科学发展观与经济可持续发展基地，西南财经大学绿色经济与经济可持续发展研究基地，国家统计局中国经济景气监测中心著．2012年中国绿色发展指数报告—区域比较［M］．北京：北京师范大学出版社，2012.

［4］北京师范大学科学发展观与经济可持续发展基地，西南财经大学绿色经济与经济可持续发展研究基地，国家统计局中国经济景气监测中心著．2011年中国绿色发展指数报告—区域比较［M］．北京：北京师范大学出版社，2011.

［5］北京师范大学科学发展观与经济可持续发展基地，西南财经大学绿色经济与经济可持续发展研究基地，国家统计局中国经济景气监测中心著．2010年中国绿色发展指数报告—省际比较［M］．北京：北京师范大学出版社，2010.

［6］中华人民共和国国家统计局．中国统计年鉴2013［M］．北京：中国统计出版社，2013.

［7］林永生．达沃斯或助推中国经济转型［N］．搜狐财经，2010—09—14.

［8］林永生．绿色浪潮席卷全球［N］．中国经济时报，2009—12—08.

［9］林永生．发展绿色经济：企业才是生力军［J］．能源，2009(12).

［10］中国划定全国生态保护红线［N］．科技日报，2014—02—12.

［11］朱小静，等．哥斯达黎加森林生态服务补偿机制演进及启示．世界林业研究［J］．2012(12).

［12］司建楠．加快推进工业转型 着力提质增效升级［N］．中国工业报，2014—01—21.

［13］姚伊乐，李军．提高森林生态补偿标准［N］．中国环境报，2014—03—11.

山林非时不升刀斧，以成草木之长；川泽非时不入网罟，以成
鱼鳖之长。

——孔子《逸周书·文传解》

第十四章

治污思路：基于市场的环境经济政策[①]

过去半个多世纪以来，命令控制手段和基于市场的经济激励工具是被世界多国重视并采用的环境政策：前者通常表现为设置统一的能效与环境标准，更直接地限制产量、控制价格或行政处罚等措施，体现的是计划思维；后者主要包括征收环境税（费）、发放节能环保补贴、推行排放权交易等措施，反映的是市场决定资源配置的理念。不同时期或不同条件下，一国政府治理环境污染的手段及效力不尽相同。那么，如何评估这两类环境政策的效力，究竟是采用带有计划色彩的"命令控制"手段（如强制性能效标准、汽车燃油效率标准、污染物排放标准），还是实施基于市场的经济激励工具（又称市场化工具，如环境税、补贴或排污权交易），抑或兼而有之？基于此，本章主要以时间为主线，系统梳理了相关领域的研究成果，剖析命令控制与经济激励这两类环境治理工具的效力。总之，尽管不同时期、不同国家的治污思路和手段不尽相同，但总体趋势是由命令控制手段向主要基于市场的环境经济政策过渡。

>>一、命令控制手段<<

命令控制手段（Command－Control）（也称直接规制）的明显特点是环保当局对污染行为进行某种直接控制，包括标准、命令和禁令，有时也将直接规制划分为技术规制和执行规制等。技术规制时，排污者基本没有自由选择的余地，排污者之间不能进行排污许可证或排放权交易，因此，这种制度选择缺乏对微观主体采用清洁生产技术的经济激励，为污染者几乎强制性指定了污染控制方法和技术，剥夺了污染者随时间降低成本和提高污染控制效率的机会。执行标准是对产量或排污强制实行某种限制的一种规制。环保当局在有关法律的指导下，建立起保护健

[①]　本章内容主要源自著者林永生于 2014 年 4 月完成的一篇工作论文，名为："用环境税治理污染有效吗？一个理论综述"，已投国内学术期刊审校。

康和其他价值的标准，同时考虑成本开支和规制的不利后果(Portney and Stavins，2004)。在执行标准条件下，企业灵活性大大增强。

20 世纪 60 年代至 80 年代末期以前，从排污企业、环保组织，到工人、立法者，再到政府部门，几乎所有利益相关方都支持采用命令控制手段解决环境污染问题(Stavins，1998)。

首先，排污企业或相关行业协会支持命令控制手段，是因为较之于经济激励工具，能效或环境标准给企业增加的额外成本更低且有利于提升企业自身竞争力：命令控制标准的设定不可避免地要参考现存排污企业或行业中的大量投入要素，这些标准还通常要求现存企业采用新的资源或技术设备等。相反，若通过拍卖才能获得排污许可证或者缴纳环境税，对现存排污企业而言，不仅要支付将污染物减排到一定水平时的减排成本，还要通过购买许可证或支付环境税的方式支付超标排放污染物的规制成本。这是因为基于市场的经济激励工具关注污染物排放数量，并不在乎谁排放了污染物或者使用什么方式去减排，这些基于市场的环境工具会明显弱化排污企业或行业协会的一些具体的游说角色和功能(Stavins，1998)。

其次，很多环保组织也比较反对经济激励工具，可能是哲学理念上的原因，环保主义者通常把环境税或可交易的排污许可证理解为"污染通行证"。目前，尽管类似从哲学理念上反对经济激励工具的声音越来越少，但依然存在(Sandel Michael，1997)。很多人认为污染损害——从人类健康到生态福利——很难精确量化并给予货币赋值，进而也就不可能加总得出所谓的边际损害函数或如庇古税描述的外部成本(Kelman，Steven P，1981)；此外，环保组织担心允许排放的污染量配额或环境税税率一旦确定，很难随着时间进行收紧，命令控制标准相对就容易得多。如果"排放许可"被给予类似"产权"一样的地位，那么随后政府任何一个降低污染物排放水平的尝试都会遇到需求补偿的问题(当然，美国 1990 年颁布实施的清洁空气法案明确指出，污染物排放许可并不代表产权)，同样，提高环境税税率也几乎不可能，因为加税总是会遇到很大的政治阻力；最后环境工具的选择还涉及战略层面的问题，如果实施基于税收的环境工具会把国会上环境委员会的权力(通常主要是环境立法者主导)转移到相对更为保守的税收制定委员会那里(Kelman，Steven P，1981)。

再次，环保机构也多反对更为自由化、基于市场的环境工具，他们认为即便环境税或者可交易的排污许可证能够降低污染物的总体排放水平，但却易于导致污染物排放集中于某个污染本来已经严重的地区，造成"集聚效应"，这个问题理应受到关注，有人从理论上提出，某些特定地区可依据环境状况变化，通过使用"环境许可证"或者收费系统可以部分处理这个问题(Revesz，Richard L.，1996)，关于类似环境体系更广泛的理论文献可追溯到 Montgomery(Montgomery and W. David，1972)。

有组织的劳工通常也会积极参与到一些环境政策争论中去，那些在高能耗、高污染行业就业的、规模巨大的工人一般反对那些鼓励采用清洁、绿色技术的环境政策工具，基于此，他们也大多宁愿采用命令控制的方式，也不欢迎基于市场或者经济激励的政策工具。以美国 20 世纪

70年代的大气污染治理为例，有组织的劳工大多赞成美国矿工的立场，工人们主要在东部生产高硫煤炭的矿区，他们反对那些鼓励发电厂使用低硫煤的污染控制手段，在1977年关于清洁空气法案的修正讨论会上，有组织的劳工积极参与，最终采用命令控制手段，目的就是削弱电厂使用更清洁的西部煤炭的积极性(Bruce A and Hassler，1981)。

从环境规制的供给方来看，立法者通常也比较喜欢采用命令控制手段：绝大部分立法者及他们的员工大都为法律专业毕业或接受过专门的法律培训，自然喜欢采用法律的规制手段。强制性的能效或环境标准易于隐藏污染控制的成本(McCubbins，Matthew and Sullivan，1984)，基于市场的工具会使得这些成本显性化。例如，相对于提高燃油效率标准，征收汽油税对于消费者的成本显然更为直接。

能源或环境标准还能够为政治象征(symbolic politics)提供更大机会，因为严格的标准(支持环境保护的强烈表述)一般带有很少的免责条款，国会一般会采取缩小干预范围的方式在规则和程序环节去保护那些特定的目标受益群体(McCubbins，Matthew，Noll and Weingast，1987)。基于市场的工具实际上把成本收益分配完全依靠市场，对待所有污染者一视同仁。

如果政客是规避风险的，他们会更喜欢那些会带来较为确定性结果的工具(McCubbins，Matthew，Noll and Weingast，1989)。基于市场的环境工具因其灵活性会造成收入分配领域和地方环境质量水平的不确定性。比较典型的是，比起总成本和总收益的对比，民主党派代表中的立法者更关注成本收益的区域分配，因此，在立法团体的计算过程中，市场化工具的主要特点，即总成本优势，可能就不会那么重要了(Shepsle，Kenneth and Weingast，1984)。政客也很可能会反对那些会造成企业倒闭或者转移，进而增加地区失业人数的工具，尽管区域间的企业或产业转移会有输家和赢家，但潜在的输家比赢家更能确定他们的状况。

最后，立法者对于那些在实施过程中或因官僚主义而效果有所削弱的项目非常谨慎，当然，官僚不大可能去削弱那些充分考虑了他们自身关于政策工具偏好的法律决策。官方偏好，至少在过去，并不支持基于市场的工具，有以下几方面原因：一是官员更熟悉命令控制的方法；二是基于市场的工具并不需要他们在过去命令控制模式下所掌握的、相同类型的专门知识和技术；三是基于市场的工具意味着大量决策过程将由官方向民间转移，从而大大削弱官方机构的职能和角色，换句话说，政府官员，就像他们在环保主义团体和工会中的反对者一样，都有可能反对基于市场的环境工具，以期防止他们过去所掌握的环境管理知识和技能及早变得过时并且保留他们的人力资本。

>>二、经济激励工具<<

长期以来，经济学家大多倡导使用经济激励工具而非命令控制手段来解决环境污染问题。科斯定理(Coase，1960)产生之前的大约40年时间里，对于环境领域主要因负外部性引致的污染问题，经济学界提议的主要解决办法就是征税，监管者通过对每一单位污染物征收在数量上等于边际社会危害或者边际社会成本的做法，能够确保排污者会把他们排放和形成的损害内部化，从而实现最优的污染水平（Pigou，1920）。如此以来，通过合适的排放税，任何数量的总排放都可能会是成本有效的，因为这样的税种能充分考虑到每个排污者的利益，从而让税收水平等于各自（逐渐增加）的边际减排成本，因此，最终的结果就是排污者之间的边际减排成本相等并且实现了成本有效性的必要条件。无论任何时候，一旦排污者之间的减排成本有差异（实际上就是如此），传统的命令控制手段，比如统一的绩效标准或技术标准将不再会是成本有效的，但统一的庇古税将会仍然有效。继科斯（Coase，1960）之后，把解决污染问题作为一种重新界定初始被模糊定义的产权问题成为可能。如果清洁的空气和水能够作为一种财产形式，所有者的相应产权能够在市场上交易，那么私人部门能够以成本有效的方式配置和使用这种财产。Crocker（1966）和Dales（1968）分别提出了一种可交易的排污许可证体系，这也提供了另外一种市场化的解决途径：监管者只需要设定允许的总排放量（the Cap），依据相应的排放限额分配权利，并且允许个体排放源去交易排污许可直到达成最优配置（成本有效）。因此，理论上讲，设计很好的污染税（Pigou，1920）或者可交易的许可证体系（Crocker，1966；Dales，1968）可将实现某一特定环保水平的总成本降到最低（Baumol and Wallace，1988），并且还能够为经济主体接受并推广、扩散那些更为廉价、更好的污染控制技术提供动态激励（Milliman and Prince，1989）。自20世纪90年代以来，在世界各国控制污染的努力和探索实践过程中，利用市场机制与规律的信号激励作用去治理污染、保护环境变得越来越重要了。美国环境保护署自1977年以来允许企业交易污染物排放权或许可证。

解决污染控制问题需要某种程度的放权，有效的污染物排放取决于企业的成本和收益特征，这是以往的规制主管部门通常容易忽略的。放权也就意味着采用经济激励工具，一旦放权，这都会变成企业的战略选择行为（Duggan and Roberts，2002）。所谓经济激励工具，包括环境税费、交易许可证和环境责任（如押金返还）等三种基本形式（Kuik and Osterhuis，2008）。通常而言，尤其是理论意义上，较之命令控制手段，经济激励工具在动态效率方面的优越性显而易见且多是确定的（Milliman and Prince，1989；Dowing and White，1986）。采用经济激励工具，排污者则会拥有更多的行动选择，此外，这些激励工具或为政府带来收入，如环境税/费、拍卖许可证等；或为生产者和服务提供者带来收入，如补贴、资源开发权、税/费减免等；或为收入中性的，如押金返还制度、追溯许可证等（Corintreau and Hornig，2003）。环境税和排污收费是一种典型的经济激励工具，它们能够确保企业以较低成本进行污染控制与治理，还能为企业提供持续降低污染控制成本的动力，这是因为企业需要为其污染物排放支付排污费或环境税，若能有办法做到节能减排并且这种办法的执行采用成本低于其本应缴纳的排污费或环境税，那么企业将会持续获得经济利益。当然，这种政策也有缺点，也就是难以衡量每一单位污染物所造成的损害，进而就难以确定合适的排污费水平或环境税税率（Sterner，2007）。当损失难以估计时，削减污染的成本有时仅作为一种替代方案。排污权交易有助于消除隐含在财产权缺失中的外部性，或环境公共产品属性的外部性（Sterner，2007）。这种机制创立了环境资源的财产权、生态系统同化能力的份额或生态系统可持续租金产品的份额。这些将内部化了外部不经济性，并创建产权保护的动力机制。在激励效应上，排污权交易不同于环境税或排污费，那些制造污染并能以低于许可证价格的成本削减污染的企业将会采取有效的污染控制措施，而另一些污染企业如果发现削减污染的费用开支太大，那么它们将购买排污许可证。因此，在市场机制的引导下，污染削减将能在以最低成本完成的企业中进行。如果在既定的污染削减水平下，就能使总成本最小。同样，那些购买排污许可证的企业也存在持续的激励来减少污染控制成本，只要它们能做到这一点（Portney and Stavins，2004）。

不过应该注意到，在某些条件下，基于市场的激励方法实际上可能会减少企业采用新技术的积极性（Malueg，1989）。此外，尽管经济激励工具具有这些优势，但总体来看，其使用频率通常少于命令控制手段，特别是当对一些与污染相关的产品征税的时候。比如汽油税或者化工产品税，通常是作为一种增加税收收益的方式，用汽油税资助高速公路建设或者用化工税去资助废弃物场所清洁，目的并不是激励主体去减少外部性（Barthold，1994）。之所以会相对较少使用经济激励工具，有以下原因：一是难以确定最优税率，决策者通常并不掌握关于成本和收益的足够信息；二是对一些受规制的资源征收庇古税会影响收入分配，进而会引发很多政治问题。尽管庇古税能够使得社会总成本最小化，但对于那些受规制的企业而言，这种手段可能比传统的命令控制手段成本更高，这种额外的花费主要与税收手段相关，企业既要支付减排成本、又要对于剩余的污染物排放缴税（Buchanan and Tullock，1975）。在实践中，一部分成本会转嫁给消费者，但即便如此，在庇古税情形下，仍有很多企业境况更糟了。

但从目前趋势来看，政策制定者越来越倾向于采用经济激励工具，自20世纪70年代开始，美国环保署开始引入可交易的许可证概念，旨在控制地区性空气污染，20世纪80年代这种政策被正式使用，主要用于淘汰含铅汽油以及破坏臭氧层的一些空气污染物（如有机碳之类），步骤最明显的就是1990年美国清洁空气法案修正过程中实施的、旨在控制酸雨的SO_2排放权交易，目标是到2020年美国实现SO_2排放量较1980年减少50%（Stavins，1998）。

总体上看，激励工具通常被视为优于直接规制，因为如果激励工具被合理设计，它们对寻求更清洁解决方案提供了额外的、持久的经济激励。现有文献对此提供了某些经验证据。Jaffe等（2002）分析结论是，经验证据通常是与理论结论一致的，即环境保护的激励工具很可能比命令控制方法对环境友好型技术的发明、创新与扩散有更大的正向激励。命令控制手段与经济激励工具这两类环境政策的根本区别在于以下两点：一是经济激励工具能够把实现任一给定环境保护水平的成本或负担以最有效（成本最小）的方式在企业间进行分配，至少理论上如此，相对而言，强制性技术标准或环境标准的政策则会在绿色成本的分摊机制建设过程中效率较低；二是后者能够通过提供持续性激励促使企业不断接受新的、改良的（成本更低）的污染控制技术，从而带来动态效率，相反前者易于造成技术锁定（Bohm and Russel，1985）。

从经济激励工具内部的种类选择来看，是开展排污权交易，还是征收环境税或排污费，则要视具体情形而定，尽管排污权交易和环境税这两类基于市场的环境工具各有缺点。就环境税而言，比如汽油税，在政策设计时其目的就是增加税收，而非减少外部性。就排污权交易而言，绝大部分排污许可证的初始指标是免费分配的，而非通过拍卖①。从实践上来看，美国更多采用排污权交易的形式而不是环境税，但总体来看，环境税较之排污权交易更有经济效率（Fullerton，Don，and Metcalf，1997；Goulder，Lawrence，Parry，and Burtraw，1997；Stavins，1995）。

>>三、企业守约程度与环境政策效力<<

环境经济学的核心问题和任务之一就是要设计有效的政策工具，使得边际社会减排收益等于边际社会减排成本。对于监管者而言，如果关于环境危害信息充分且企业是守约的，征收环境税或开展排放权交易均可实现这个目的。但若企业并不总是遵守条约的，则不同类型环境政策的效力评估则复杂得多，也就意味着，一旦考虑到企业违约，现行环境政策的效力就会大打折扣，除非环境损害很大，否则，无法论证环境政策工具的合理性（Rousseau and Proost，2009）。

实际上，企业并不总是遵守现存的规制，有不少长期关注和研究环境政策工具的监督实施问题的学者（Cohen，2000；Polinsky and Shavell，2000），比如，Magat and Viscusi(1990)在一份研究报告中指出，1982年至1985年间，美国造纸业的平均违约率为25%。此外，企业不守约被发现后的罚金水平通常很低，1995年，美国环保署对违规企业平均征收罚金10181美元，最高仅为125000美元（Lear，1998）。然而，罚金水平逐渐提高，根据美国环保署的"实施与守约保险完成情况报告2001"显示，2001年，环保署对每个违规企业的平均罚金高达25.5万美元，但是2001年，美国环保署估计其执行成本可能要超过47亿美元。企业不守约显然会使环境政策的效力大打折扣，环境管理部门就应该在选择环境政策工具时充分考虑监管的问题。Montero(2002)分析了在企业不完全守约时实施环境规制的价格工具和数量工具的选择问题，也是使用局部均衡分析方法，研究发现，如果对环境规制者来说成本和收益曲线是不确定的，那么，数量工具较之价格工具更为有效。近年来，也有很多学者关注环境政策与现存税收扭曲，比如劳动税收之间的相互影响问题。

---

① 尽管美国环保署（EPA）的确在国内 SO_2 排放权交易过程中实现了年度拍卖指标的方式，但用于拍卖的指标很少，不超过总许可证指标数的2%（Bailey，1996）。参见 Bailey, Elizabeth M., Allowance Trading Activity and State Regulatory Rulings: Evidence from the US Acid Rain Program, Working Paper 96－002, MIT Center for Energy and Environmental Policy Research, March 1996.

守约条件下，环境税或补贴等对激励节能环保效果相近，但不完全守约条件下，制定强制性环境标准，也就是采用环境规制的方法，可能更有效率。如果企业不完全守约，那么他们是否有积极性或者有动力投资采用先进的污染减排技术？有趣的是：如果企业完全守约，那么无论是征收排放税、还是采取污染减排补贴，对企业采用先进减排技术的激励效果相同。然而，不完全服从条件下，设定强制性排放标准能够刺激企业投资，实行排污许可证交易则投资激励下降，除非普遍的不服从行为引致许可证价格骤降（Arguedas，Camacho.，etc，2010）。很多研究成果分别探讨了不同环境管制和惩罚政策的静态效率属性，如可交易排放许可证、污染税、减排补贴、强制性排放标准，其中，有些文献聚焦于存在企业可能不守约情况下既定政策工具对企业削减污染物的激励效果（Downing and Watson 1974；Harford 1978；Malik 1990），有些文献重点研究在不完全守约条件下的最优政策选择（Jones 1989；Stranlund and Dhanda 1999；Montero 2002；Sadmo 2002；Stranlund 2007；Argudas 2008；Rousseau and Proost 2009）。

>>四、结论和相关思考<<

政府干预解决环境污染，或通过立法为微观主体进行产权界定、或通过行政规制设定企业或产品的能效标准和排污标准、或通过征收环境税及鼓励推行排污权交易。就环境政策而言，加强环境立法、司法和普法领域的工作自不必说，主要的分歧在于是采用带有计划色彩的、具有强制性的命令控制手段，还是实施主要基于市场的经济激励政策，以20世纪90年代为界，此前较受欢迎的是命令控制手段，随后基于市场的环境工具渐趋流行，但若考虑企业违约的情况，不同政策工具的效力评估相对复杂得多，总体来看，环境税和排污权交易为越来越多的国家重视且推行。

美国联邦政府于20世纪60年代才开始规制主要的空气污染物排放源，当时采用的传统方法，就是根据满足大气质量标准倒推，对那些大型的静态污染源设置最大污染物排放量或者技术标准。后来，经济学家又鼓吹，在满足一系列条件情况下，污染物许可证市场会更有效率。过去几十年里，基于市场机制的CAP－TRADE方法来规制工业点源污染，已经成为美国环境规制的中心议题（Meredith Fowlie，2010）。20世纪80年代后期有个显著的转变，政治中心更倾向于运用市场的力量去解决社会问题。布什政府力排民主党阻挠成功建议并实施 SO_2 排污权交易项目，"环境保护中的财政责任"和"利用市场力量保护环境"的理念与典型的、温和的共和党相吻合。里根政府热烈拥护市场化理念，但在环境领域说得多、做得少，并未颁布一些实际的基于市场的环境政策。更广泛意义上支持采用市场化方式解决社会问题的做法和理念可以追溯到卡特政府时期，比如其在位期间，美国放松航空、通讯、货运、公路、银行等领域的政府管制。但实际上，自20世纪90年代开始，"基于市场的环境政策"才开始被政客们接受并渐趋流行。

有意思的是，为何过去支持命令控制手段的各方都开始逐渐接受并转而支持基于市场的经济激励工具了呢？经济学家们乐于相信，人们对基于市场的工具的加深理解在增强其政治决策过程中的接受度扮演了重要角色。还有一个重要的因素就是持续增加的环境污染治理成本，使得政府开始关注政策工具的成本有效性。截至 1990 年，美国的污染治理成本平均每年高达 1250 亿美元，是 1972 年污染治理成本的三倍（EPA，1990）。此外，直到 1990 年实行 SO_2 排放权交易之前，酸雨实际上一直是一个未受管制的问题，缺乏制度先例，因此，决策者可能最需要基于市场的环境工具。与此同时，当没有任何现行的政策工具应对某个问题时，为基于市场的环境工具提供支持的立法者的政治机会成本最小。这就意味着，应该为解决新问题而引入的基于市场的环境工具感到乐观。

中国政府也在持续探索与实践不同类型的环境政策，越来越重视基于市场的经济激励工具。2013 年 11 月，党的十八届三中全会通过的《中共中央关于全面深化改革若干重大问题的决定》明确指出，要发挥市场在资源配置过程中的决定性作用，并在"加快生态文明制度建设"部分提出要"发展环保市场，推行节能量、碳排放权、排污权、水权交易制度，建立吸引社会资本投入生态环境保护的市场化机制，推行环境污染第三方治理"。2014 年 4 月，最新修订实施的《中华人民共和国环境保护法》在其第 20、21、22 条中既强调了运用"统一规划""统一标准"等方面的强制性、命令控制手段防治污染，又突出了采取"财政、税收、价格、政府采购"等领域的自愿性、经济激励工具保护环境。总之，在超过 13 亿人口、工业化与城镇化加速推进的中国，若要实现可持续发展，就必须提高政府在经济、社会、生态环境等领域的综合治理能力，采用合适有效的政策工具保护生态环境。

本章主要参考文献

[1]林永生. 十面"霾"伏敲响中国环境治理警钟[J]. 中国改革，2013(3).

[2] Ackerman, Bruce A. , and William T. Hassler, Clean Coal/Dirty Air [M]. New Haven：Yale University Press，1981.

[3] Argudas C，to comply or not to comply? Pollution standard setting under costly monitoring and sanctioning[J]. *Environment and Resource Economics*，2008，(41)：155—168.

[4]Bohm, P and C. s. Russel，comparative analysis of alternative policy instruments，1985，in A. V. Kneese and J. L. Sweeney，eds，Handbook of natural resource and energy economics，Vol. 1，North—Holland，Amsterdam，pp395—460.

[5]Buchanan, James M. , and Gordon Tullock. Polluters' profits and Political Response：Direct Control versus Taxes[J]. *American Economic Review*，1975，(65)：139—147.

[6] Carmen Arguedas. , Eva Camacho. , and José Luis Zofío, Environmental Policy Instruments：Technology Adoption Incentives with Imperfect Compliance[J]. *Environment and*

Economics Management，2010，(47)：261—274.

[7]Coase，R. H. The problem of Social Cost[J]. *Journal of Law and Economics*，1960，(3)：1—44.

[8]Cohen，M. A. Monitoring and enforcement of environmental policy，In T. Tietenberg and H. Folmer(Eds)，International yearbook of environmental and resource economics(Version，3)，Edward Elgar Publishers，2000.

[9] Crocker，Tohomas D. The structuring of atmospheric pollution control systems，in Harold wolozin，ed.，the economics of air pollution[M]. New York：Norton，1966.

[10]Dales，John H. pollution，property，and prices. Toronto：University of Toronto Press，1968；Montgomery，W. David，Markets in licenses and efficient pollution control programs[J]. *Journal of economic theory*，1972，395—418.

[11]Don Fullerton，Gilbert Metcalf. Environmental Controls，Scaricity Rents，and Pre—Existing Distortions[N]. NBER Working Paper 6091，July 1997.

[12] Downing PB，Waston WD. The economics of enforcing air pollution controls[J]. *Environment and Economics Management*，1974，(1)：219—236.

[13] Dowing，P. B. and L. J. White. Innovation in pollution control [J]. *Journal of environmental economics and management*，1986，(13)：18—27.

[14] Goulder，L. H.，Ian W. H. Parry，and Dallas Burtraw，Revenue—Raising vs Other Appoaches to Environmental Protection：The Critical Significance of Pre—Existing Tax Distortions[J]. *RAND Journal of Economics*，winter 1997，28(4)：708—731.

[15] Harford JD，Firm behavior under imperfectly enforceable pollution standards and taxes [J]. *Journal of Environmental Economics and Management*，1978，(5)：26—43.

[16]Jaffe. A. B.，R. G. Newell and R. N. Stavins. Technological Change and the Environment [J]. *Environmental and Resources Economics*，2002，(22)：41—69.

[17] John Duggan and Joanne Roberts，Implementing the Efficient Allocation of Pollution [J]. *The American Economic Review*，2002，92(4)：1070—1078.

[18] Jones C.，Optimal standards with incomplete information revisted[J]. *Journal of Policy Anal Manage*，1989，(8)：72—87.

[19] Kelman，Steven P.，What Price Incentives? [M]. Boston：Auburn House，1981.

[20] Keohane，Nathaniel O.，Richard L. Revesz，and Robert N. Stavins. The positive Political Economy of Instrument Choice in Environmental Policy，In Paul Portney and Robert Schwab eds. Environmental Economics and Public Policy [M]. London：Edward Elgar，Ltd.，1997.

［21］Kuik O. , F. Oosterhuis. Economic impacts of the EU ETS: preliminary evidence, 2008, In: M. Faure and M. Peeters(eds.), Climate Change and European Emissions Trading: 208－222. Cheltenham/Northampton: Edward Elgar.

［22］Lear, K. K. , An empirical estimation of EPA administrative penalties[D]. Working paper, Kelley School of Business, Indiana University, 1998.

［23］Magat, W. , and Viscusi, W. K. Effectiveness of the EPA's regulatory enforcement: the case of industrial effluent standards[J]. *Journal of law and economics*, 1990, (33): 331－360.

［24］Malik AS, Markets for pollution control when firms are noncompliant[J]. *Journal of Environmental Economics and Management*, 1990, (18): 97－106.

［25］Malueg, D. A. emission credit trading and incentive to adopt new pollution abatement technology[J]. *Journal of environmental economics and management*, 1989, (16): 52－27.

［26］McCubbins, Matthew and Terry Sullivan, Constituency Influences on Legislative Policy Choice[J]. *Quality and Quantity*, 1984, (18): 299－319.

［27］McCubbins, Matthew D. , Roger G. Noll, and Barry R. Weingast, Administrative Procedures as Instruments of Political Control, Journal of Law [J]. *Economics and Organization*, 1987, (3): 243－277.

［28］McCubbins, Matthew D. , Roger G. Noll, and Barry R. Weingast, Structure and Process, Politics and Policy: Administrative Arrangments and Political Control of Agencies[J]. *Virginia Law Review*, 1989, (75): 431－482.

［29］Meredith Fowlie, Emissions Trading, Electricity Restructing, and Investment in Pollution Abatement[J]. *The American Economic Review*, 2010, 100(3): 837－869.

［30］Milliman, S. R. and R. Prince, Firm incentives to promote technological change in pollution control[J]. *Journal of environmental economics and Managemnt*, 1989, (17): 247 －265.

［31］Montero J－P, Permits, standards and technology innovation [J]. *Journal of Environmental Economics and Management*, 2002, (44): 23－44.

［32］Montgomery, W. David, Markets in Licenses and Efficient Pollution Control Programs [J]. *Journal of Economic Theory*, 1972, 395－418.

［33］Pigou, Arthur Cecil, the economics of welfare [M]. London: Macmillan and Company, 1920.

［34］Portney P. R. , R. N. Stavins. 环境保护的公共政策(第二版)中译本[M]. 上海: 上海人民出版社, 2004.

［35］Polinsky, A. M. , and Shavell, S. , The economic theory of public law enforcement

[J]. *Journal of Economic Literature*，March，2000，45—46.

[36] QuirogaM.，T. Sterner & M. Persson. Have Countries with Lax Environmental Regulations a Comparative Advantage in Polluting Industries? 2007，RFF DP07—08.

[37] Revesz，Richard L.，Federalism and Inter－state Environmental Externalities[J]. *University of Pennsylvania Law Review*，1996，(144)：23—41.

[38] R. H. Coase，the Nature of the Firm[J]. *Economic*，Nov. 1937.

[39] Robert N. Stavins.，What can we learn from the Grand Policy Experiment? Lessons from SO$_2$ Allowance Trading[J]. *Journal of Economics Perspective*，1998，12(3)：69—88.

[40] Robert N. Stavins，Transaction Costs and Tradable Permits [J]. *Journal of Environmental Economics and Management*，September 1995，(29)：133—48.

[41] Sadmo A，Efficient environmental policy with imperfect compliance[J]. *Environmental Resources Economy*，2002，(23)：85—103.

[42] Sandel Michael J.，It is Immoral to Buy the Right to Pollute[N]. *New York Times*，December 15，1997，P. A29.

[43] Sandra Cointreau and Attorney Constance Hornig，Economic Instruments for Solid Waste Management-A Global Framework Paper，Inter-American Development Bank，Regional Policy Dialogue，Washington，DC，USA，February 2003.

[44] Sandra Rousseau，Stef Proost；The Relative efficiency of market－based environmental Policy instruments with imperfect compliance[J]. *Int Tax Publisd Finace*，2009，(16)：25—32.

[45] Shepsle，Kenneth A.，and Barry R. Weingast，Political Solutions to Market Problems [J]. *American Political Science Review*，1984，(78)：417—434.

[46] Stranlund JK，Dhanda KK，Endogenous monitoring and enforcement of a transferable emissions permit system[J]. *Journal of Environmental Economics and Management*，1999，(38)：267—282.

[47] Stranlund JK，The regulatory choice of noncompliance in emissions trading programs [J]. *Environment and Resource Economics*，2007，(38)：99—117.

[48] U. S Environmental Protection Agency，Environmental Investments：The Cost of a Clean Environment[M]. *Washington*，D. C.：U. S Environmental Agency，1990.

[49] W. J. Baumol，W. E. Oates，The Theory of Environmental Policy(2nd edition)[M]. Cambridge：Cambridge University Press，1998.

[50] W. J. Baumol，W. E. Oates，The theory of environmental policy，Prentice Hall，Englewood Cliffs，NJ，1975.

春二月，毋敢伐树木山林及雍堤水，不复月，毋敢业草为灰，

取生荔，麛〔卵〕穀，毋毒鱼鳖，置阱罔，到七月而纵之。

——《田律》

第十五章

减排途径：规模效应、结构效应与技术效应[①]

中国的环境污染，除了生活源对废水排放的"贡献"越来越大外，废气、固体废弃物等主要污染物排放则绝大部分来自工业源，所以，工业源的污染治理是中国开展污染治理与环境保护的重要内容。与此同时，目前工业仍是中国国民经济的主体行业，对GDP、财政收入和社会就业贡献卓越，贸然的环保高压势必严重影响工业发展、经济增长与社会稳定。从这个意义上而言，工业污染物减排就显得更为重要了，直接关乎能否实现经济与环境的共赢。一般来说，削减工业污染物排放，有三种途径：第一，放缓工业增速、减少经济规模与体量；第二，不减少经济规模的情况下通过工业结构的内部调整，比如增加更节能环保型的第一产业、第三产业比重，降低第二产业、特别是工业份额；第三，不减少经济规模和调整工业结构，大力推广和应用节能环保型的技术装备，发挥技术在减少污染物排放、优化环境治理中的效应。基于中国工业废气、工业固体废弃物、工业废水的历史排放量变化，本章分别剖析了三类工业污染物减排的分解效应，以期对未来的工业污染减排路径提供政策建议及相关思考。

>>一、文献综述与数理模型<<

尽管工业污染物并非所有类别环境污染物的主要来源，但社会各界对于环境治理的争论大多始于工业领域，反对加大环境治理力度的人们通常认为绿色意味着成本，进而会造成工人失业、企业生产积极性受挫、产品价格上升，等等，所以，有必要从理论上厘清在经济增长的情

[①] 本章主要由著者林永生副教授的三篇学术论文组合而成，一篇载于《北京师范大学学报》（社会学科版）2013年第3期，名为"大气污染治理中的规模效应、结构效应与技术效应——以中国工业废气为例"；另外两篇分别为："中国工业废水排放量变化的驱动因素研究""中国工业固体废弃物排放量的分解效应研究"，均已投寄国内学术期刊并在审校过程中。

况下是否也能同时实现污染物减排。工业污染物减排，乃至更广泛意义上的环境污染治理并不是一个自发的过程。20 世纪 90 年代，Grossman 等（1993）提出环境库兹涅茨曲线（EKC），认为污染与收入水平之间遵循倒"U"形曲线关系。随后，Arrow 等（1995）、Bruyn（1997）、张红凤等（2009）开始探讨其背后的机制与成因，结构变化、技术进步、需求模式改变和更有效的政府政策法规等被认为是污染下降的主要原因，因此，对各国政府而言，采取有效的环境政策就成为治理大气污染、促进环境保护和可持续发展的必然要求。Bovenbergm 等（1995）、Arguedas 等（2010）、Muller 等（2009）、林伯强等（2010）、李永友等（2008）、陈诗一（2011）的文献论证了环境政策工具的有效性，这些理论研究成果大多聚焦于剖析现有环境政策工具箱里可能的政策组合及其作用机理，属于由因推果，而追本溯源、直接从污染治理的效果出发剖析成因的相对较少，前者的好处在于可以评估现有政策的有效性，后者的好处在于能够以问题出发为导向，有助于探索新的政策工具或政策组合。基于工业领域的污染物排放数据，袁野等（2011）、周静等（2007）、马玲等（2006）、刘胜强等（2012）、李小平等（2010）、Adam（1999）、Gilbert（2008）、陈六君等（2004）、Levinson（2009）已经开始尝试运用投入产出法或分解法剖析工业污染的成因，这些研究成果大致可分两类。一类侧重于分析经济增长、结构调整、技术进步、污染治理投资等某一个或几个方面对工业污染物排放的影响；一类侧重于研究某个特定地区、一个或少数几个特定行业污染物减排的分解效应。与现有理论文献相比，本文具备以下三个特点：一是将整个工业领域的污染物排放作为研究对象，不再局限于某个特定地区或少数几个特定行业；二是对传统意义上大多用于研究能源使用和污染问题的分解分析法进行了修改，具体表现为，直接从工业污染物的定义恒等式出发进行效应分解分析，而不是把工业污染物排放量先细分为各个子行业污染排放量之和，然后再进行效应分解；三是重新定义和诠释了规模效应、结构效应和技术效应，既有的研究成果多从产值、份额、污染强度这三个指标变化量的角度分别定义三大效应，通常认为规模效应不利于污染减排贡献度而技术效应则对污染减排贡献很大。为了消除单位不统一的影响，本章尝试从变量变化率的角度定义三大效应，并且认为三大效应都可以对污染物减排产生积极的贡献，只是不同历史时期由于变量变化率的方向有别，进而对相应时期的污染减排影响有所不同，这个结论对进一步完善中国的环境经济政策具有重大意义。

基于此，可构建相关数理模型：工业污染物排放量等于工业增加值乘以工业污染强度，见式（1）：

$$P = V * \phi \qquad\qquad ——式（1）$$

其中 P、V、ϕ 分别表示工业污染物排放量，工业增加值、工业污染强度，为了进一步把经济中的产业结构因素纳入模型之中，本章将工业增加值 V 进行分解，如式（2）所示，

$$V = GDP * V/GDP = GDP * \lambda \qquad\qquad 式（2）$$

式（2）中，λ 为工业增加值占 GDP 的份额，把式（2）代入式（1），得到式（3），

$$P = GDP * \lambda * \phi \qquad\qquad ——式（3）$$

若要分解出污染物排放量变化的具体影响因素，需要对式(3)进行全微分，如式(4)所示，

$$dP = \o * \lambda * dGDP + GDP * \o * d\lambda + GDP * \lambda * d\o \qquad\qquad ——式(4)$$

式(4)中，dP、$dGDP$、$d\lambda$、$d\o$ 分别表示工业污染物排放量的变化量、GDP 变化量、工业份额变化量、工业污染强度变化量，也就是说，工业污染物减排程度受到经济总量、工业占 GDP 份额和工业污染强度三个变量的变化幅度影响。在其他条件不变的情况下，GDP 的增减反映整个经济规模的变化情况，经济衰退往往意味着大量企业倒闭，工业生产萧条，减少能源消耗，进而工业污染物排放量会相应降低。工业份额的变化反映经济结构的调整情况，如果工业增加值占 GDP 比重降低，通常意味着第三产业较为发达，经济结构相对轻型化，也会使得能源消耗及污染物排放量降低。工业污染强度的变化反映了工业生产在多大程度上实现了清洁高效生产，是否采用了节能环保型的技术和设备，如果工业污染强度降低，就意味着工业领域的节能环保技术进步，进而工业污染物排放量会降低。基于此，本章把 GDP 变化量、工业份额变化量、工业污染强度变化量对工业污染物减排的影响，分别称之为规模效应、结构效应、技术效应，为了消除式(4)中变量单位不统一的影响，进而具体量化分析三种效应，本章拟采用变量变化率的数据，反映在模型中，即式(4)两边同时除以式(3)描述的工业污染物排放量，得到式(5)，

$$\frac{dP}{P} = \frac{dGDP}{GDP} + \frac{d\lambda}{\lambda} + \frac{d\o}{\o} \qquad\qquad ——式(5)$$

从式(5)可以得出，工业污染物变化率在数量上等于规模效应、结构效应、技术效应三者之和。

二、工业废气减排的分解效应

1. 指标选取

选择什么样的指标表示工业污染物排放量？在中国官方统计口径中，工业污染通常包括工业废气、工业废水、工业固体废弃物，即工业"三废"。由于工业废水和工业固体废弃物分别为液态和固态，这两类工业污染物的空间流动性以及治理难度通常远小于工业废气，而且就环境保护而言，人们最为关注的还是空气质量。基于此，这里选择用工业废气排放量代表工业污染物排放量。不同国家关于工业废气的统计数据有所不同，自 20 世纪 70 年代以来，美国国家排放物清单(National Emission Inventory，NEI)每年定期公开发布 4 种主要大气污染物的排放量，即二氧化硫(SO_2)、二氧化氮(NO_2)、一氧化碳(CO)、挥发性有机化合物(Volatile Organic Compounds，VOCs)。中国国家统计局每年定期发布的工业废气排放数据主要包括三大类，即

二氧化硫(SO_2)、工业烟尘、工业粉尘[①]。表 15-1 给出了 1990 年至 2010 年中国三类工业废气排放量、GDP 以及工业结构份额的数据。

表 15-1　中国三类工业废气排放量、实际 GDP 及工业结构份额(1990—2010)　　　　单位：万吨

年份	二氧化硫	烟尘	粉尘	三类废气总量	GDP(亿元)	工业份额(%)
1990	1494	1324	781	3599	18547.9	36.7
1991	1165	845	579	2589	20250.4	37.1
1992	1323	870	576	2769	23134.2	38.2
1993	1292.4	880.4	616.5	2789.3	26364.7	40.2
1994	1341.4	806.8	582.7	2730.9	29813.4	40.4
1995	1405	837.9	638.9	2881.8	33070.5	41.0
1996	1363.5	758.3	561.5	2683.3	36380.4	41.4
1997	1362.6	684.6	548.4	2595.6	39762.7	41.7
1998	1593	1175	1322	4090	42877.4	40.3
1999	1460.1	953.4	1175.3	3588.8	46144.6	40.0
2000	1612.5	953.3	1092	3657.8	50035.2	40.4
2001	1566	852.1	990.6	3408.7	54188.3	39.7
2002	1562	804.2	990.6	3356.8	59109.7	39.4
2003	1791.6	846.1	1021.3	3659	65035.7	40.5
2004	1891.4	886.5	904.8	3682.7	71594.6	40.8
2005	2168.4	948.9	911.2	4028.5	79691.9	41.8
2006	2234.8	864.5	808.4	3907.7	89794.1	42.2
2007	2140	771.1	698.7	3609.8	102511.1	41.6
2008	1991.4	670.7	584.9	3247	112387.7	41.5
2009	1865.9	604.4	523.6	2993.9	122743.4	39.7
2010	1864.4	603.2	448.7	2916.3	144454.3	40.1

注：数据源自历年《中国统计年鉴》，其中：1. 二氧化硫、烟尘、粉尘均为工业排放量，不包括生活排放量，其中 1990 年的二氧化硫和粉尘数据并没有分类统计，因此包括了生活排放量，1999 年《中国统计年鉴》对 1998 年三类废气排放量的统计数据过于笼统，分别为 1600 万吨、1200 万吨、1300 万吨，经与当年环境统计公报核实，采用后者数据，相应调整为 1593 万吨、1175 万吨、1322 万吨。从 1997 年起，工业"三废"排放及处理的统计范围由原来的对县及县以上有污染物排放的工业企业，扩大到对有污染排放的乡镇工业企业的统计。故反映在工业废气排放数据上，1998 年数据迅速增加；2. GDP 数据是以 1990 年为基期不变价计算的实际值，根据《中国统计年鉴 2011》计算整理；3. 工业份额是指基于 1990 年不变价计算的工业实际增加值占当年实际 GDP 的比重，根据《中国统计年鉴 2011》计算整理。

从表 15-1 中可以发现，从 1990 年至 2010 年的 21 年间，中国三类工业废气排放量变化幅度很大且增减不一，主要表现为二氧化硫排放量略有增加、烟尘和粉尘排放量则明显下降。如果

[①]　二氧化硫是最常见的硫氧化物，大气主要污染物之一，为无色气体，带有强烈刺激性气味，由于煤和石油通常都含有硫化合物，因此工业二氧化硫主要是在煤和石油燃烧过程中产生；工业烟尘主要是指企业厂区内燃料燃烧产生的烟气中夹带的颗粒物；工业粉尘是指在生产工艺过程中排放的能在空气中悬浮一定时间的固体颗粒，如钢铁企业的耐火材料粉尘、焦化企业的筛焦系统粉尘、烧结机的粉尘、石灰窑的粉尘、建材企业水泥粉尘等，不包括电厂排入大气的烟尘。

从更短的时间范围来看，尤其是 2005 年以后，三类工业废气排放均大幅下降，这可能是因为中国在《国民经济与社会发展十一五规划》中明确提出了关于节能减排的约束性指标，即 2010 年较之 2005 年要实现单位 GDP 能耗下降 20%，二氧化硫和 COD 排放量下降 10%，并且颁布实施了一系列配套的政策措施。图 15-1 刻画了过去 21 年间中国三类工业废气排放量的变化趋势。

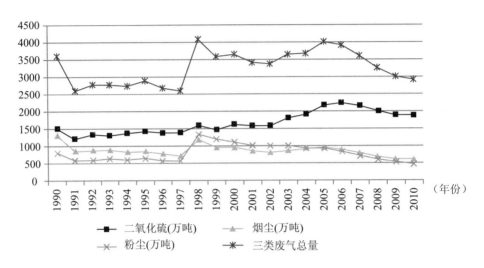

图 15-1　中国三类工业废气排放量变化趋势(1990—2010)

说明：数据源自表 15-1。

如图 15-1 所示，过去 21 年间，中国三类工业废气排放量波动很大且增减不一。尽管 1997 年，国家扩大了对工业"三废"排放的统计范围，即由原来的对县及县以上有污染物排放的工业企业，扩大到对有污染排放的乡镇工业企业的统计。因此，反映在工业废气排放数据上，1998 年，三类工业废气排放量迅速增加，创历史新高，但这三类工业废气增幅不一，排放量较之 1997 年大幅增加的只有工业烟尘（增长 71.63%）和粉尘（增长 141.06%），而工业二氧化硫排放量仅增加 16.9%，不能把统计口径扩大作为解释这种排放量陡增的唯一原因。1998 年以后，工业烟尘和粉尘排放量逐年下降，而二氧化硫排放量则继续增加，直到 2006 年达至历史最高点 2234.8 万吨后才开始有所下降。

总体来看，从 1990 年至 2010 年，中国工业二氧化硫排放量增加 24.79%，工业烟尘排放量下降 54.44%，工业粉尘排放量下降 42.55%，三类工业废气排放总量下降 18.97%。需要强调的是，表 15-1 中只有 1990 年的二氧化硫和粉尘数据包括了生活排放量，故较之其余年份会有所扩大，如果从 1991 年为起点来看，则在过去 20 年的工业废气排放总量中，只有工业烟尘和工业粉尘的排放量有所下降，工业二氧化硫以及三类工业废气排放总量均不降反升，但年度间的排放总量变化明显。

2. 实证检验

本章采用规模效应、结构效应、技术效应来解释中国工业废气排放量的变化。测度技术效应是经济学中颇富争议的研究领域之一，学界对此大致持两类观点，一类是把技术作为内生变量，运用内生增长理论研究其影响和决定因素；另一类是把技术作为外生变量，用可以观察到的人均产量增长率减去人均占有资本变化率与产出中的资本份额乘积的差，即所谓的"索洛剩余"，这也是过去几十年理论界关于增长和生产力研究的核心。这里尝试运用以下三个步骤测度并拓展解释技术效应与中国工业废气减排问题。

步骤一：基于式(5)的理论模型，采用索洛测度技术进步贡献率的方法，将技术效应视为剩余变量，用工业废气排放总量的变化率减去 GDP 变化率和工业份额变化率，从而得到工业污染强度的变化率，并将其视作中国工业废气减排过程中的技术效应。依据表 15-1 中右侧三栏的数据，即三类工业废气排放总量、实际 GDP、工业份额，可计算得出 1991 年至 2010 年间中国工业废气排放总量变化率(污染治理)、GDP 变化率(规模效应)、工业份额变化率(结构效应)，结合式(5)，又可得到工业污染强度的变化率(技术效应)，详见表 15-2。

表 15-2　中国工业废气排放量变化率及其效应分解(1991—2010)　　　　　单位：%

年份	废气排放量变化率	规模效应	结构效应	技术效应
1991	−0.42	9.18	1.07	−10.67
1992	6.95	14.24	2.88	−10.17
1993	0.72	13.96	5.12	−18.36
1994	−2.08	13.08	0.66	−15.81
1995	5.52	10.92	1.54	−6.95
1996	−6.88	10.01	0.81	−17.70
1997	−3.27	9.30	0.76	−13.33
1998	57.96	7.83	−3.31	53.44
1999	−12.47	7.62	−0.78	−19.31
2000	1.93	8.43	0.90	−7.41
2001	−6.81	8.30	−1.50	−13.61
2002	−1.52	9.08	−0.82	−9.78
2003	9.00	10.03	2.63	−3.65
2004	0.65	10.09	0.82	−10.26
2005	9.39	11.31	2.39	−4.31
2006	−3.00	12.68	1.08	−16.76
2007	−7.62	14.16	−1.49	−20.30
2008	−10.05	9.63	−0.25	−19.43
2009	−7.79	9.21	−4.36	−12.65
2010	−2.59	10.30	1.07	−13.96

注：数据源自表 15-1，其中：技术效应等于废气排放量变化率减去规模效应和结构效应，三大效应的符号为"＋"说明使工业废气排放量增加，符号为"−"说明其使工业废气排放量下降。以 2010 年数据为例，2010 年中国工业废气排放量较 2009 年下降 2.59%，其中规模效应为 10.3%，结构效应为 1.07%，技术效应为−13.96%，说明 2010 年的工业废气排放完全是工业领域采取了节能环保型的技术设备或生产制造工业，从而使得废气排放量下降 13.96%，而经济总量变化和结构调整对废气减排毫无贡献，反而是使得废气排放量分别增加 10.3% 和 1.7%。

从表 15-2 可知，1991 年至 2010 年的 20 年中，有 12 年的工业废气排放量较上一年明显下降，"十一五"以来，更是连续五年实现工业废气同比下降。但在过去的 20 年中，中国实际 GDP 以年均 10.4% 的速度持续增长，经济规模迅速扩大，工业废气减排过程中的规模效应始终为正，说明在其他条件不变的情况下经济总量变化使得工业废气排放量显著增加；有 7 年的工业份额同比下降，说明第三产业相对发展更快，这些年份中的经济结构调整有助于降低工业废气排放总量。总体而言，结构效应对中国工业废气减排有所贡献，但并不明显；除 1998 年外，工业废气减排过程中的技术效应始终为负，说明中国工业企业在制造过程中采用了节能环保型的技术设备和生产流程（如大量火电厂安装脱硫设施），从而使得工业废气排放总量显著下降。工业废气减排主要归功于技术效应，结构效应次之，规模效应对废气减排的贡献为负。

步骤二：借鉴当前国内外对能源强度的测度方法，即用单位 GDP 所耗费的能源量表示经济中的能源强度，本文使用单位工业增加值所对应的废气排放量表示工业中的污染强度，然后将工业污染强度的变化率（模拟数据）与步骤一推算出的技术效应（推算数据）进行对比，进而判断是否可以用单位工业增加值所应对的废气排放量作为工业污染强度指标的近似值。图 15-2 给出了两种数据的拟合状况。

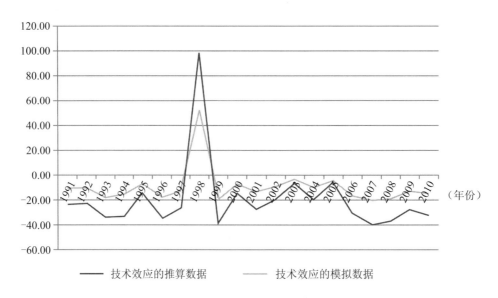

图 15-2　中国工业废气减排过程中的技术效应（1991－2010）

说明：技术效应的推算数据来源于表 15-2。技术效应的模拟数据根据表 15-1 和历年《中国统计年鉴》相关数据计算整理，具体方法是，用表 15-1 中三类废气总量除以用 1990 年不变价计算得出的相应年份工业增加值，从而得到对应年份的工业污染强度，然后计算工业污染强度的变化率即可。其中 1998 年数据是因为自 1997 年底开始国家统计局扩大了对工业三废的统计口径，表现为当年三类工业废气排放量迅速增加，进而在工业增加值不变或稳定增长的调价下，工业污染强度也迅速增加。（单位：%）

如图 15-2 所示，技术效应的模拟数据与推算数据无论是数值大小，还是变化趋势，基本保持一致。1991 年至 2010 年的 20 年间，技术效应的推算数据为－9.55%，模拟数据为－10.13%，两者仅相差约 0.5 个百分点，因此，可以用单位工业增加值所应对的废气排放量衡量工业污染强度，然后用工业污染强度的变化率衡量技术效应。

步骤三：尝试回答这样的问题，如果步骤二的验证结果是肯定的，那么从过去 20 年的时间跨度来看的话，规模效应、结构效应、技术效应分别能够从多大程度上解释中国工业废气排放量的变化。实际上，也就是运用时间序列数据、采用多元回归的方法、定量测度三大效应对工业废气治理的贡献度问题，设定如下回归模型，见式(6)：

$$y = \beta_0 + \beta_1 x_1 + \beta_2 x_2 + \beta_3 x_3 + \varepsilon \qquad\qquad —— 式(6)$$

式(6)中，y 为被解释变量，是指中国工业废气排放量的变化率。x_1、x_2、x_3 为解释变量，分别代表规模效应(实际 GDP 变化率)、结构效应(工业份额变化率)、技术效应(工业污染强度变化率)。β_0、ε 分别表示截距项和随机误差项。β_1、β_2、β_3 分别表示规模效应、结构效应、技术效应对国内工业废气减排的边际贡献份额。结合表 15-2，同时用步骤 2 中技术效应的模拟数据代替表 15-2 中的技术效应(推算数据)[①]，使用 eviews5 计量分析软件，得出结果如下，见表 15-3。

表 15-3　模型检验结果

	模型系数	参数显著性检验值	模型 R^2 值	模型 F 检验值	模型 P 值	模型 DW 值
β_0	1.698	0.673				
β_1	1.004	4.052*	0.986	373.270	0.000	0.781
β_2	0.553	2.312**				
β_3	1.094	33.072*				

注：* 表示在 0.01 水平上显著相关，** 表示在 0.05 水平上显著相关。

如表 15-3 所示，$\beta_3 > \beta_1 > \beta_1$ 说明在中国工业废气减排过程中，技术效应贡献度最大、规模效应次之，结构效应最低。β_1、β_3 均通过了 1‰ 显著性水平的 T 检验，β_2 通过 5‰ 显著性水平的 T 检验；模型整体通过 1‰ 显著性水平的 F 检验。拟合优度、即 R^2 值为 0.986，接近于理想水平 1，说明三大效应可以解释中国工业废气排放量变化的 98.6‰。DW 值分别为 0.781，较之理想水平 2 偏低，同时，截距项系数 P 值为 0.511，尚未通过显著性检验，说明模型存在轻度序列相关。这是因为影响工业废气排放量的因素有很多，包括国际贸易、政策变量等，比如可以在上述三个因素保持不变的条件下，通过增加对污染密集型产品的进口显然可以降低国内工业污染，因此仅让经济规模、产业结构以及工业污染强度进入回归方程作为解释变量，肯定会因漏掉部分解释变量而存在序列相关。由于本文侧重估算三大效应对工业废气治理的贡献度，所以在分析过程中抽去了其他相关因素。总的来看，此模型检验结果基本理想。

---

① 如果采用技术效应的推算数据，直接用被解释变量(y)减去两个解释变量(x_1、x_2)得到第三个解释变量(x_3)，那么这个多元回归模型显然存在解释变量之间的多重共线性以及向量自回归问题，故文中采用技术效应的模拟数据，而且根据步骤 2 的结论，二者拟合效果很好，差异并不显著。

>>三、工业固体废弃物减排的分解效应<<

1. 指标选取

工业固体废弃物是指在工业生产活动中产生的固体废弃物，包括各种废渣、污泥、粉尘等，它是中国固体废弃物的主要组成部分，国家每年官方公布的相关数据多是工业固体废弃物。2004年，《中华人民共和国固体废弃物污染防治法》（中华人民共和国主席令[2004]第31号）（以下简称《固体法》）正式颁布实施，《固体法》对"固体废弃物"做了定义：是指在生产、生活和其他活动中产生的丧失原有利用价值或者虽未丧失利用价值但被抛弃或者放弃的固态、半固态和置于容器中的气态的物品、物质以及法律、行政法规规定纳入固体废弃物管理的物品、物质。固体废弃物能够从水、土、大气等多个层面对环境造成污染，根据其产生源及对环境的危害程度，固体废物可分为工业固体废物、生活垃圾和危险废物三类。随着中国工业化与城镇化进程的加速推进，各类固体废弃物产生量、处理量和排放量基本呈加速增长的态势，包括北京、上海在内的很多城市都不同程度地出现了"垃圾围城"的现象，加上其难以控制、污染范围广、难治理，因此，固体废弃物治理已成为国际公认的十大环境问题之一。

中国国家统计局每年定期发布的工业固体废弃物排放数据主要包括四类，即工业固体废弃物产生量[①]、工业固体废弃物排放量、工业固体废弃物综合利用量[②]、工业固体废弃物贮存量[③]，表15-4给出了2000年至2012年中国工业固体废弃物产生量、工业固体废弃物排放量、GDP、工业增加值以及工业结构份额的数据。

表 15-4　中国工业固废排放量、GDP、工业增加值及工业结构份额（2000—2012）　　单位：万吨、亿元

年份	固废产生量	固废排放量	GDP	工业增加值	工业份额（%）
2000	81608	3186.2	148191.5	148191.5	37.2
2001	88840	2893.8	160491.9	160491.9	37.4
2002	94509	2635.2	175067.9	175067.9	37.7
2003	100428	1940.9	192619.1	192619.1	38.6
2004	120030	1762	212044.8	212044.8	39.1
2005	134449	1654.7	236027.1	236027.1	39.2

---

①　工业固体废物产生量＝（工业固体废物综合利用量－其中：综合利用往年贮存量）＋工业固体废物贮存量＋（工业固体废物处置量－其中：处置往年贮存量）＋工业固体废物排放量。

②　工业固体废弃物的综合利用指报告期内企业通过回收、加工、循环、交换等方式，从固体废物中提取或者使其转化为可以利用的资源、能源和其他原材料的固体废物量（包括当年利用的往年工业固体废物累计贮存量）。如用作农业肥料、生产建筑材料、筑路等，综合利用量由原产生固体废物的单位统计。

③　工业固体废物贮存量　指报告期内企业以综合利用或处置为目的，将固体废物暂时贮存或堆存在专设的贮存设施或专设的集中堆存场所内的量。专设的固体废物贮存场所或贮存设施必须有防扩散、防流失、防渗漏、防止污染大气、水体的措施。

续表

年份	固废产生量	固废排放量	GDP	工业增加值	工业份额(%)
2006	151541	1302.1	265947.2	265947.2	39.3
2007	175632	1196.7	303611.7	303611.7	39.5
2008	190127	781.8	332863.7	332863.7	39.6
2009	203943	710.5	363534.4	363534.4	39.5
2010	240944	498.2	401512.8	401512.8	40.0
2011	326204	433.2	438853	438853	40.4
2012	332509	144.2	472644.7	472644.7	40.4

注：数据源自历年《中国统计年鉴》。其中：1. 从1997年起，工业"三废"排放及处理的统计范围由原来的对县及县以上有污染物排放的工业企业，扩大到对有污染排放的乡镇工业企业的统计。从2011年起环境统计中增加农业源的污染排放统计。农业源包括种植业、水产养殖业和畜禽养殖业排放的污染物；2. GDP数据是以2010年价格计算的实际值，根据《中国统计年鉴2013》计算整理；3. 工业份额是指基于2010年不变价计算的工业实际增加值占当年实际GDP的比重，根据《中国统计年鉴2013》计算整理。

　　从表15-4中可以发现，从2000年至2012年的13年间，中国工业固体废弃物的产生量持续增加，中国工业固体废弃物产生量自2000年的8.2亿吨增加到2012年的33.3亿吨，增长了3倍多，由于当年工业固废产生量是净综合利用量、贮存量、净处置量和当年排放量之和，所以这也说明中国垃圾堆积和处理问题越来越严重，但动态来看，中国工业固废物的年度排放量却稳步降低，图15-3刻画了过去13年间中国工业固体废弃物排放量的变化趋势。

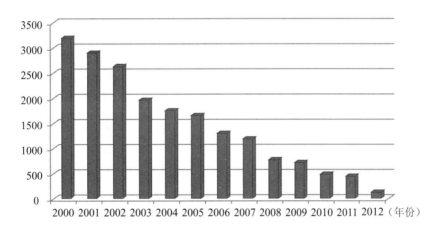

图 15-3　中国工业固体废弃物排放量变化趋势(2000—2012)

注：数据源自表15-4；单位：万吨。

　　如图15-3所示，中国工业固体废弃物排放量废水排放量逐年降低，2000年为3186.2万吨，2012年，工业固体废弃物排放量仅为144.2万吨，是13年前的4.5%，也就是说中国工业固体废弃物的年排放量在过去13年间减少了95.5%。

　　2. 实证检验

　　步骤一：基于式(5)的理论模型，采用索洛测度技术进步贡献率的方法，将技术效应视为剩余变量，用工业固体废弃物排放总量的变化率减去GDP变化率和工业份额变化率，从而得到工业污染强度的变化率，并将其视作中国工业固体废弃物减排过程中的技术效应。依据表15-4中数据，即工业固体废弃物排放量、GDP、工业份额，可计算得出2001年至2012年间中国工业固体废弃物排放量变化率(污染治理)、GDP变化率(规模效应)、工业份额变化率(结构效应)，结合式(5)，又可得到工业污染强度的变化率(技术效应)，详见表15-5。

表15-5　中国工业固体废弃物排放量变化率及其效应分解(2001-2012)　　　　单位：%

年份	工业固废排放量变化率	规模效应	结构效应	技术效应
2001	-9.2	8.30	0.5	-18.0
2002	-8.9	9.1	0.8	-18.8
2003	-26.3	10.0	2.4	-38.8
2004	-9.2	10.1	1.3	-20.6
2005	-6.1	11.3	0.3	-17.7
2006	-21.3	12.7	0.3	-34.2
2007	-8.1	14.2	0.5	-22.8
2008	-34.7	9.6	0.3	-44.6
2009	-9.1	9.2	-0.3	-18.1
2010	-29.9	10.5	1.4	-41.6
2011	-13.0	9.3	1.0	-23.3
2012	-66.7	7.7	0.0	-74.4

注：数据源自表15-4，其中：技术效应等于废气排放量变化率减去规模效应和结构效应，三大效应的符号为"+"说明使工业固体废弃物排放量增加，符号为"-"说明其使工业固体废弃物排放量下降。以2012年数据为例，2012年中国工业固体废弃物排放量较2011年下降66.7%，其中规模效应为7.7%，结构效应为0，技术效应为-74.4%，说明2012年的工业固体废弃物排放量变化完全是工业领域采取了节能环保型的技术设备或生产制造工业，从而使得固体废弃物排放量下降74.4%，而经济总量变化和结构调整对固体废弃物减排毫无贡献，反而是使得固体废弃物排放量增加7.7%。

从表15-5可知，2001年至2012年的12年中，中国工业固体废弃物排放量逐年下降，但实际GDP以年均10.2%的速度持续增长。经济规模迅速扩大，工业固体废弃物减排过程中的规模效应始终为正，说明在其他条件不变的情况下经济总量变化使得工业固体废弃物排放量显著增加；仅有一年，即2009年的工业份额同比下降，说明该年的经济结构调整有助于降低工业固体废弃物排放总量。但总体而言，结构效应对中国工业固体废弃物减排是负面贡献，过去12年间的年均效应为0.7%，说明每年的经济结构调整使得固体废弃物排放量增加0.7%。工业固体废弃物减排过程中的技术效应始终为负，说明中国工业企业在制造过程中采用了节能环保型的技术设备和生产流程，从而使得工业固体废弃物排放量显著下降。工业固体废弃物减排主要归功于技术效应，结构效应次之，规模效应的贡献最低。

步骤二：借鉴当前国内外对能源强度的测度方法，即用单位GDP所耗费的能源量表示经济中的能源强度，本文使用单位工业增加值所对应的固体废弃物排放量表示工业中的污染强度，然后将工业污染强度的变化率(模拟数据)与步骤一推算出的技术效应(推算数据)进行对比，进而判断是否可以用单位工业增加值所应对的固体废弃物排放量作为工业污染强度指标的近似值。

图 15-4 给出了两种数据的拟合状况。

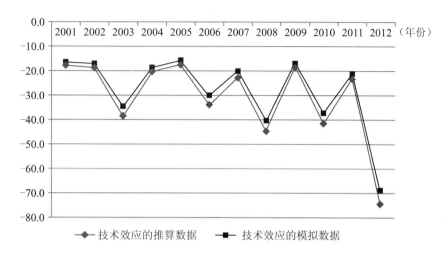

图 15-4 中国工业固体废弃物减排过程中的技术效应（2001—2012）

说明：技术效应的推算数据来源于表 15-5。技术效应的模拟数据根据表 15-4 和历年《中国统计年鉴》相关数据计算整理，具体方法是，用表 15-4 中工业固体废弃物排放总量除以用 2010 年不变价计算得出的相应年份工业增加值，从而得到对应年份的工业污染强度，然后计算工业污染强度的变化率即可；单位：%。

如图 15-4 所示，技术效应的模拟数据与推算数据无论是数值大小，还是变化趋势，基本保持一致。2001 年至 2012 年的 12 年间，技术效应的推算数据为 −31.1%，模拟数据为 −28.2%，因此，可以用单位工业增加值所应对的废水排放量衡量工业污染强度，然后用工业污染强度的变化率衡量技术效应。

步骤三：尝试回答这样的问题，如果步骤 2 的验证结果是肯定的，那么从过去 20 年的时间跨度来看的话，规模效应、结构效应、技术效应分别能够从多大程度上解释中国工业固体废弃物排放量的变化？实际上，也就是运用时间序列数据、采用多元回归的方法、定量测度三大效应对工业固体废弃物治理的贡献度问题，设定如下回归模型，见式（6）：

$$y = \beta_0 + \beta_1 x_1 + \beta_2 x_2 + \beta_3 x_3 + \varepsilon \qquad \text{——式（6）}$$

式（6）中，y 为被解释变量，是指中国工业固体废弃物排放量的变化率。x_1、x_2、x_3 为解释变量，分别代表规模效应（实际 GDP 变化率）、结构效应（工业份额变化率）、技术效应（工业污染强度变化率）。β_0、ε 分别表示截距项和随机误差项。β_1、β_2、β_3 分别表示规模效应、结构效应、技术效应对国内工业固体废弃物减排的边际贡献份额。结合表 15-4，同时用步骤 2 中技术效应的模拟数据代替表 23 中的技术效应（推算数据）[①]，使用 eviews 5 计量分析软件，得出结果如下，见表 15-6。

---

① 如果采用技术效应的推算数据，直接用被解释变量（y）减去两个解释变量（x_1、x_2）得到第三个解释变量（x_3），那么这个多元回归模型显然存在解释变量之间的多重共线性以及向量自回归问题，故文中采用技术效应的模拟数据，而且根据步骤 2 的结论，二者拟合效果很好，差异并不显著。

表 15-6　模型检验结果

	模型系数	参数显著性检验值	模型 R² 值	模型 F 检验值	模型 P 值	模型 DW 值
β_0	2.53	4.39*				
β_1	0.73	15.04*	0.99	14475	0.00	2.27
β_2	0.64	5.48*				
β_3	1.09	192.41*				

注：* 表示在 0.018 水平上显著。

如表 15-6 所示，$\beta_3 > \beta_2 > \beta_1$ 说明在中国工业固体废弃物减排过程中，技术效应贡献度最大、结构效应次之，规模效应最低。β_1、β_2、β_3 均通过了 1％ 显著性水平的 T 检验；模型整体通过 1％ 显著性水平的 F 检验。拟合优度、即 R² 值为 0.99，接近于理想水平 1，说明三大效应可以解释中国工业固体废弃物排放量变化的 99.9％。DW 值分别为 2.27，较之理想水平 2 偏高，说明模型存在轻度序列相关，这是因为影响工业固体废弃物排放量的因素有很多，包括国际贸易、政策变量等，比如可以在上述三个因素保持不变的条件下，通过增加对污染密集型产品的进口显然可以降低国内工业污染，因此仅让经济规模、产业结构以及工业污染强度进入回归方程作为解释变量，肯定会因漏掉部分解释变量而存在序列相关。由于本文侧重估算三大效应对工业固体废弃物治理的贡献度，所以在分析过程中抽去了其他相关因素。总的来看，此模型检验结果基本理想。

>>四、工业废水减排的分解效应<<

1. 指标选取

中国国家统计局每年定期发布的工业废水排放数据主要有，即废水排放量、化学需氧量排放量（以下简称 COD）、氨氮排放量。表 15-7 给出了 2000 年至 2012 年中国工业废水排放量、国内生产总值（以下简称 GDP）以及工业结构份额的数据。

表 15-7　中国工业废水排放量、实际 GDP 及工业结构份额（2000－2012）　　单位：万吨

年份	工业废水总量（亿吨）	COD	氨氮	GDP（万亿元）	工业份额（％）
2000	194.2	704.5	NA	14.8	37.2
2001	202.6	607.5	41.3	16.1	37.4
2002	207.2	584	42.1	17.5	37.7
2003	212.3	511.8	40.4	19.3	38.6
2004	221.1	509.7	42.2	21.2	39.1
2005	243.1	554.7	52.5	23.6	39.2
2006	240.2	541.5	42.5	26.6	39.3
2007	246.6	511.1	34.1	30.4	39.5

续表

年份	工业废水总量(亿吨)	COD	氨氮	GDP(万亿元)	工业份额(%)
2008	241.7	457.6	29.7	33.3	39.6
2009	234.4	434.8	27.3	36.4	39.5
2010	237.5	439.7	27.3	40.2	40.0
2011	230.9	354.8	28.1	43.9	40.4
2012	221.6	338.5	26.4	47.3	40.4

注：数据源自历年《中国统计年鉴》，"NA"表示尚未获得。其中：1.废水、COD、氨氮均为工业排放量，从1997年起，工业"三废"排放及处理的统计范围由原来的对县及县以上有污染物排放的工业企业，扩大到对有污染排放的乡镇工业企业的统计。从2011年起环境统计中增加农业源的污染排放统计。农业源包括种植业、水产养殖业和畜禽养殖业排放的污染物；2.GDP数据是以2010年价格计算的实际值，根据《中国统计年鉴2013》计算整理；3.工业份额是指基于2010年不变价计算的工业实际增加值占当年实际GDP的比重，根据《中国统计年鉴2013》计算整理。

从表15-7中可以发现，从2000年至2012年的13年间，中国工业废水排放量先增后减，自2000年以来持续增加，于2007年排放量创历史新高，达到246.6亿吨，此后又逐年下降，2010年、2011年、2012年，中国工业废水排放量分别为237.5亿吨、230.9亿吨、221.6亿吨。图15-5刻画了过去13年间中国工业废水排放量的变化趋势。

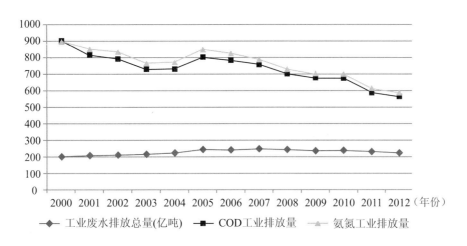

图 15-5　中国工业废水排放量变化趋势(2000—2012)

说明：数据源自表15-7，其中COD和氨氮排放量单位为万吨。

如图15-5所示，过去13年间，中国工业COD和氨氮这两类废水的排放量则持续下降，工业COD排放量从2000年的704.5万吨降到2012年338.5万吨，工业氨氮排放量从2001年的41.3万吨降到2012年的26.4万吨，这可能因为中国在"十一五""十二五"规划中明确都提出了关于节能减排的约束性指标，并且颁布实施了一系列配套的政策措施。总体来看，从2000年至2012年，中国工业废水排放量稳中有增，13年间增长了14.1%，工业COD排放量下降52%，工业氨氮排放量下降42.5%。

2. 实证检验

步骤一：基于式(5)的理论模型，采用索洛测度技术进步贡献率的方法，将技术效应视为剩余变量，用工业废水排放总量的变化率减去 GDP 变化率和工业份额变化率，从而得到工业污染强度的变化率，并将其视作中国工业废水减排过程中的技术效应。依据表 15-8 中数据，即工业废水排放总量、实际 GDP、工业份额，可计算得出 2001 年至 2012 年间中国工业废水排放总量变化率(污染治理)、GDP 变化率(规模效应)、工业份额变化率(结构效应)，结合式(5)，又可得到工业污染强度的变化率(技术效应)，详见表 15-8。

表 15-8 中国工业废水排放量变化率及其效应分解(2001—2012) 单位:%

年份	废水排放量变化率	规模效应	结构效应	技术效应
2001	4.3	8.3	0.5	−4.5
2002	2.3	9.1	0.8	−7.6
2003	2.5	10.0	2.4	−9.9
2004	4.2	10.1	1.3	−7.2
2005	9.9	11.3	0.4	−1.6
2006	−1.2	12.7	0.3	−14.1
2007	2.7	14.2	0.5	−12.0
2008	−1.9	9.6	0.3	−11.9
2009	−3.0	9.2	−0.3	−11.9
2010	1.3	10.5	1.3	−10.4
2011	−2.8	9.3	1.0	−13.1
2012	−4.0	7.7	0.0	−11.7

注：数据源自表 15-7，其中：技术效应等于废气排放量变化率减去规模效应和结构效应，三大效应的符号为"＋"说明使工业废水排放量增加，符号为"—"说明其使工业废水排放量下降。以 2012 年数据为例，2012 年中国工业废水排放量较 2011 年下降 4.0%，其中规模效应为 7.7%，结构效应为 0，技术效应为−11.7%，说明 2012 年的工业废水排放完全是工业领域采取了节能环保型的技术设备或生产制造工业，从而使得废水排放量下降 11.7%，而经济总量变化和结构调整对废水减排毫无贡献，反而是使得废气排放量增加 7.7%。

从表 15-8 可知，2001 年至 2012 年的 12 年中，有 5 年的工业废水排放量较上一年同比下降，"十二五"以来，连续两年实现工业废水同比下降，但在过去的 12 年中中国实际 GDP 以年均 10.2%的速度持续增长。经济规模迅速扩大，工业废水减排过程中的规模效应始终为正，说明在其他条件不变的情况下经济总量变化使得工业废水排放量显著增加。仅有 1 年，即 2009 年的工业份额同比下降，说明该年的经济结构调整有助于降低工业废气排放总量。但总体而言，结构效应对中国工业废水减排是负面贡献，过去 12 年间的年均效应为 0.7%，说明每年的经济结构调整使得废水排放量增加 0.7%。工业废水减排过程中的技术效应始终为负，说明中国工业企业在制造过程中采用了节能环保型的技术设备和生产流程，从而使得工业废水排放总量显著下降。工业废水减排主要归功于技术效应，结构效应次之，规模效应的贡献最低。

步骤二：借鉴当前国内外对能源强度的测度方法，即用单位 GDP 所耗费的能源量表示经济中的能源强度，本文使用单位工业增加值所对应的废水排放量表示工业中的污染强度，然后将工业污染强度的变化率(模拟数据)与步骤一推算出的技术效应(推算数据)进行对比，进而判断是否可以用单位工业增加值所应对的废水排放量作为工业污染强度指标的近似值。图 15-6 给出了两种数据的拟合状况。

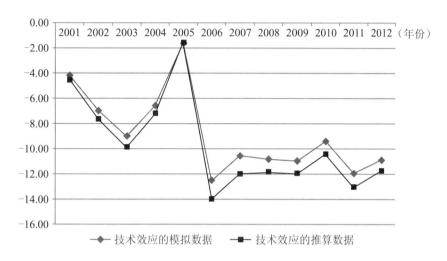

图 15-6　中国工业废水减排过程中的技术效应(2001—2012)

说明：技术效应的推算数据来源于表 15-8。技术效应的模拟数据根据表 1 和历年《中国统计年鉴》相关数据计算整理，具体方法是，用表 15-7 中工业废水排放总量除以用 2010 年不变价计算得出的相应年份工业增加值，从而得到对应年份的工业污染强度，然后计算工业污染强度的变化率即可；单位：%。

如图 15-6 所示，技术效应的模拟数据与推算数据无论是数值大小，还是变化趋势，基本保持一致。2001 年至 2012 年的 12 年间，技术效应的推算数据为 -9.7%，模拟数据为 -8.8%，因此，可以用单位工业增加值所应对的废水排放量衡量工业污染强度，然后用工业污染强度的变化率衡量技术效应。

步骤三：尝试回答这样的问题，如果步骤 2 的验证结果是肯定的，那么从过去 20 年的时间跨度来看的话，规模效应、结构效应、技术效应分别能够从多大程度上解释中国工业废水排放量的变化？实际上，也就是运用时间序列数据、采用多元回归的方法、定量测度三大效应对工业废水治理的贡献度问题，设定如下回归模型，见式(6)：

$$y = \beta_0 + \beta_1 x_1 + \beta_2 x_2 + \beta_3 x_3 + \varepsilon \qquad\qquad —— 式(6)$$

式(6)中，y 为被解释变量，是指中国工业废水排放量的变化率。x_1、x_2、x_3 为解释变量，分别代表规模效应(实际 GDP 变化率)、结构效应(工业份额变化率)、技术效应(工业污染强度变化率)。β_0、ε 分别表示截距项和随机误差项。β_1、β_2、β_3 分别表示规模效应、结构效应、技术效应对国内工业废水减排的边际贡献份额。结合表 15-7，同时用步骤 2 中技术效应的模拟数据代替表 15-8 中的技术效应(推算数据)[1]，使用 eviews5 计量分析软件，得出结果如下，见表 15-9。

---

[1]　如果采用技术效应的推算数据，直接用被解释变量(y)减去两个解释变量(x_1、x_2)得到第三个解释变量(x_3)，那么这个多元回归模型显然存在解释变量之间的多重共线性以及向量自回归问题，故文中采用技术效应的模拟数据，而且根据步骤 2 的结论，二者拟合效果很好，差异并不显著。

表 15-9　模型检验结果

	模型系数	参数显著性检验值	模型 R² 值	模型 F 检验值	模型 P 值	模型 DW 值
β_0	1.1	10.8*				
β_1	0.8	101.5*	0.9	20818	0.0	1.3
β_2	0.9	44.2*				
β_3	1.1	228.9*				

注：* 表示在 0.01 水平上显著。

　　如表 15-9 所示，$\beta_3 > \beta_2 > \beta_1$ 说明在中国工业废水减排过程中，技术效应贡献度最大、结构效应次之，规模效应最低。β_1、β_2、β_3 均通过了 1‰ 显著性水平的 T 检验；模型整体通过 1‰ 显著性水平的 F 检验。拟合优度、即 R² 值为 0.9，接近于理想水平 1，说明三大效应可以解释中国工业废水排放量变化的 99.9%。DW 值分别为 1.3，较之理想水平 2 偏低，说明模型存在轻度序列相关，这是因为影响工业废水排放量的因素有很多，包括国际贸易、政策变量等，比如可以在上述三个因素保持不变的条件下，通过增加对污染密集型产品的进口显然可以降低国内工业污染，因此仅让经济规模、产业结构以及工业污染强度进入回归方程作为解释变量，肯定会因漏掉部分解释变量而存在序列相关。由于本章侧重估算三大效应对工业废水治理的贡献度，所以在分析过程中抽去了其他相关因素。总的来看，此模型检验结果也基本理想。

>>五、工业污染物减排的政策建议<<

　　根据本章数理模型、指标数据选取和实证检验的结果可以看出，在中国的工业污染排放量变化过程中，技术效应贡献度最大，规模效应次之，结构效应的贡献度最低。因此，针对中国工业污染物的减排途径，本章提出三点对策建议和思考。

　　1. 强化"单位工业增加值污染强度"指标，发掘技术效应

　　依据实证检验结果，工业废气、工业固体废弃物、工业废水三个计量模型中的 β_3 即为技术效应对工业废气减排的贡献度，如果以单位工业增加值污染强度变化率衡量的技术效应变化 1 个百分点则会使工业废气排放量和工业固体废弃物排放量的变化幅度均增加 1.09 个百分点，使工业废水排放量的变化幅度增加 1.1 个百分点。因此，无论是政府主导，还是市场驱动，若能引导企业致力于增加对节能环保类技术设备的研发投资，生产制造方式变得更为清洁，从而大幅降低单位工业增加值的污染强度，这是未来加强工业污染物治理的根本。考虑到很难在短期实现技术进步，当前更为急迫的是推广和落实单位 GDP 或工业增加值污染强度指标，尤其是纳入对地方领导人的政绩考核体系中去。"十一五"期间，中国首次提出并落实单位 GDP 能耗指标，并纳入对地方领导人的政绩考核体系，实行"一票否决制"，效果较为理想，截至 2010 年年底，单位 GDP 能耗较之 2005 年降低 19.1%，基本实现预定的 20% 的节能目标。国家明确提出

"十二五"期间要实现单位 GDP 二氧化碳排放强度下降 17% 的目标。但问题在于，国家提出单位 GDP 二氧化碳排放强度指标的初衷主要是为了积极应对全球气候变化，参与全球气候谈判，并非是为了加强国内的环境污染甚或是大气污染治理，因为即便是空气中的污染物，除了二氧化碳以外，还包括二氧化硫、烟尘、粉尘、一氧化碳、氮氧化物，等等。因此，本文建议与单位 GDP 能耗指标相对应，提出并落实单位 GDP 或工业增加值污染强度指标，同时引导地方政府、企业和居民的最优决策，同时显示推进节能和减排。

2. 适应并维护经济增速适度放缓的"新常态"

保护环境是可持续发展的基本要求之一，旨在实现可持续发展的政策就必须以促进环境保护为重要着力点，本章模型显示，经济增速适度放缓，利于发挥工业污染减排的规模效应。2014 年中国经济增速逐步放缓，一、二、三季度的 GDP 增速分别为 7.4%、7.5%、7.3%，告别高速增长、步入中低速增长的"新常态"，适应并维护这种"新常态"，利于实现经济与环境的共赢。依据实证检验结果，工业废气、工业固体废弃物、工业废水三个计量模型中的 β_1 即为规模效应对工业污染物减排的贡献度，三类工业污染物减排的规模效应值分别为 1、0.73、0.8，这就意味着，在尚未实现工业结构优化和技术升级的条件下，环境与经济无法共赢，互为悖论。经济规模加速扩大会直接造成工业废气排放量迅速增加，即如果 GDP 增速上升 1 个百分点，会使工业废气排放量增长同幅增加，工业固体废弃物排放量增加 0.73 个百分点，工业废水排放量增加 0.8 个百分点。因此，由于存在规模效应，经济增速放缓客观上利于环境保护。长期以来，人们通常认为对于一个像中国这样拥有超过 13 人口的大国而言，经济增长速度至少要保持 8% 以上才能够保证社会创造出相应的就业岗位匹配新增的就业人口，否则，失业形势会异常严峻进而影响社会稳定。正是基于这样的判断，每次政府面临经济增速下滑，便会匆忙出台一系列致力于"稳增长"的应急性政策措施，结果是稳住了经济，但代价高昂。一是失去了调整和优化经济结构的时机；二是政府主导的投资项目较之于市场主体效率低下，间接导致产能过剩；三是一些大型项目，如铁路、公路和机场建设等，造成了严重的资源浪费和环境污染。实际上，中国近年来因环境问题造成的群众性事件频发，环境污染已经远远超过失业，成为影响社会稳定的重要潜在因素之一。因此，在当前尚未实现经济结构明显优化和技术升级的背景下，政府需要把适度放缓经济增速，而不是"稳增长"作为调控政策的主基调。

3. 以产业结构"轻型化"促经济增长"清洁化"

依据实证检验结果，工业废气、工业固体废弃物、工业废水三个计量模型中的 β_2 即为结构效应对工业废气减排的贡献度，其他条件不变的情况下，如果以工业份额变化率衡量的结构效应变化 1 个百分点则会使工业废气排放量的变化幅度增加 0.55 个百分点、工业固体废弃物排放量的变化幅度增加 0.64 个百分点、工业废水排放量的变化幅度增加 0.9 个百分点，这就意味着，即便是经济增速和技术水平不变，仅仅通过产业结构的内部调整也能降低工业污染物排放量，促进经济增长"清洁化"。产业结构要以"轻型化"为调整方向，具体而言有两个路径：一是在现有工业份额中，降低以高污染、高能耗为主要特征的重化工业比重，增加轻工业份额；二是大力发展第三产业，尤其是生产性服务业，从而降低工业增加值占 GDP 的比重。目前，国内通常提及的"调结构"过多关注了产品市场领域的需求结构，也就是调整拉动经济增长"三驾马车"的比重、实现需求结构的再平衡，主要是不断降低对投资和出口的依赖，刺激并扩大内需。因此，可持续发展框架下的经济结构调整需要赋予更多的内涵，除了调整需求结构以外，还须推进产业结构的"轻型化"。

本章主要参考文献

[1]陈诗一. 边际减排成本与中国环境税改革[J]. 中国社会科学，2011(3)：85—100.

[2]陈六君，王大辉，方康福. 中国污染变化的主要因素——分解模型与实证分析[J]. 北京师范大学学报(自然科学版)，2004(4)：561—567.

[3]李小平，卢现祥. 国际贸易、污染产业转移和中国工业 CO_2 排放[J]. 经济研究，2010(1)：15—27.

[4]李永友，沈坤荣. 中国污染控制政策的减排效果—基于省际工业污染数据的实证分析[J]. 管理世界，2008(7)：7—18.

[5]林伯强，刘希颖. 中国城市化阶段的碳排放：影响因素和减排策略[J]. 经济研究，2010(8)：66—79.

[6]张红凤，周峰，杨慧，郭庆. 环境保护与经济发展双赢的规制绩效实证分析[J]. 经济研究，2009(3)：14—28.

[7]周静，杨桂山. 江苏省工业污染排放特征及其成因分析[J]. 中国环境科学，2007(2)：284—288.

[8]林永生. 蔓延的水污染[J]. 中国改革，2013(5)：96—98.

[9]A. Lans Bovenbergm，Sjak Smulders. Environmental Quality and Pollution—Augmenting Technological Change in A Two—Sector Endogenous Growth Model [J]. *Journal of Public Economics*，1995，57：369—391.

[10] Arik Levinson.，Technology，International Trade，and Pollution from US Manufacturing[J]. *American Economic Review*，2009，99(5)：2177—2192.

[11]Arrow K. Bolin B and Costanza R，et al.，Economic Growth，Carrying Capacity，and the Environment [J]. *Science*，1995，268：520—521.

[12] Carmen Arguedas. Eva Camacho and José Luis Zofío.，Environmental Policy Instruments：Technology Adoption Incentives with Imperfect Compliance [J]. *Environment Resource Economy*，2010，47(47)：261—274.

[13]De Bruyn SM.，Explaining the Environmental Kuznets Curve：Structural Change and

International Agreements in Reducing Sulphur Emissions ［J］. *Environment and Development Economics*，1997，2(4)：481－485.

　　［14f］Grossman G M，Krueger A B. Environmental Impacts of A North American Free Trade Agreement，Garber P M，The US－Mexico Free Trade Agreemet［M］. Cambridge MA：MIT Press，1993，13－56.

　　［15］Metcalf Gilbert E. An Empirical Analysis of Energy Intensity and Its Determinants at the StateLevel［J］. *Energy Journal*，2008，29(3)：1－26.

苟山之见荣者，谨封而为禁。有动封山者，罪死而不赦。有犯令者，左足入，左足断，右足入，右足断。

——《管子》

附录一

中国排污收费政策及其效力评估[①]

　　征收排污费是中国一项重要的环境保护制度。1982 年国务院发布《征收排污费暂行办法》（国发〔82〕21 号），在全国实行了排污收费制度，对控制和治理环境污染发挥了积极作用，但对水、气等污染物排放实行单因子浓度超标排污收费的办法，无法有效调动排污者减排积极性和减少污染物排放总量。1996 年《国务院关于环境保护若干问题的决定》（国发〔1996〕31 号）依据"排污费高于污染治理成本"的原则，进一步提高了排污收费标准。从 1998 年开始，中国在郑州、长春、杭州三个城市进行总量排污收费试点初见成效。2003 年 7 月 1 日起施行《排污费征收使用管理条例》（1982 年 2 月 5 日国务院发布的《征收排污费暂行办法》和 1988 年 7 月 28 日国务院发布的《污染源治理专项基金有偿使用暂行办法》同时废止），将中国的排污收费制度由原来的超标收费正式转变为排污即收费，旨在通过排污收费这一经济杠杆，刺激排污者减少污染物的排放。那么，排污费究竟是否有效降低了排污，如何评估排污收费政策效力？本章尝试回答这个问题，主要分为四个部分：第一部分为理论综述，梳理学界关于环境税费效力及其评估的研究成果；第二部分为理论模型，将排污费纳入企业生产决策函数并论证排污费的作用机理；第三部分为实证研究，主要基于中国 31 个省份的数据，从不同维度剖析现行排污收费政策的效力；第四部分为结论与相关思考。

>>一、相关文献综述<<

　　在理论研究领域，排污费作为一种重要的环境经济政策，通常又被称为狭义的"环境税"或

[①] 本章内容主要源自著者林永生副教授的两篇文章：一篇于 2014 年 8 月完成的一篇工作论文，名为："排污收费能否降低污染物排放——基于中国 31 个省份的实证研究"，已投国内学术期刊审校；另外一篇是"排污收费与企业减排"，载《能源》，2014(10)：92—93.

"环境税费"，是指排污者①按照其在生产经营或消费活动过程中向环境排放污染物的数量和质量缴纳一定费用或税收。环境税最早是在20世纪20年代由英国经济学家庇古（Pigou，1920）在其外部性研究理论中提出，要使环境成本内部化，需要政府采取税收或补贴的形式来对市场进行干预，使私人边际成本与社会边际成本相一致。

通常认为，开征环境税能够产生"双重红利"（Double Dividend Theory），也就是说环境税的开征不仅可解决环境问题，带来"绿色红利"，还能用此收入降低现存税制对资本、劳动产生的扭曲作用，创造就业和促进经济增长，带来"增长红利"。20世纪80年代中期出现了关于实施环境税能带来"超额收益"的思想萌芽（Nichols，1984；Tullock，1967），是"双重红利"假说的雏形。90年代初，英国经济学家皮尔斯（Pearce，1991）提出碳税收入可以用来减少现有扭曲性税收的税率，因而会间接导致社会福利的增加，这样一种收入中性的改革可能在改善环境质量的同时获得第二份红利。这样，环境税的实施就会产生"双重红利"，古德（Goulder，1995）对"双重红利"假说进行了进一步阐释，指出"双重红利"假说主张征收环境税的收入用来缩减其他造成扭曲效应的税收，如劳动税和资本税等，从而有利于激励劳动和资本的投入，产生第二份红利。一旦政策制定者慎重考虑这份红利，就会将最优的环境税率定位在超过庇古税率的水平上，这样不仅能够校正污染品对环境的边际损害，更能够将超过庇古税部分的收入用来减少对具有扭曲效应的税收收入的依赖性。

这个概念引发了环境经济学家的广泛兴趣和讨论。基于环境税"双重红利"假说的综合性税制改革不仅成为20世纪90年代各国学术界关注的热点之一，而且在欧洲一些发达国家开始了初步的尝试。荷兰、瑞典等国家纷纷推进绿色税制改革（陈诗一，2011）。随着对环境税理论研究的深入和各国实践的开展，不少学者对环境税是否能够真正产生"双重红利"提出了质疑。博文伯格等（Bovenberg and de Mooij，1994）认为，当环境税的收入循环效应大于税收的交互效应时，就业增加，环境质量改善，双重红利假说成立；当环境税的收入循环效应小于税收交互效应时，就业减少，双重红利不存在。他们设计了一般均衡模型，引入环境税的同时调整劳动力供给税以保持收入中性，发现环境收益效用出现下降，即说明在模型中双重红利没有实现。

21世纪以来，环境问题已成为世界范围内的共同问题，多地学者对于环境税"双重红利"假说的真实性和有效性等问题进行了大规模实证研究，尽管结论不尽相同，但他们都在一般均衡框架下探讨了可能产生"强双重红利"或"就业双重红利"的机制。安德鲁（F. J. Andre，2005）利用CGE模型评估了在安达卢西亚（Andalusia，西班牙南部自治区）进行环境税改革的环境和经济效应，结果显示，当用环境税去补偿雇员工资税时，"就业双重红利"很可能出现；当引入的是二氧化碳税时，"强双重红利"由于环境税收的值较低也能得到；而当环境税收入用来减少收入税的时候，"强双重红利"和"就业双重红利"都不存在。格哈德等人（Gerhard，Daiji and Facund，

---

① 中国现行的排污收费对象主要是直接向环境排放污染物的单位和个体工商户。

2006)指出，环境税改革确实会得到"绿色红利"，由于家庭对环境质量所愿意支付的费用非常少，这一福利收益非常少。因此，认为"绿色红利"或许不是赞成环境税政策改革的强有力的证据。

总之，"双重红利"假说可能存在，但绝对不是必然产生的。虽然对环境税是否产生"双重红利"，经济学家们还未达成共识，但仅仅由于理性行为和竞争市场的假设是不会产生有关双重红利的肯定或否定的答案的。税制改革是否会产生"双重红利"是一个实证问题，而不是理论问题。因此，在理论方面，"双重红利"问题仍是悬而未决的并将继续引发讨论，这其中的典型问题依赖于实证事实，这将需要更多的研究（Fullerton and Metcalf，1998）。

在具体税率的设定方面，鲍莫尔等人（Baumol and Oates，1998）利用一般均衡模型（CGE），分析了完全竞争市场在达到帕累托最优时的价格和污染税收。他们（Baumol and Oates，1975）对庇古税进行了拓展，提出了"环境标准—定价方法"，即政府首先设定一个污染排放标准（环境质量标准），税率根据可接受的环境标准进行调整，直至合适的水平。由于市场信息的不对称，社会边际成本信息无法衡量，最终的税率只能取决于决策者自身的偏好（Cordato，1992）。

图洛克是第一位考虑环境税收入用途的学者，"双重红利"观点最初出现在图洛克（Tullock，1967）等人对水资源研究的命题中，他建议通过环境税收入来弥补或替代原有的以收入为动机的税收减免，以改善环境质量且降低其他扭曲性税收产生的福利成本。对于环境税的分配效益研究，累退性分布问题是关注的重点。多夫曼（Dorfman，1975）、简尼斯（Gianessi and Peskin，1981）、富勒登（Fullerton and Metcalf，1999）的研究表明，低收入群体会承担较高的环境税税负。一些学者考察了环境税规制政策的福利分配效应，一般认为各利益群体对于规制的偏好存在差异。假设环境质量是个奢侈品，那么高收入群体比低收入群体对环境质量的改善具有更高的评价（Baumol and Oates，1975）。最大的受损者往往就是那些购买污染企业产品最多的低收入群体，低收入群体实际上是为其偏好较小的政策承担了大部分的外部成本。

以上研究成果呈现三个特点：一是外国学者居多，尽管这与国内尚未开征环境税、缺乏实证数据有关，即便如此，国内对已开征多年的排污费问题的理论研究成果也相对较少；二是现有研究大多聚焦环境税产生"双重红利"的真实性问题，对于环境税是否能够促进污染物减排、进而带来"绿色红利"的问题，理论和实证研究都相对缺乏；三是关于排污费标准或环境税税率的设定，现有研究多从市场竞争均衡或环境污染损害边界角度考虑，很少拓展分析到主要污染物排放行业的产品供求弹性与税负转嫁问题。基于此，本文尝试构建理论模型，将排污费纳入企业生产决策函数，运用经验数据剖析地区排污费水平与主要污染物排放总量、资源与环境承载潜力、绿色发展水平之间的相互关系，并考虑了十大主要排污行业产品供给弹性对排污费给企业造成的负担的转嫁等问题。

>>二、理论模型：排污费纳入企业生产决策函数<<

排污费主要针对排污企业征收，旨在通过提高收费标准和增加企业排污成本，影响企业的生产经营决策，选择最优生产水平，排放相应条件下的污染物类型和数量，最终降低污染物总量排放。为此，本文构筑了一个代表性企业的生产函数，并将排污费纳入企业的生产决策过程。假设代表性企业的生产函数为：

$$Y = A \cdot K^{\alpha} \cdot L^{\beta} \cdot E^{\gamma},\ 0 < \alpha、\beta、\gamma < 1，且\ \alpha + \beta + \gamma < 1 \qquad\text{——式（1）}$$

其中，Y 表示企业产量，A 是表示技术水平的外生参数，K、L、E 分别表示资本、劳动力、污染物[1]，α、β、γ 分别为资本、劳动力、污染物的边际产出弹性，$\alpha + \beta + \gamma < 1$，说明企业生产处于规模报酬递减的状态，式（2）给出了企业的总成本，见式（2）：

$$TC = r \cdot K + w \cdot L + t \cdot E \qquad\text{——式（2）}$$

TC 表示总成本，r、w、t 分别表示利息、工资、排污费[2]。企业的生产选择问题就是在利息、工资和排污费标准既定的情况下，选择投入的资本、劳动力和污染物数量，从而实现折现利润最大化，如式（3）所示：

$$\max_{K,L,E} \int_0^T (P \cdot Y - TC) e^{-rt} dt \qquad\text{——式（3）}$$

其中，P 为该企业产品价格，将 Y（式1）和 TC（式2）带入，可把式（3）变为式（4）：

$$\max_{K,L,E} \int_0^T [P \cdot A \cdot K^{\alpha} \cdot L^{\beta} \cdot E^{\gamma} - (r \cdot K + w \cdot L + t \cdot e)]. e^{-rt} dt \qquad\text{——式（4）}$$

从式（4）可求解得出追求利润最大化的企业选择排放的污染物数量，见式（5）：

$$E^* = \left[A \cdot \left(\frac{r}{\alpha}\right)^{\alpha} \cdot \left(\frac{w}{\beta}\right)^{\beta} \cdot \left(\frac{t}{\gamma}\right)^{1-\alpha-\beta} \right]^{\frac{1}{\alpha+\beta+\gamma-1}} \qquad\text{——式（5）}$$

为了研究排污费对污染物排放的影响，式（5）对 t（排污费）求偏导数，可得：

$$\frac{\partial E^*}{\partial t} = F \cdot \frac{1-\alpha-\beta}{\alpha+\beta+\gamma-1} t^{\frac{[1-(\alpha+\beta)]+[1-(\alpha+\beta+\gamma)]}{\alpha+\beta+\gamma-1}} \qquad\text{——式（6）}$$

其中 $F = \left[A \cdot \left(\frac{r}{\alpha}\right)^{\alpha} \cdot \left(\frac{w}{\beta}\right)^{\beta} \cdot \left(\frac{t}{\gamma}\right)^{1-\alpha-\beta} \right]^{\frac{1}{\alpha+\beta+\gamma-1}}$，显然 $F>0$，此外，依据式（1）条件，$0<\alpha$、β、$\gamma<1$ 且 $\alpha+\beta+\gamma<1$，可知 $\frac{\partial E^*}{\partial t}<0$，也就意味着，其他条件不变的情况下，排污费增加会显著降低污染物排放，或者说排污费水平越高的地区，污染物排放量就会越少。

---

[1]　这是对 CODD-DOGLAS 生产函数的变形，把投入品分为清洁投入品和肮脏投入品，也就说一个企业的生产，除了需要投入传统意义上的劳动力和资本等，还需要排放一定的污染物。值得注意的是，既可以把污染物排放作为传统投入（劳动力和资本）的副产品（坏的产出），也可以将其作为"肮脏投入品"进入生产函数，因为如果增加污染物的排放成本，会影响企业的生产决策。

[2]　这里假定排污费依据污染物排放数量征收，是一种从量税。

>>三、实证研究：排污费政策的效力分析<<

依据模型推导出的排污费作用机理，增加排污费则会显著降低污染物排放，也就是说排污费水平越高的地区，其污染物排放量通常就会越少。接下来，本节将从实证层面剖析中国排污收费政策的效力？

1. 排污费与污染物排放水平

研究地区排污费与污染物排放水平的相互关系，必须考虑滞后期，不能同时使用二者的同一年数据，因为当年的排污费就是依据当年的污染物排放水平征收的，即当年的污染物排放数量决定了排污费的征收总额，排污数量越多则排污费总额就越高。这里采用了滞后一期的方法，即隐含假设是上一期的排污收费会影响企业随后关乎生产多少产品、排放多少污染物的生产经营决策，进而影响到本期的污染物排放水平。

附图 1-1 刻画了中国 31 个省份的 2011 年排污费征收总额与 2012 年主要污染物排放水平之间的关系。

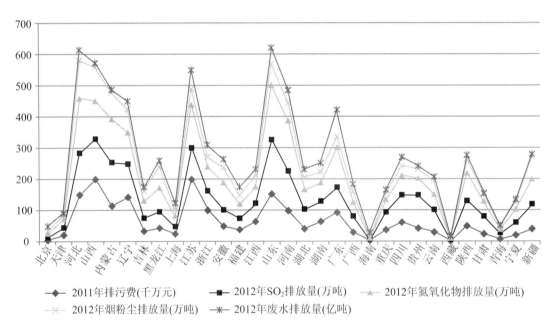

附图 1-1　中国省际排污费（2011）与主要污染物排放量（2012）

说明：全国各地排污费数据来自于环保部官方网站，［DB/OL］http://hjj.mep.gov.cn/pwsf/gzdt/201312/P020131203550-138828737.pdf，各地 SO$_2$ 排放量、氮氧化物排放量、烟粉尘排放量、废水排放量数据来自于《中国统计年鉴 2013》。为了使得各类数据可在同一坐标空间较为直观地显示出来，对各指标单位做了调整，排污费单位为千万元，废水排放量单位为亿吨，SO$_2$ 排放量、氮氧化物排放量、烟粉尘排放量单位均为万吨。

如附图 1-1 所示，2011 年排污费征收总额较高的省份，其 2012 年的主要污染物排放水平依然较高。例如，2011 年排污费征收总额最高的五个省分别是江苏、山西、山东、河北、辽宁五省，排污费征收额依次为 20.3 亿元、19.9 亿元、15.6 亿元、14.9 亿元、14.5 亿元，但 2012 年五省主要污染物的排放量仍然在全国处于较高水平，废水排放量分别为 59.82 亿吨、13.43 亿吨、47.91 亿吨、30.58 亿吨、23.88 亿吨，SO_2 排放量分别为 105.87 万吨、130.18 万吨、174.88 万吨、134.12 万吨、99.20 万吨，氮氧化物排放量分别为 147.96 万吨、124.4 万吨、173.9 万吨、176.11 万吨、103.63 万吨，烟粉尘排放量分别为 44.32 万吨、107.09 万吨、69.53 万吨、123.59 万吨、72.63 万吨。这从某种程度上说明，短期内，技术水平和经济结构并不会发生明显的变化，此时，总量意义上的排污费征收水平并非影响地区生产决策的主要因素，一个可能的原因是排污费在企业的总成本中所占份额太低，因此，无论企业还是地区层面，最终的决策结果就是继续增产、同时增加污染物排放数量。

但是，从附图 1-1 中也能够同时发现一些积极的信号，2012 年地区主要污染物排放量最高的省份，其 2011 年的排污收费并非最多。比如 2012 年废水、SO_2、氮氧化物、烟粉尘排放量最高的省份分别为广东（83.86 亿吨）、山东（174.88 万吨）、河北（176.11 万吨）、河北（123.59 万吨），但 2011 年排放收费最高的省份是江苏（20.3 亿元），这是说明上一年相对较低的排污费水平刺激了企业生产，从而加剧了污染物排放，抑或排污费对几类不同污染物排放水平之间的影响不一？有待进一步验证，基于此，我们分别描述了各地 2011 年排污费总额与四类主要污染物排放量之间的关系，见附图 1-2。

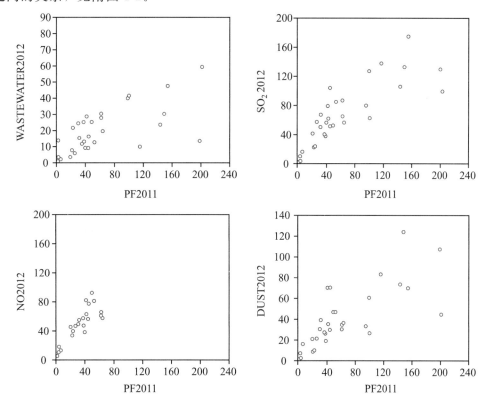

附图 1-2　中国省际排污费(2011)与主要污染物排放量(2012)之间的散点图

说明：数据来源、单元同附图 1-1，PF2011 表示 2011 年各地的排污费总额（千万元）、WASTEWATER2012、$SO_2$2012、$NO_2$012、DUST2012 分别表示 2012 年各地废水（亿吨）、SO_2（万吨）、氮氧化物（万吨）、烟粉尘排放量（万吨）。

从附图 1-2 中可以发现，2011 年的排污费水平与 2012 年主要污染物排放量之间的关系并不一致。具体而言，上期的排污费水平并不显著影响下期氮氧化物和 SO_2 排放量，或者说地区企业对这二类废气排放量的决策几乎不受上期排污费水平的影响，但是依据排污费和废水、烟粉尘的散点关系来看，能够明显找出一些 2012 年污染物排放量较低与 2011 年排污费水平较高的组合。这反映出，在某些地区其废水和烟粉尘排放会显著受到上期排污费水平的影响，排污费水平越高，下期的污染物排放量会降低。

但总体来看，一个地区提高排污费（2011）水平并不能显著降低污染物排放量（2012），基于 31 个省份观测值的相关分析可知，2011 年排污费水平与 2012 年氮氧化物、SO_2、烟粉尘、废水这四类主要污染物排放量之间却呈正向相关关系，相关系数依次为 0.87、0.82、0.75、0.56，相对于氮氧化物、SO_2 而言，尽管排污费与烟粉尘、废水之间的相关系数更小，但均为正且超过了 0.5。由此说明，排污费并不显著影响总量意义上的地区污染物排放水平，这个结论或会引起两点质疑：一是排污费主要针对排污企业征收，前文模型也是将排污费纳入企业生产经营决策，因此应该重点考察排污费对工业污染物排放量的影响，把生活源的污染物排放量剔除出去；二是仅仅研究某个特定年（2011）31 个省的排污费征收总额和地区污染物排放量（2012 年）之间的相关关系，具有偶然性而且无法揭示时间趋势变化规律，因此应该重点将全国的排污费和污染物排放量加总并分析时间序列数据。基于此，我们进一步分析了 2000 年以来中国排污费征收总额与工业污染物排放量之间的关系，见附表 1-1。

附表 1-1　中国排污费总额与工业污染物排放量（2000－2012）

年份	排污费（亿元）	废气（亿立方米）	废水（万吨）	固体废弃物（万吨）
2000	58.0	138145	194.2	3186.2
2001	62.2	160863	202.6	2893.8
2002	67.5	175257	207.2	2635.2
2003	70.1	198906	212.3	1940.9
2004	96.1	237696	221.1	1762
2005	127.2	268988	243.1	1654.7
2006	148.3	330990	240.2	1302.1
2007	180.7	388169	246.6	1196.7
2008	185.2	403866	241.7	781.8
2009	172.6	436064	234.4	710.5
2010	188.2	519168	237.5	498.2
2011	200.8	674509	230.9	433.2
2012	201.6	635519	221.6	144.2

数据来源：排污费数据来自于环保部官方网站，[DB/OL] http://hjj.mep.gov.cn/pwsf/gzdt/201312/P0201312035501388-28737.pdf，工业污染物排放量来自历年《中国环境统计年鉴》。

从附表 1-1 中可以看出，21 世纪以来，中国排污费征收总额持续增加，从 2000 年的 58 亿元增加到 2012 年的 201.6 亿元。过去 13 年间，中国工业固体废弃物的年度排放量持续下降，从 2000 年的 3186.2 万吨降到 2012 年的 144.2 万吨，工业废水排放量略有增加但基本稳定，2000 年的工业废水排放量为 194.2 万吨，2012 年增至 221.6 万吨。但工业废气排放量仍快速增加，从 2000 年的 13.8 万亿立方米增加到 2012 年的 63.6 万亿立方米。

运用 eviews 统计软件和最小二乘法，将排污费作为自变量，将工业废气、工业废水、工业固体废弃物分别作为因变量进行一元回归分析，结果如下，见附表 1-2。

附表 1-2　回归分析结果

解释变量　　　被解释变量	排污费（未滞后）	排污费（滞后 1 期）
工业废气排放量	0.29(8.18)*	0.27(7.62)*
工业废水排放量	0.23(4.19)*	0.28(5.44)*
工业固体废弃物排放量	−16.36(10.4)*	−15.85(9.34)*

注：数据来源于附表 1-1。其中：1. 排污费未滞后和滞后 1 期分别指用当年排污费总额、上一年排污费总额对当年三类工业污染物排放量的回归；2. 括号内为回归系数对应 T 统计值；3.“＊”“＊＊”“＊＊＊”分别表示在 1%、5%、10% 水平上显著。

根据附表 1-2 中的回归分析结果可以看出，即便采用全国加总的时间序列数据，剔除生活源污染物排放量，排污费并不能显著促进废气、废水这两类污染物的排放量，但对于工业固体废弃物减排效果不错，二者呈显著的负相关关系。此外，虽然排污费与工业废气、工业废水之间呈正相关关系，但较之于排污费与废气和废水总量之间的相关系数，前者明显更小，这也说明排污收费政策对于工业污染物减排与治理更有效果。

2. 排污费与资源环境承载、绿色发展水平

如果很难在地区排污费水平与主要污染物排放量之间找到显著、负向的相关关系，那么为何要征收排污费？可能的解释之一就是，尽管中国的排污费并不能够给企业带来有效的减排激励，进而没有造成主要污染物排放量显著降低，但是排污费算是政府的一项收入，可以用于环境污染治理投资或其他相关领域，改善资源与环境的承载水平或绿色发展水平。从这个意义上而言，排污费政策的初衷可能并非是激励企业减排，而是作为一种增加财政收入的手段并通过优化支出方案、改善环境治理。

北京师范大学科学发展观与经济可持续发展基地、西南财经大学绿色经济与经济可持续发展研究基地、国家统计局中国经济景气监测中心自 2010 年起，每年联合发布《中国绿色发展指数报告》，报告采用经济增长绿化度、资源环境承载潜力和政府政策支持度 3 个一级指标、9 个二级指标、共计 60 个三级指标构成了中国省际绿色发展指数[1]。为了验证排污费是否能够起到改善环境治理、促进绿色发展的作用，我们借鉴报告中关于地区资源环境承载潜力、绿色发展

---

① 北京师范大学科学发展观与经济可持续发展基地，西南财经大学绿色经济与经济可持续发展研究基地，国家统计局中国经济景气监测中心著. 2014 年中国绿色发展指数报告—区域比较，北京：科学出版社，2014.

指数等数据，将 2011 年省际排污费水平排名情况与 2012 年相应省份的资源环境承载潜力和绿色发展指数排名情况作了对比，见附表 1-3。

附表 1-3　排污费水平与资源环境承载力、绿色发展指数的省际比较

省份	排污费额（万元）	排名	资源环境承载力	排名	绿色发展指数	排名
北京	3240	30	0.0700	6	0.7421	1
天津	22585	26	−0.1443	27	0.1158	8
河北	149380	4	−0.1475	29	−0.1791	27
山西	199540	2	−0.1017	23	−0.1685	26
内蒙古	115853	6	−0.0663	7	0.1355	6
辽宁	144732	5	−0.1105	24	−0.1034	20
吉林	36961	21	0.0025	13	−0.1614	24
黑龙江	45779	15	0.1170	5	−0.1235	22
上海	23573	25	−0.0770	22	0.2204	4
江苏	202594	1	−0.1296	25	0.1090	9
浙江	100772	7	−0.0197	17	0.2001	5
安徽	49241	14	−0.0653	20	−0.1366	23
福建	37652	20	0.0065	11	0.1323	7
江西	64003	10	0.0043	12	−0.0408	15
山东	154473	3	−0.1467	28	−0.0033	14
河南	99238	8	−0.1320	26	−0.3156	30
湖北	42255	17	−0.0693	21	−0.1663	25
湖南	62178	12	−0.0053	15	−0.1074	21
广东	95086	9	−0.0586	19	0.0743	11
广西	31182	23	0.0514	9	−0.0603	17
海南	3469	29	0.0654	8	0.2331	3
重庆	38806	19	−0.0157	16	−0.1005	19
四川	62214	11	0.1311	4	0.0311	12
贵州	44679	16	0.1769	2	−0.0922	18
云南	31597	22	0.1619	3	0.0118	13
陕西	52535	13	0.0013	14	0.0804	10
甘肃	26375	24	0.0504	10	−0.2987	29
青海	7016	28	0.5545	1	0.3009	2
宁夏	20247	27	−0.2030	30	−0.2825	28
新疆	40959	18	−0.0334	18	−0.0467	16

说明：西藏数据尚未获得，未纳入统计；各省排污费为 2011 年数据，来自于环保部官方网站，[DB/OL] http://hjj.mep.gov.cn/pwsf/gzdt/201312/P020131203550138828737.pdf，资源环境承载力、绿色发展指数两个指标数据引自《中国绿色发展指数报告2014》，其中资源环境承载力是绿色发展指数的二级指标，后者还包括经济增长绿化度、政府政策支持度这两个二级指标，该报告对所有测算指标进行正向化处理和标准化处理后，根据确定的权重，加权计算各地区测算指标的综合得分值，即为各地区"绿色发展指数"的最终数值，三个二级指数的计算方法类似。

从附表1-3可知，某个地区的排污费水平亦不能够显著影响该地区的资源环境承载力和绿色发展水平。2011年中国地区排污费征收最高的5个省份由高到低依次是江苏、山西、山东、河北、辽宁，多是钢铁、煤炭等重化工业密集同时产业结构调整难、减排压力大的地区。而2012年资源与环境承载力最高的5个省份由高到低依次是青海、贵州、云南、四川、黑龙江，多是经济发展水平相对落后、自然资源富集的西部或东北边疆地区。2012年绿色发展水平最高的5个省份由高到低依次是北京、青海、海南、上海、浙江，除了青海这个自然资源和环境优势明显的省份外，其余4个多是经济高度发达、同时政府环境治理力度较大的省份。2011年排污费征收额最高的5个省份既非资源环境承载力最高、也不是绿色发展水平最高的5个省份之一。

为何一个地区征收排污费没有能够显著减少其主要污染物排放量、提高资源环境承载潜力或绿色发展水平？可能的原因有三：一是排污费主要是针对企业单位征收，政策效力对工业污染物减排和治理相对有效，对非工业源污染物减排和治理基本无效，但近年来，以生活领域为代表的非工业源的污染物排放迅速增加；二是排污费征收标准过低，地区排污费在环境污染治理投资总额中的比重太低、杯水车薪，造成地区无法依靠排污费保护和治理环境，因此就不能够在排污费与地区资源环境承载、绿色发展水平之间找到正相关关系；三是主要排污行业产品的供给弹性较高，从而排污费成本易于从厂商转嫁到消费者身上，无法对厂商形成有效的减排激励。接下来，将对此进行逐一剖析。

解释一：排污费对工业源污染物减排相对有效，而非工业源污染物排放量持续增加

如前文结论，无论利用横截面数据研究地区层面排污费与污染物排放总量之间的相关关系，还是利用时间序列数据研究国家层面排污费与工业污染物排放量之间的相关关系，均可发现排污费水平与总量污染物排放并显著负相关，此外，由于排污费主要针对企业征收，所以排污费与工业源污染物排放量、尤其是工业固体废弃物之间的关系更为直接。但实际上，近年来中国非工业源的污染物排放量持续增加，这是排污费政策没有显著降低中国污染物排放总量的一个重要因素。附表1-4给出了2012年中国31个省份主要污染物的非工业源排放占比情况。

附表1-4　中国省际主要污染物非工业源排放占比（2012）　　单位：%

	废水	COD	氨氮	SO₂	氮氧化物
全国	67.64	86.04	89.58	9.72	29.08
北京	93.45	88.44	98.28	36.78	51.92
天津	76.92	96.64	87.04	4.03	17.55
河北	59.89	85.79	85.71	7.64	32.16
山西	64.18	81.82	85.35	8.23	23.57
内蒙古	67.18	89.73	78.84	10.36	97.71
辽宁	63.49	92.17	92.22	7.53	28.45
吉林	62.48	90.31	92.21	12.68	32.72
黑龙江	64.11	93.45	93.70	22.75	38.35

	废水	COD	氨氮	SO₂	氮氧化物
上海	78.86	89.22	95.18	15.25	29.10
江苏	60.53	80.67	89.38	3.30	23.38
浙江	58.33	76.38	89.23	2.38	21.50
安徽	73.59	90.33	92.13	9.59	24.80
福建	58.51	86.28	92.75	5.08	22.76
江西	66.27	86.54	88.79	2.85	38.92
山东	61.67	92.74	93.49	11.72	28.80
河南	65.97	87.16	91.30	11.45	32.34
湖北	68.43	87.55	88.55	11.85	31.10
湖南	68.07	88.16	84.01	8.00	30.04
广东	77.80	86.77	93.34	3.47	37.92
广西	54.93	74.42	89.62	6.45	30.65
海南	79.88	93.64	96.07	3.23	30.51
重庆	76.89	87.80	94.24	9.74	28.90
四川	75.33	90.67	96.03	8.15	33.44
贵州	74.41	80.56	90.69	19.59	18.57
云南	72.20	69.08	92.67	7.38	38.41
西藏	92.46	96.41	97.40	68.55	91.00
陕西	70.46	76.11	86.03	11.47	25.20
甘肃	69.45	81.64	66.06	5.47	27.96
青海	59.46	59.67	79.22	16.17	30.18
宁夏	57.51	53.76	50.66	16.09	16.81
新疆	68.30	72.57	75.02	11.48	38.29
31个省份平均	69.06	84.08	87.91	12.22	33.97

说明：根据《中国环境统计年鉴2013》年计算整理。

从附表1-4可知，中国废水及相关污染物（COD和氨氮）主要由非工业源排放，而以SO₂和氮氧化物为代表的废气则主要由工业源排放。全国废水排放总量的67.64%、COD排放总量的86.04%、氨氮排放总量的89.58%均来自非工业源。然而，非工业源只排放了全国SO₂排放总量的9.72%、氮氧化物的29.08%。省际范围的主要污染物排放同样符合这个特征，从31个省份的平均值来看，废水、COD、氨氮的非工业源排放占比分别为69.06%、84.08%、87.91%，SO₂、氮氧化物的非工业源排放占比分别为12.22%、33.97%。依据上文研究，排污费与废水之间的相关系数显著小于其和SO₂、氮氧化物的相关系数。排污费主要对工业企业征收，而以SO₂、氮氧化物为代表的废气主要由工业源排放，所以排污费与这两者之间的相关系数较大，而COD、氨氮及废水主要由生活等非工业源排放，故排污费与其之间的相关系数较小。

解释二：排污费征收标准和总额过低，不足以补偿地区环境污染治理投资

若排污费政策的初衷并非降低污染物总量排放，而是作为地区环境污染治理投资资金的一种筹措渠道，那么，排污费理应能够提高地区资源环境承载潜力或绿色发展水平。但从附表 1-3 可知，地区排污费水平并不能够显著影响该地区的资源环境承载力和绿色发展水平。这是因为排污费征收标准和总额过低，在环境污染治理投资中份额太小，并不足以为地区治理污染、改善环境筹集足够资金。

附图 1-3 给出了中国 31 个省份的排污费分别在地区财政收入、地区环境污染治理投资总额中的占比情况。

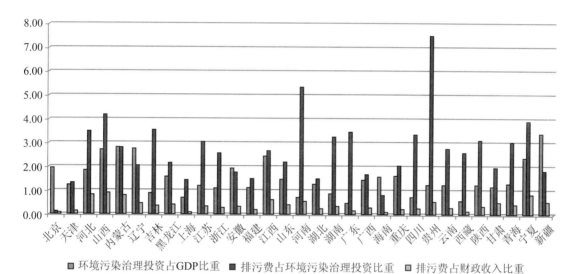

附图 1-3　中国地区排污费在财政收入、环境污染治理投资中的占比情况 (2012)

说明：依据《中国统计年鉴 2013》相关数据计算整理，单位：%。

从附图 1-3 可以看出，地区政府很难单纯依靠征收排污费去提高资源环境承载潜力或绿色发展水平。首先，环境污染治理投资占地区 GDP 份额太低，这说明至少在省际层面上，经济社会发展过程中并没有真正贯彻落实环境保护优先的基本国策。2012 年，新疆、内蒙古、辽宁、山西、江西五省份环境污染治理投资占 GDP 份额最高，依次为 3.4%、2.8%、2.75%、2.71%、2.44%，31 个省份的平均份额仅为 1.51%。其次，即便在数量有限的地区环境污染治理投资中，排污费所占份额极低。2012 年，贵州、河南、山西、宁夏、河北五省份排污费征收额占地区环境污染治理投资比重最高，分别为 7.5%、5.34%、4.16%、3.91%、3.49%，31 个省排污费在地区环境污染治理投资中的平均占比仅为 2.67%。最后，排污费对地方财政收入贡献一般。2012 年，山西、宁夏、河北、内蒙古、江西五省份排污费在地方财政收入中占比最高，但均不超过 1%，依次是 0.9%、0.83%、0.81%、0.8%、0.61%，31 个省份排污费对财政收入的平均贡献仅为 0.37%。

解释三：主要排污行业产品的供给弹性较高，排污费成本易于转嫁给消费者进而无法给企

业形成有效的减排激励

商品的供求弹性是制约税负转嫁的形式及规模的关键因素，一部分税负通过提价形式向前转给消费者，一部分通过成本减少（或压价）向后转给原供应或生产要素者，究竟转嫁比例如何，根据供需弹性而定。当需求弹性小于供给弹性时，说明当某种商品由于政府征税而引起价格变动时，其需求量的变动幅度小于供给量的变动幅度。在这种情况下，税负前转比较容易，会更多地由消费者（购买者）承担。

供给弹性是供给量对价格变动所作出反应的程度，即供给量变动的百分比对价格变动的百分比的比率。如果供给弹性系数绝对值大于1，为富有弹性；小于1为缺乏弹性；等于1为有弹性；等于0为完全无弹性。供给弹性越大，税负转嫁的可能性越大，其税负向前转嫁给消费者的大，向后转嫁给原供应者或生产要素者的小；供给弹性越小，税负转嫁的可能性越小。

在中国目前官方统计口径下缺乏分行业的消费者需求统计数据，较难获得计算分行业消费者需求价格弹性，基于此，为研判主要对企业单位征收的排污费是否易于转嫁给消费者，我们整理核算了排污份额较大的十个行业[①]的供给弹性状况，如附表1-5所示，

附表1-5　中国十大行业污染物排放状况及供给弹性（2012）

行业	废气排放份额（%）	废水排放份额（%）	固体废弃物排放份额（%）	产量变化率（%）	价格变化率（%）	供给弹性
电力、热力生产和供应业	32.01	4.70	19.57	5.83	3.72	1.57
黑色金属冶炼及压延加工业	25.31	5.22	13.39	7.85	−10.58	−0.74
非金属矿物制品业	19.40	1.45	2.16	0.07	−1.39	−0.05
有色金属冶炼及压延加工业	5.00	1.42	3.18	10.32	−6.91	−1.49
化学原料及化学制品制造业	4.82	13.49	8.48	6.95	−4.02	−1.73
造纸及纸制品业	0.97	16.85	0.69	−0.49	−1.46	0.34
煤炭开采和洗选业	0.51	6.99	12.27	3.59	−3.05	−1.18
纺织业	0.50	11.67	0.22	7.03	−3.36	−2.09
黑色金属矿采业	0.46	1.12	22.48	4.61	−10.97	−0.42
有色金属矿采选业	0.18	2.50	12.83	7.61	−2.42	−3.14
行业排污份额合计	89.16	65.41	95.26	—	—	—

说明：表中行业废气、废水、固体废弃物排放份额分别是指该行业2012年工业废气排放量、废水排放量、一般工业固体废弃物产生量占相应指标全国行业加总数据的份额，根据《中国环境统计年鉴2013》中相关数据计算整理；产量变化率、价格变化率分别至该行业2012年工业产品产量、工业生产者出厂价格指数较2011年的同比变化率，根据《中国统计年鉴2013》中相关数据计算整理。

---

① 参照《国民经济行业分类代码表》（2011年版），我们将这十大行业主要涉及的工业产品进行了分类与汇总，具体如下：电力、热力生产与供应业主要指发电量（含水电、火电），黑色金属冶炼及压延加工业主要指钢材，非金属矿物制品业主要指水泥、平板玻璃，有色金属冶炼及压延加工工业主要指精炼铜、原铝（电解铝）、氧化铝，化学原料与化学制品制造业主要指硫酸、烧碱、纯碱、乙烯、合成氨、农用氮磷钾肥、化学农药原药、初级形态的塑料、合成橡胶、合成洗涤剂、化学药品原药、中成药、化学纤维、橡胶轮胎外胎，造纸及纸制品业主要指机械纸及纸板，煤炭开采和洗选业主要指原煤、焦炭，纺织业主要指纱、布，黑色金属矿采业主要指生铁、粗钢，有色金属矿采选业主要指十种有色金属。

从附表1-5可知，2012年，以上所列十大行业共排放了89.16％的工业废气、65.14％的工业废水、95.26％的工业固体废弃物，因此，若要以排污费政策治理工业污染，就需要重点瞄准这十大行业。依据附表1-5的计算结果，这十大行业中有6个行业的产品供给富有弹性，即产品供给弹性绝对值大于1，分别是电力、热力生产与供应业(1.57)、有色金属冶炼及压延加工业(－1.49)、化学原料及化学制品制造业(－1.73)、煤炭开采与洗选业(－1.18)、纺织业(－2.09)、有色金属矿采选业(－3.14)。因此，总体而言，中国工业污染物排放份额较大行业的产品供给弹性较大，排污费给企业带来的成本容易通过提价的形式部分转嫁给消费者，进而无法对工业排污企业形成有效的减排激励和约束。

>>四、结论与相关思考<<

中国各界酝酿已久的环境税征收方案至今仍未出台，但有迹象表明，排污费改为环境税不失为一种可能。2013年11月，十八届三中全会通过的《中共中央关于深化全面改革若干重大问题的决定》在"深化财税改革"专题中明确提出要"推动环境保护费改税"。2014年4月最新修订的《中华人民共和国环境保护法》第四十三条指出，"排放污染物的企业事业单位和其他生产经营者，应当按照国家有关规定缴纳排污费。排污费应当全部专项用于环境污染防治，任何单位和个人不得截留、挤占或者挪作他用。依照法律规定征收环境保护税的，不再征收排污费"。

果若如此，预测未来环境税的效果基本无异于评价目前中国排污费的政策效力。那么，如何评价中国自20世纪80年代初期就开始颁布实施并不断改进的排污收费政策？首先，需要肯定其积极作用：排污收费制度是"污染者付费"原则的体现，可以使污染防治责任与排污者的经济利益直接挂钩，促进经济效益、社会效益和环境效益的统一，缴纳排污费的排污企业会有一定压力和动力去加强经营管理、革新技术与装备，实现节能减排。排污费纳入地方财政预算专项用于环境保护，由县区级及以上环保部门核定征收与管理，从这个意义上来看，中国已经践行30多年的排污费政策培养和锻炼了一批人、探索与完善了一系列程序、制度与规范，为未来亟待推进实施的环境税改革奠定了基础，也为不同地区的污染治理筹措了部分资金，促进了环境保护。迄今，全国31个省、自治区、直辖市开展了排污收费工作。2013年全国排污费征收开单216.05亿元，比2012年增长10.73亿元，增幅为5.2％；征收户数为43.11万户，比2012年增加7.8万户，增幅为22.2％[1]。

其次，应该看到中国现行排污费政策仍存在一些问题，大致可归为三个方面，有待继续完善或在环境税征收方案中优化改进：一是现行排污费主要对排污企业和个体工商户征收，无法对主要污染物排放"贡献"越来越大的生活源形成约束，进而表现为地区排污费征收水平和地区

---

[1] 全国排污费增长10.73亿元、全年征收开单216.05亿元. 中国环境报，2014－01－14.

污染物排放总量之间难以找到显著的负向相关关系，需要研究并适时扩大排污费的征收对象；二是现行排污费在征收种类、标准、额度等方面的规定过于单一、片面，主要依据废水、废气、固体废弃物、噪音等主要污染物类型及其相应污染物中的危险成分制定，没有考虑到不同行业的污染物排放量、特别是其行业产品的供求弹性，排污单位能够转嫁因排污费或环境税带来的额外成本，从而无法给排污单位形成有效的减排约束和激励；三是现行排污费规模仍然较小，在地区层面，无论是在环境污染治理投资、财政收入，还是在 GDP 中的份额都微不足道，无法单纯依靠排污费去提升地区资源与环境承载潜力、去提高地区绿色发展水平。2013 年，中国名义国内生产总值为 56.88 万亿元，工业增加值为 21 万亿元，工业企业利润总额为 6.28 万亿元[①]，然而 2013 年上缴的各种排污费加在一起只有 216.05 亿，可以设想，如果环境税由排污费转化而来，那么 216.05 亿元的税收如何承担起 6.28 万亿工业企业利润所带来的环境污染。解决途径要么从扩大征收对象和种类、提高标准等方面增加排污费或环境税征收总额，要么在排污费之外大幅增加地方生态环境治理筹资渠道和财政支持。

本章主要参考文献

[1]北京师范大学科学发展观与经济可持续发展基地，西南财经大学绿色经济与经济可持续发展研究基地，国家统计局中国经济景气监测中心著. 2014 年中国绿色发展指数报告—区域比较[M]. 北京：科学出版社，2014.

[2]陈诗一. 边际减排成本与中国环境税改革[J]. 中国社会科学，2011(3).

[3]Bovenberg，A. L. and R. A. de Mooij. Environmental Levies and Distortionary Taxation [J]. *American Economic Review*. 1994，(84)：1085－1089.

[4]Cordato，Roy E. Welfare Economics and Externalities in an Open Ended Universe. A Modern Austrian Perspective[M]. Boston：Kluwer Academic Publishers，1992.

[5]Dorfman，N. S.，and Snow，A.. Who will pay for pollution control? [J]. *National Tax Journal*，1975，(28)：101－115.

[6] Don Fullerton and Gilbert Metcalf. Environmental Taxes and the Double Dividend Hypothesis：Did you Really Expect Something for Nothing? [J]. *Chicago-Kent Law Review*. 1998，73(1)：221－256.

[7]Don Fullerton，Inkee Hong and Gilbert E. Metcalf. A Tax on Output of the Polluting Industry is Not a Tax on Pollution：The Importance of Hitting the Target[J]. *NBER Working Papers* 7259，1999.

[8] F. J. Andre，M. A. Cardenetee，E. Velazquez. Performing an Environmental Tax

---

[①] 数据来源于《2013 年国民经济和社会发展统计公报》。

Reforming a Regional Economy: A Computable General Equilibrium Approach[J]. *The Annals of Regional Science*, 2005, 39(2): 375—392.

[9] Gerhard Glomm, Daiji Kawaguchi, Facundo Sepulveda. Green Taxes and Double Dividends in A Dynamic Economy[N]. *Working Paper*, 2006, (8): 1—41.

[10]Gordon Tullock. Excess Benefit[J]. *Water Resource Research*. 1967, 3(2): 643—644.

[11]Goulder, L. H. Environmental Taxation and the Double Dividend: A Reader's Guide [J]. *International Tax and Public Finance*, 1995, (2): 157—183.

[12]Leonard P. Gianessi and Henry M. Peskin. Analysis of national water pollution control policies: 2. Agricultural sediment control[J]. *Water Resources Research*, 1981, 17(4), 803 —821.

[13] Nichols, A. L. Targeting Economic Incentives for Environmental Protection [M]. Cambridge, Mass.: MIT Press, 1984.

[14]Pearce, D. The Role of Carbon Taxes in Adjusting to Global Warming[J]. *Economic Journal*, 1991, (101): 407.

[15] Pigou, Arthur Cecil, the economics of welfare [M]. London: Macmillan and Company, 1920.

[16]W. J. Baumol, W. E. Oates, The Theory of Environmental Policy (2nd edition)[M]. Cambridge: Cambridge University Press, 1998.

[17] W. J. Baumol, W. E. Oates. The theory of environmental policy, Prentice Hall, Englewood Cliffs, NJ, 1975.

附录二

《"十二五"节能环保产业发展规划》

国务院关于印发"十二五"

节能环保产业发展规划的通知

国发〔2012〕19 号

节能环保产业是指为节约能源资源、发展循环经济、保护生态环境提供物质基础和技术保障的产业，是国家加快培育和发展的 7 个战略性新兴产业之一。节能环保产业涉及节能环保技术装备、产品和服务等，产业链长，关联度大，吸纳就业能力强，对经济增长拉动作用明显。加快发展节能环保产业，是调整经济结构、转变经济发展方式的内在要求，是推动节能减排，发展绿色经济和循环经济，建设资源节约型环境友好型社会，积极应对气候变化，抢占未来竞争制高点的战略选择。

根据《国务院关于加快培育和发展战略性新兴产业的决定》（国发〔2010〕32 号）和《国务院关于印发"十二五"节能减排综合性工作方案的通知》（国发〔2011〕26 号）有关要求，为推动节能环保产业快速健康发展，特制定本规划。

>>一、节能环保产业发展现状及面临的形势<<

(一)发展现状

"十一五"以来，中国大力推进节能减排，发展循环经济，建设资源节约型环境友好型社会，为节能环保产业发展创造了巨大需求，节能环保产业得到较快发展，目前已初具规模。据测算，2010 年，中国节能环保产业总产值达 2 万亿元，从业人数 2800 万人。产业领域不断扩大，技术装备迅速升级，产品种类日益丰富，服务水平显著提高，初步形成了门类较为齐全的产业体系。

在节能领域，干法熄焦、纯低温余热发电、高炉煤气发电、炉顶压差发电、等离子点火、变频调速等一批重大节能技术装备得到推广普及；高效节能产品推广取得较大突破，市场占有率大幅提高；节能服务产业快速发展，到 2010 年，采用合同能源管理机制的节能服务产业产值达 830 亿元。在资源循环利用领域，"三废"（废水、废气、固体废弃物）综合利用技术装备广泛应用，再制造表面工程技术装备达到国际先进水平，再生铝蓄热式熔炼技术、废弃电器电子产品和包装物资源化利用技术装备等取得一定突破，无机改性利废复合材料在高速铁路上得到应用。在环保领域，已具备自行设计、建设大型城市污水处理厂、垃圾焚烧发电厂及大型火电厂烟气脱硫设施的能力，关键设备可自主生产，电除尘、袋式除尘技术和装备等达到国际先进水平；环保服务市场化程度不断提高，大部分烟气脱硫设施和污水处理厂采取市场化模式建设运营。

中国节能环保产业虽然有了较快发展，但总体上看，发展水平还比较低，与需求相比还有较大差距。主要存在以下问题：

一是创新能力不强。以企业为主体的节能环保技术创新体系不完善，产学研结合不够紧密，技术开发投入不足。一些核心技术尚未完全掌握，部分关键设备仍需要进口，一些已能自主生产的节能环保设备性能和效率有待提高。

二是结构不合理。企业规模普遍偏小，产业集中度低，龙头骨干企业带动作用有待进一步提高。节能环保设备成套化、系列化、标准化水平低，产品技术含量和附加值不高，国际品牌产品少。

三是市场不规范。地方保护、行业垄断、低价低质恶性竞争现象严重；污染治理设施重建设、轻管理，运行效率低；市场监管不到位，一些国家明令淘汰的高耗能、高污染设备仍在使用。

四是政策机制不完善。节能环保法规和标准体系不健全，资源性产品价格改革和环保收费政策尚未到位，财税和金融政策有待进一步完善，企业融资困难，生产者责任延伸制尚未建立。

五是服务体系不健全。合同能源管理、环保基础设施和火电厂烟气脱硫特许经营等市场化服务模式有待完善；再生资源和垃圾分类回收体系不健全；节能环保产业公共服务平台尚待建立和完善。

（二）面临的形势

从国际看，在应对国际金融危机和全球气候变化的挑战中，世界主要经济体都把实施绿色新政、发展绿色经济作为刺激经济增长和转型的重要内容。一些发达国家利用节能环保方面的技术优势，在国际贸易中制造绿色壁垒。为使中国在新一轮经济竞争中占据有利地位，必须大力发展节能环保产业。

从国内看，面对日趋强化的资源环境约束，加快转变经济发展方式，实现"十二五"规划纲要确定的节能减排约束性指标，必须加快提升中国节能环保技术装备和服务水平。中国节能环保产业发展前景广阔。据测算，到 2015 年，中国技术可行、经济合理的节能潜力超过 4 亿吨标准煤，可带动上万亿元投资；节能服务总产值可突破 3000 亿元；产业废物循环利用市场空间巨大；城镇污水垃圾、脱硫脱硝设施建设投资超过 8000 亿元，环境服务总产值将达 5000 亿元。

"十二五"时期是中国节能环保产业发展难得的历史机遇期，必须紧紧抓住国内国际环境的新变化、新特点，顺应世界经济发展和产业转型升级的大趋势，着眼于满足中国节能减排、发展循环经济和建设资源节约型环境友好型社会的需要，加快培育发展节能环保产业，使之成为新一轮经济发展的增长点和新兴支柱产业。

>>二、指导思想、基本原则和总体目标<<

(一)指导思想

以邓小平理论和"三个代表"重要思想为指导，深入贯彻落实科学发展观，坚持以市场为导向，以企业为主体，以重点工程为依托，以提高技术装备、产品、服务水平为重点，加强宏观指导，完善政策机制，加大资金投入，突出自主创新，培育规范市场，增强竞争能力，促进节能环保产业成为新兴支柱产业，推动资源节约型环境友好型社会建设，满足人民群众对改善生态环境的迫切需求。

(二)基本原则

1. 政策机制驱动。健全节能环保法规和标准，完善价格、财税、金融、土地等政策，形成有效的激励和约束机制，引导和鼓励社会资本投向节能环保产业，拉动节能环保产业市场的有效需求。

2. 技术创新引领。完善以企业为主体的技术创新体系，立足原始创新、集成创新和引进消化吸收再创新，形成更多拥有自主知识产权的核心技术和具有国际品牌的产品，提升装备制造能力和水平，促进产业升级，形成节能环保产业发展新优势。

3. 重点工程带动。围绕实现节能减排约束性目标，加快实施节能、循环经济和环境保护重点工程，形成对节能环保产业最直接、最有效的需求拉动，带动节能环保产业快速发展。

4. 市场秩序规范。打破地方保护，加强行业自律，强化执法监督，建立统一开放、公平竞争、规范有序的市场环境，促进节能环保产业健康发展。

5. 服务模式创新。大力推行合同能源管理、特许经营等节能环保服务新机制，推动节能环保设施建设和运营社会化、市场化、专业化服务体系建设。

（三）总体目标

1. 产业规模快速增长。节能环保产业产值年均增长 15％以上，到 2015 年，节能环保产业总产值达到 4.5 万亿元，增加值占国内生产总值的比重为 2％左右，培育一批具有国际竞争力的节能环保大型企业集团，吸纳就业能力显著增强。

2. 技术装备水平大幅提升。到 2015 年，节能环保装备和产品质量、性能大幅度提高，形成一批拥有自主知识产权和国际品牌，具有核心竞争力的节能环保装备和产品，部分关键共性技术达到国际先进水平。

3. 节能环保产品市场份额逐步扩大。到 2015 年，高效节能产品市场占有率由目前的 10％左右提高到 30％以上，资源循环利用产品和环保产品市场占有率大幅提高。

4. 节能环保服务得到快速发展。采用合同能源管理机制的节能服务业销售额年均增速保持 30％，到 2015 年，分别形成 20 个和 50 个左右年产值在 10 亿元以上的专业化合同能源管理公司和环保服务公司。城镇污水、垃圾和脱硫、脱硝处理设施运营基本实现专业化、市场化。

>>三、重点领域<<

（一）节能产业重点领域

1. 节能技术和装备

锅炉窑炉。加快开发工业锅炉燃烧自动调节控制技术装备；推进燃油、燃气工业锅炉、窑炉蓄热式燃烧技术装备产业化；加快推广等离子点火、富氧/全氧燃烧等高效煤粉燃烧技术和装备，以及大型流化床等高效节能锅炉。大力推广多喷嘴对置式水煤浆气化、粉煤加压气化、非熔渣－熔渣水煤浆分级气化等先进煤气化技术和装备，推动煤炭的高效清洁利用。

电机及拖动设备。示范推广稀土永磁无铁芯电机、电动机用铸铜转子技术等高效节能电机技术和设备；大力推广能效等级为一级和二级的中小型三相异步电动机、通风机、水泵、空压机以及变频调速等技术和设备，提高电机系统整体运行效率。

余热余压利用设备。完善推广余热发电关键技术和设备；示范推广低热值煤气燃气轮机、烧结及炼钢烟气干法余热回收利用、乏汽与凝结水闭式回收、螺杆膨胀动力驱动、基于吸收式换热的集中供热等技术和设备；大力推广高效换热器、蓄能器、冷凝器、干法熄焦等设备。

节能仪器设备。加快研发和应用快速准确的便携或车载式能效检测设备，大力推广在线能源计量、检测技术和设备。

2. 节能产品

家用电器与办公设备。加快研发空调、冰箱等高效压缩机及驱动控制器、高效换热及相变储能装置，各类家电智能控制节能技术和待机能耗技术；重点攻克空调制冷剂替代技术、二氧化碳热泵技术；推广能效等级为一级和二级的节能家用电器、办公和商用设备。

高效照明产品。加快半导体照明(LED、OLED)研发，重点是金属有机源化学气相沉积设备(MOCVD)、高纯金属有机化合物(MO源)、大尺寸衬底及外延、大功率芯片与器件、LED背光及智能化控制等关键设备、核心材料和共性关键技术，示范应用半导体通用照明产品，加快推广低汞型高效照明产品。

节能汽车。加快研发和示范具有自主知识产权的汽油直喷、涡轮增压等先进发动机节能技术，以及双离合式自动变速器(DCT)等多档化高效自动变速器等节能减排技术，新型车辆动力蓄电池和新型混合动力汽车机电耦合动力系统、车用动力系统和发电设备等技术装备；推广采用各类节能技术实现的节能汽车；大力推广节能型牵引车和挂车。

新型节能建材。重点发展适用于不同气候条件的新型高效节能墙体材料以及保温隔热防火材料、复合保温砌块、轻质复合保温板材、光伏一体化建筑用玻璃幕墙等新型墙体材料；大力推广节能建筑门窗、隔热和安全性能高的节能膜和屋面防水保温系统、预拌混凝土和预拌砂浆。

3. 节能服务

大力发展以合同能源管理为主要模式的节能服务业，不断提升节能服务公司的技术集成和融资能力。鼓励大型重点用能单位利用自身技术优势和管理经验，组建专业化节能服务公司；推动节能服务公司通过兼并、联合、重组等方式，实行规模化、品牌化、网络化经营。鼓励节能服务公司加强技术研发、服务创新和人才培养，不断提高综合实力和市场竞争力。

专栏二十七　节能产业关键技术

高压变频调速技术　用于大功率风机、水泵、压缩机等电机拖动系统。节电潜力约1000亿千瓦时。研发重点是关键部件绝缘栅极型功率管(IGBT)以及特大功率高压变频调速技术。

稀土永磁无铁芯电机技术　用于风机、水泵、压缩机等领域，可提高电机系统能效30%以上，大幅度节约硅钢片、铜材等。重点是中小功率电机产业化。

蓄热式高温空气燃烧技术　用于工业窑炉及煤粉锅炉，提高热效率。重点是钢铁行业蓄热式加热技术、有色行业蓄热式熔炼技术等，以及固体燃料工业窑炉适用的蓄热式燃烧技术。

螺杆膨胀动力驱动技术　用于工业锅炉(窑炉)余热发电或直接驱动机械设备，高效回收利用中低品位热能。研发重点是千瓦级到兆瓦级系列设备、精密机械加工和轴承生产。

基于吸收式换热的集中供热技术　用于凝汽式火力发电厂、热电厂余热利用，循环水余热充分回收，提高热电厂供热能力30%以上，降低热电联产综合供热能耗40%，并可提高既有管网输送能力。研发重点是小型化、大温差吸收式热泵装备。

汽油直喷技术 用于汽车节能领域,汽车平均油耗比常规电喷汽油车降低10%~20%。研发重点是系统精确控制。

启动—停车混合动力汽车技术 降低汽车怠速时所需的能量和减少废气排放,回收制动能量,重点是BSG(皮带传动启动机和发电机系统)混合动力轿车技术和ISG(集成的启动机和发电机系统)混合动力轿车技术。

二氧化碳热泵技术 用于热泵热水系统等,相对普通热水器节能75%,研发重点是压缩机和热泵系统的设计和优化,解决系统和部件的耐压和强度问题。

半导体照明系统集成及可靠性技术 用于通用照明、液晶背光和景观装饰等领域。研发重点是大功率外延芯片器件、关键原材料制备、系统可靠性、智能化控制及检测技术。

(二)资源循环利用产业重点领域

1. 矿产资源综合利用

重点开发加压浸出、生物冶金、矿浆电解技术,提高从复杂难处理金属共生矿和有色金属尾矿中提取铜、镍等国家紧缺矿产资源的综合利用水平;加强中低品位铁矿、高磷铁矿、硼镁铁矿、锡铁矿等复杂共伴生黑色矿产资源开发利用和高效采选;推进煤系油母页岩等资源开发利用,提高页岩气和煤层气综合开发利用水平,发展油母页岩、油砂综合利用及高岭土、铝矾土等共伴生非金属矿产资源的综合利用和深加工。

2. 固体废物综合利用

加强煤矸石、粉煤灰、脱硫石膏、磷石膏、化工废渣、冶炼废渣等大宗工业固体废物的综合利用,研究完善高铝粉煤灰提取氧化铝技术,推广大掺量工业固体废物生产建材产品。研发和推广废旧沥青混合料、建筑废物混杂料再生利用技术装备。推广建筑废物分类设备及生产道路结构层材料、人行道透水材料、市政设施复合材料等技术。

3. 再制造

重点推进汽车零部件、工程机械、机床等机电产品再制造,研发旧件无损检测与寿命评估技术、高效环保清洗设备,推广纳米颗粒复合电刷镀、高速电弧喷涂、等离子熔覆等关键技术和装备。

4. 再生资源利用

废金属资源再生利用。开发易拉罐有效组分分离及去除表面涂层技术与装备,推广废铅蓄电池铅膏脱硫、废杂铜直接制杆、失效钴镍材料循环利用等技术,提升从废旧机电、电线电缆、易拉罐等产品中回收重金属及稀有金属水平。

废旧电器电子产品资源化利用。示范推广废旧电器电子产品和电路板自动拆解、破碎、分选技术与装备，推广封闭式箱体机械破碎、电视电脑锥屏机械分离等技术。研发废电器电子稀有金属提纯还原技术。

报废汽车资源化利用。完善报废汽车车身机械自动化粉碎分选技术及钢铁、塑料、橡胶等组分的分类富集回收技术，研发报废汽车主要零部件精细化无损拆解处理平台技术，提升报废汽车拆解回收利用的自动化、专业化水平。

废橡胶、废塑料资源再生利用。推广应用常温粉碎及低硫高附加值再生橡胶成套设备；研发各种废塑料混杂物分类技术或直接利用技术，推广应用深层清洗、再生造粒和改性技术。

5. 餐厨废弃物资源化利用

建设餐厨废弃物密闭化、专业化收集运输体系；研发餐厨废弃物低能耗高效灭菌和废油高效回收利用技术装备；鼓励餐厨废油生产生物柴油、化工制品，餐厨废弃物厌氧发酵生产沼气及高效有机肥。

6. 农林废物资源化利用

推广农作物秸秆还田、代木、制作生物培养基、生物质燃料等技术与装备，秸秆固化成型等能源化利用技术及装备；推进林业剩余物、次小薪材、蔗渣等综合利用技术和装备的应用；推动规模化畜禽养殖废物资源化利用，加快发酵制饲料、沼气、高效有机肥等技术集成应用。

7. 水资源节约与利用

推进工业废水、生活污水和雨水资源化利用，扩大再生水的应用。大力推进矿井水资源化利用、海水循环利用技术与装备。示范推广膜法、热法和耦合法海水淡化技术以及电水联产海水淡化模式。

专栏二十八　资源循环利用产业关键技术

复杂铜铅锌金属矿高效分选技术　用于有色金属矿开采。研发重点是高效浮选药剂和大型高效破碎、浮选设备。

再制造表面工程技术　用于汽车零部件、工程机械等机电产品再制造。研发重点是旧件寿命评估技术、环保拆解清洗技术及激光熔覆喷涂技术。

含钴镍废弃物的循环再生和微粉化技术　用于废弃电池、含钴镍废渣资源化利用。重点是电池破壳分离、钴镍元素提纯、原生化超细粉末再制备和钴镍资源的深度资源化技术。

废旧家电和废印制电路板自动拆解和物料分离技术　用于废旧家电和废印制电路板资源化利用。重点是高效粉碎与旋风分离一体化技术，风选、电选组合提纯工艺和多种塑料混杂物直接综合利用技术。

材料分离、改性及合成技术　用于建材、包装废弃物、废塑料处理等领域。研发重点是纸塑铝分离技术、橡塑分离及合成技术、无机改性聚合物再生循环利用技术等。

建筑废物分选及资源化技术 用于建筑废物资源化利用。研发重点是建筑废物分选技术及装备，废旧砂灰粉的活化和综合利用技术，专用添加剂制备，轻质物料分选、除尘、降噪等设施。

餐厨废弃物制生物柴油、沼气等技术 用于餐厨废弃物资源化利用领域。重点是应用酸碱催化法及化学法制生物柴油和工业油脂技术，制肥和沼气化技术与装备以及酶法、超临界法制油技术。

膜法和热法海水淡化技术 用于海水淡化、苦咸水等非传统水资源处理。膜法重点完善膜组件、高压泵、能量回收装置等关键部件及系统集成技术。热法重点完善大型海水淡化装备制造技术、提升高真空状态下仪表控制元器件可靠性及压缩机性能等。

(三)环保产业重点领域

1. 环保技术和装备

污水处理。重点攻克膜处理、新型生物脱氮、重金属废水污染防治、高浓度难降解有机工业废水深度处理技术；重点示范污泥生物法消减、移动式应急水处理设备、水生态修复技术与装备。推广污水处理厂高效节能曝气、升级改造，农村面源污染治理，污泥处理处置等技术与装备。

垃圾处理。研发渗滤液处理技术与装备，示范推广大型焚烧发电及烟气净化系统、中小型焚烧炉高效处理技术、大型填埋场沼气回收及发电技术和装备，大力推广生活垃圾预处理技术装备。

大气污染控制。研发推广重点行业烟气脱硝、汽车尾气高效催化转化及工业有机废气治理等技术与装备，示范推广非电行业烟气脱硫技术与装备，改造提升现有燃煤电厂、大中型工业锅炉窑炉烟气脱硫技术与装备，加快先进袋式除尘器、电袋复合式除尘技术及细微粉尘控制技术的示范应用。

危险废物与土壤污染治理。加快研发重金属、危险化学品、持久性有机污染物、放射源等污染土壤的治理技术与装备。推广安全有效的危险废物和医疗废物处理处置技术和装置。

监测设备。加快大型实验室通用分析、快速准确的便携或车载式应急环境监测、污染源烟气、工业有机污染物和重金属污染在线连续监测技术设备的开发和应用。

2. 环保产品

环保材料。重点研发和示范膜材料和膜组件、高性能防渗材料、布袋除尘器高端纤维滤料和配件等；推广离子交换树脂、生物滤料及填料、高效活性炭等。

环保药剂。重点研发和示范有机合成高分子絮凝剂、微生物絮凝剂、脱硝催化剂及其载体、高性能脱硫剂等；推广循环冷却水处理药剂、杀菌灭藻剂、水处理消毒剂、固废处理固化剂和稳定剂等。

3. 环保服务

以城镇污水垃圾处理、火电厂烟气脱硫脱硝、危险废物及医疗废物处理处置为重点，推进环境保护设施建设和运营的专业化、市场化、社会化进程。大力发展环境投融资、清洁生产审核、认证评估、环境保险、环境法律诉讼和教育培训等环保服务体系，探索新兴服务模式。

专栏二十九　环保产业关键技术

膜处理技术　用于污水资源化、高浓度有机废水处理、垃圾渗滤液处理等。研发重点是高性能膜材料及膜组件，降低成本、提升膜通量、延长膜材料使用寿命、提高抗污染性。

污泥处理处置技术　用于生活污水处理厂污泥处理处置。重点是污泥厌氧消化或好氧发酵后用于农田、焚烧及生产建材产品等处理处置技术，研发适用于中小污水处理厂的生物消减等污泥减量工艺。

脱硫脱硝技术　用于电力、钢铁、有色等行业及工业锅炉窑炉烟气治理。研发重点是脱硝催化剂的制备及资源化脱硫技术装备。

布袋及电袋复合除尘技术　用于火电、钢铁、有色、建材等行业。重点是耐高温、耐腐蚀纤维及滤料的国产化，研发高效电袋复合除尘器、优质滤袋和设备配件。

挥发性有机污染物控制技术　用于各工业行业挥发性有机污染物排放源污染控制及回收利用。研发重点是新型功能性吸附材料及吸附回收工艺技术，新型催化材料，优化催化燃烧及热回收技术。

柴油机(车)排气净化技术　用于国Ⅳ以上排放标准的重型柴油机和轻型柴油车。研发重点是选择性催化还原技术(SCR)及其装备、SCR催化器及相应的尿素喷射系统，以及高效率、高容量、低阻力微粒过滤器。

固体废物焚烧处理技术　用于城市生活垃圾、危险废物、医疗废物处理。研发重点是大型垃圾焚烧设施炉排及其传动系统、循环流化床预处理工艺技术、焚烧烟气净化技术、二噁英控制技术、飞灰处置技术等。

水生态修复技术　用于受污染自然水体。重点研发赤潮、水华预报、预防和治理技术，生物控制技术和回收藻类、水生植物厌氧产沼气、发电及制肥的资源化技术，溢油污染水体修复技术等。

污染场地土壤修复技术　用于污染土壤修复。重点是受污染土壤原位解毒剂、异位稳定剂、用于路基材料的土壤固化剂以及受污染土壤固化体资源化技术及生物治理技术。

污染源在线监测技术 用于环境监测。研发重点是有机污染物自动监测系统、新型烟气连续自动检测技术、重金属在线监测系统、危险品运输载体实时监测系统等。

>>四、重点工程<<

(一)重大节能技术与装备产业化工程

围绕应用面广、节能潜力大的锅炉窑炉、电机系统、余热余压利用等重点领域,通过重大技术和装备产业化示范、规模化应用等,形成10—15个大型流化床锅炉、粉煤气化、蓄热式燃烧、高效换热器等以高效燃烧和换热技术为特色的制造基地;15—20个稀土永磁无铁芯电机、高压变频控制、无功补偿等高效电机及其控制系统产业化基地;5—10个低品位余热发电、中低浓度煤层气利用等余热余能利用装备制造基地。到2015年,高效节能技术与装备市场占有率由目前不足5%提高到30%左右,产值达到5000亿元。

(二)半导体照明产业化及应用工程

整合现有资源,提高产业集中度,实现半导体照明技术与装备产业化。培育10—15家掌握核心技术、拥有较多自主知识产权和知名品牌的龙头企业;关键生产装备、重要原材料实现国产化,高端应用产品达到世界先进水平,建立具有国际先进水平的检测平台,建成一批产业链完善、创新能力强、特色鲜明的半导体照明新兴产业集聚区。逐步推广半导体照明产品。到2015年,通用照明产品市场占有率达到20%左右,液晶背光源达到70%以上,景观装饰产品达到80%以上,半导体照明产业产值达到4500亿元,年节电600亿千瓦时,形成具有国际竞争力的半导体照明产业。

(三)"城市矿产"示范工程

建设50个国家"城市矿产"示范基地,支持回收体系、资源再生利用产业化、污染治理设施和服务平台建设,推动废弃机电设备、电线电缆、家电、汽车、手机、铅酸电池、塑料、橡胶等再生资源的循环利用、规模利用和高值利用。到2015年,形成资源再生利用能力2500万吨,其中再生铜200万吨、再生铝250万吨、废钢1000多万吨、黄金10吨,实现产值4300亿元。

(四)再制造产业化工程

支持汽车零部件、工程机械、机床等再制造,完善可再制造旧件回收体系,重点支持建立5

—10个国家级再制造产业集聚区和一批重大示范项目。到2015年，实现再制造发动机80万台，变速箱、起动机、发电机等800万件，工程机械、矿山机械、农用机械等20万台套，再制造产业产值达到500亿元。

（五）产业废物资源化利用工程

以共伴生矿产资源回收利用、尾矿稀有金属分选和回收、大宗固体废物大掺量高附加值利用为重点，推动资源综合利用基地建设，鼓励产业集聚，形成以示范基地和龙头企业为依托的发展格局。以铁矿、铜矿、金矿、钒矿、铅锌矿、钨矿为重点，推进共伴生矿产资源和尾矿综合利用；推进建筑废物和道路沥青再生利用。到2015年，新增固体废物综合利用能力约4亿吨，产值达1500亿元。

（六）重大环保技术装备及产品产业化示范工程

推动重金属污染防治、污泥处理处置、挥发性有机物治理、畜禽养殖清洁生产等核心技术产业化；重点示范膜生物反应器（MBR）、垃圾焚烧及烟气处理、烟气脱硫脱硝等先进技术装备及能源、农业等行业清洁生产重大技术装备；推广城镇生活污水脱氮除磷深度处理设备、300兆瓦及以上燃煤电厂烟气脱硝技术装备、600兆瓦及以上燃煤电厂烟气脱硫及布袋或电袋复合除尘设备和高效垃圾焚烧炉等重大装备。拥有高性能膜、脱硝催化剂纳米级二氧化钛载体、高效滤料等污染控制材料生产的相关知识产权。到2015年，环保装备产值超过5000亿元，环保材料产值超过1000亿元，环保关键材料基本实现产业化，形成5—10个环保产业集聚区、10—15个环保技术及装备产业化基地。

（七）海水淡化产业基地建设工程

培育由工程设计和装备制造企业、研究单位、大学、相关原材料生产企业等共同参与，集研发、孵化、生产、集成、检验检测和工程技术服务于一体的海水淡化产业基地。到2015年，建成2—3个国家级海水淡化产业化基地，关键技术与装备、相关材料研发和制造能力达到国际先进水平，海水淡化产能达到220万—260万吨/日，海水淡化及相关产业产值500亿元。

（八）节能环保服务业培育工程

大力推行合同能源管理，到2015年，力争专业化节能服务公司发展到2000多家，其中年产值超过10亿元的节能服务公司约20家，节能服务业总产值突破3000亿元，累计实现节能能力6000万吨标准煤。建立全方位环保服务体系。积极培育具有系统设计、设备成套、工程施工、调试运行和维护管理一条龙服务能力的总承包公司，大力推进环保设施专业化、社会化运营，扶持环境咨询服务企业。到 2015 年，环保服务业产值超过 5000 亿元，其中年产值超过 10 亿元的企业超过 50 家，城镇污水垃圾处理及电力行业烟气脱硫脱硝等领域专业化、社会化服务占全行业的比例大幅提高。

>>五、政策措施<<

(一)完善价格、收费和土地政策

加快推进资源性产品价格改革。研究制定鼓励余热余压发电及背压热电的上网和价格政策。完善电力峰谷分时电价政策。对能源消耗超过国家和地区规定的单位产品能耗(电耗)限额标准的企业和产品，实行惩罚性电价。严格落实脱硫电价，研究制定燃煤电厂脱硝电价政策。深化市政公用事业市场化改革，进一步完善污水处理费政策，研究将污泥处理费用逐步纳入污水处理成本，研究完善对自备水源用户征收污水处理费制度。改进垃圾处理收费方式，合理确定收费载体和标准，降低收取成本，提高收缴率。对于城镇污水垃圾处理设施、"城市矿产"示范基地、集中资源化处理中心等国家支持的项目用地，在土地利用年度计划安排中给予重点保障。

(二)加大财税政策支持力度

各级政府要安排财政资金支持和引导节能环保产业发展。安排中央财政节能减排和循环经济发展专项资金，采取补助、贴息、奖励等方式，支持节能减排重点工程和节能环保产业发展重点工程，加快推行合同能源管理。中央预算内投资和其他中央财政专项资金，要加大对节能环保产业的支持力度。国有资本经营预算优先安排企业实施节能环保项目。严格落实并不断完善现有节能、节水、环境保护、资源综合利用税收优惠政策。全面改革资源税。积极推进环境税费改革。落实节能服务公司实施合同能源管理项目税收优惠政策。

(三)拓宽投融资渠道

鼓励银行业金融机构在满足监管要求的前提下，积极开展金融创新，加大对节能环保产业的支持力度。按照政策规定，探索将特许经营权、收费权等纳入贷款抵押担保物范围。建立银行绿色评级制度，将绿色信贷成效作为对银行机构进行监管和绩效评价的要素。鼓励信用担保机构加大对资质好、管理规范的节能环保企业的融资担保支持力度。支持符合条件的节能环保企业发行企业债券、中小企业集合债券、短期融资券、中期票据等，重点用于环保设施和再生资源回收利用设施建设。选择若干资质条件较好的节能环保企业，开展非公开发行企业债券试点。支持符合条件的节能环保企业上市融资。研究设立节能环保产业投资基金。推动落实支持循环经济发展的投融资政策措施。鼓励和引导民间投资和外资进入节能环保产业领域，支持民间资本进入污水、垃圾处理等市政公用事业建设。

（四）完善进出口政策

通过完善出口卖方信贷和买方信贷政策，鼓励节能环保设备由以单机出口为主向以成套供货为主的设备总承包和工程总承包转变；安排对外援助时，根据对外工作需要和受援国要求，积极安排公共环境基础设施、工业污染防治设施建设等节能环保项目。建立进口再生资源加工区，强化联合监管，积极完善与国际规则、惯例相适应，且有利于中国获取国际再生资源、促进国内节能环保产业健康发展的进口管理体制机制。对用于制造大型节能环保设备确有必要进口的关键零部件及原材料，研究免征进口关税和进口增值税。

（五）强化技术支撑

发布国家鼓励的节能环保产业技术目录。在充分整合现有科技资源的基础上，在节能环保领域设立若干国家工程研究中心、国家工程实验室和国家产品质量监督检验中心，组建一批由骨干企业牵头组织、科研院所共同参与的节能环保产业技术创新平台，建立一批节能环保产业化科技创新示范园区，支持成套装备及配套设备研发、关键共性技术和先进制造技术研究。推进国产首台（套）重大节能环保装备的应用。

（六）完善法规标准

完善以环境保护法律、节约能源法、循环经济促进法、清洁生产促进法等为核心，配套法规相协调的节能环保法律法规体系。研究建立生产者责任延伸制度，逐步建立相关废弃产品回收处理基金，研究制定强制回收产品目录和包装物管理办法。通过制（修）订节能环保标准，充分发挥标准对产业发展的催生促进作用。逐步提高重点用能产品能效标准，修订提高重点行业能耗限额强制性标准，建立能效"领跑者"标准制度，强化总量控制和有毒有害污染物排放控制要求，完善污染物排放标准体系。

（七）强化监督管理

严格节能环保执法监督检查，严肃查处各类违法违规行为，加大惩处力度。落实节能减排目标责任，开展专项检查和督察行动。加强对重点耗能单位和污染源的日常监督检查，对污染治理设施实行在线自动监控。加强市场监督、产品质量监督，强化标准标识监督管理。落实招投标各项规定，充分发挥行业协会作用，加强行业自律。整顿和规范节能环保市场秩序，打破地方保护和行业垄断，打击低价竞争、恶性竞争等不正当竞争行为，促进公平竞争、有序竞争，为节能环保产业发展创造良好的市场环境。

>>六、组织实施<<

国务院有关部门要按照职能分工，制定完善相关政策措施，形成合力，确保本规划顺利实施。各地区要按照规划确定的目标、任务和政策措施，结合当地实际抓紧制定具体落实方案，确保取得实效。

发展改革委、环境保护部要加强对规划实施情况的跟踪分析和监督检查，及时开展后评估，针对规划实施中出现的新情况、新问题，适时提出解决办法，重大问题及时向国务院报告。

后　记

呈现在读者面前的这本《中国环境污染的经济追因与综合治理》，最初想以《空中的烟雾》为名，后来做了改动。从酝酿、构思，到搜集数据、开始写作，再到交付出版社审校、修订，花了将近 5 年时间。行将付梓，感慨颇多，归为四个"感谢"，是为后记。

感谢我善良贤惠的爱人魏海荣和聪明乖巧的孩子林家未。我在北京师范大学攻读博士学位期间结婚生子，家人陪伴与支持为我研究工作提供了巨大的精神动力。与此同时，她（他）们也以自身较大代价促使我进行反思、酝酿并产生这本书稿的整体架构。2009 年初，刚出生 40 多天的孩子患上呼吸道疾病住院隔离一周。2011 年，30 岁左右的爱人得了分泌系统疾病不得不紧急住院手术。尽管这些疾病与污染未必相关，但我那段时间的确开始反思财富的内涵、人生的意义、幸福与进步的度量，觉得有必要写本书，从经济学视角呼吁经济增长与环境保护的共赢。

感谢我的导师李晓西教授和北京师范大学经济与资源管理研究院的同仁们。李老师教我为人、为学之道，亲自为本书作序，提出很多宝贵的意见和建议，并同意资助本书出版。院里同仁们在我 10 年的学习工作中给予了很多关心、理解、指导和支持。

感谢城市绿色发展科技战略研究北京市重点实验室、中央高校基本科研业务经费专项（310422102）、国家统计局项目"我国经济发展中的环境效应测度研究"（2013LY095）、北京市高等学校青年英才计划入选项目"中国工业污染物减排的分解效应研究"（YETP0256）对本书部分专项研究的资助。

感谢北京师范大学出版社马洪立、胡廷兰、肖维玲等几位老师在本书出版过程中给予的大力帮助。此外，很多新闻媒体界的朋友们就环境经济领域话题与我进行多次合作与交流，对我启发很大，也促成了本书的出版，在此一并表示感谢，他们是：崔克亮、吴昊、祁雪晶、曹磊、岳振、李佳祺、王高峰、万艳、薛小乐、徐岳、熊琳，等等。

总之，给我留下难忘记忆的人和事很多，不再一一提及。从经济视角解读环境话题，是个尝试，难免疏漏，欢迎读者们批评指正。

林永生

2015 年 10 月 26 日